地球物理场论

徐凯军　梁　锴　编著

中国石油大学出版社
CHINA UNIVERSITY OF PETROLEUM PRESS

山东·青岛

图书在版编目(CIP)数据

地球物理场论 / 徐凯军，梁锴编著. -- 青岛：中
国石油大学出版社，2024.12. -- ISBN 978-7-5636
-8458-8

Ⅰ．P3

中国国家版本馆 CIP 数据核字第 202439UK84 号

中国石油大学(华东)规划教材

书　　　名：地球物理场论
　　　　　　DIQIU WULI CHANGLUN

编　　　著：徐凯军　梁　锴

责任编辑：张晓帆(电话　0532-86983567)
责任校对：高　颖(电话　0532-86983568)
封面设计：悟本设计

出 版 者：中国石油大学出版社
　　　　　　(地址：山东省青岛市黄岛区长江西路 66 号　邮编：266580)
网　　　址：http：//cbs. upc. edu. cn
电子邮箱：shiyoujiaoyu@126.com
排 版 者：青岛友一广告传媒有限公司
印 刷 者：泰安市成辉印刷有限公司
发 行 者：中国石油大学出版社(电话　0532-86983437)
开　　　本：787 mm×1 092 mm　1/16
印　　　张：11.5
字　　　数：293 千字
版 印 次：2024 年 12 月第 1 版　2024 年 12 月第 1 次印刷
书　　　号：ISBN 978-7-5636-8458-8
定　　　价：36.00 元

Preface | 前言

    地球，这颗孕育无数生命与奥秘的蓝色星球，其内部及周围空间分布着多种复杂的物理场，深刻影响着地球的演化进程和构造活动。《地球物理场论》系统阐述地球物理场的基本概念、理论体系与计算方法，涵盖引力场、稳恒电场、稳恒磁场以及时变电磁场等重要内容。党的二十大报告强调"加强基础研究，突出原创，鼓励自由探索"，这为本书的编写指明了方向。本书以地球物理场理论为核心框架，既注重数学物理基础理论的严谨性，又强调与实际地球物理问题的结合，兼具理论深度与实践价值，旨在满足新时代地球科学人才培养的需求。

    全书共分五章，内容组织遵循"由浅入深、循序渐进"的原则。第1章从场的基本概念与数学工具出发，系统介绍场的本质及数学分析方法，为后续章节奠定数学物理基础。第2至第5章分别阐述引力场、稳定电场、稳定磁场和时变电磁场的基本概念、物理性质和计算方法，并结合典型实例剖析各种物理场在地球科学研究和实际勘查中的应用。本书基于作者多年教学经验编写而成，注重基本概念和理论框架的阐述，强调物理意义的直观理解，并通过大量例题将抽象的数学表述转化为具体的物理图像，帮助读者掌握场的分布规律与分析方法。作为本书的特色之一，每章均用专门的应用章节探讨物理场在地球物理勘探中的实际应用，将场的理论与地球物理勘探实际应用紧密结合。这种设计不仅凸显了地球物理场理论的实用价值，更能培养学生运用理论解决复杂实际问题的能力。

    本书第1章、第3章和第4章由徐凯军编写，第2章和第5章由梁锴编写。本书主要面向勘查技术与工程、地球物理学等专业的本科生及研究生，同时也可供相关领域的科研人员和技术工作者参考。欢迎广大读者对书中存在的不足之处提出宝贵意见和建议，以便我们在后续修订中不断完善。

作 者

2024 年 9 月

Contents | 目录

第1章 场的本质及数学分析

场论是研究各种物理场的分布及相互作用的理论。从地球物理角度来说,场论主要研究地球及地球内部介质产生的各种物理场现象,实现探测地球内部构造、寻找油气矿产资源、开展环境监测和预防地质灾害等目的。重力学和重力勘探以引力场为基础,地磁学和磁法勘探以磁场为基础,地电学和电法勘探以电场和电磁感应场为基础,地震学和地震勘探以弹性波场为基础。因此,场论是地球物理方法的理论基础。

1.1 场的物理本质

在客观世界的各种物理过程中,总可以指出客观存在的某种客体,这些客体是客观的存在,不依赖人们的意识而存在,但为人们的意识所反映。这些客体可能是实物,如物体、分子、原子、核子、电子等,一般容易被人们感觉到。除实物外,还有另一种客体——场的存在。这种客体不容易直接觉察到。最初人们只认识它的某些作用,如引力场能对实物施加机械力的作用,电磁场能对电荷或电流施加机械力的作用,这些作用是场这种客体对实物的接触作用。随着近代物理学的发展,人们认识了场除了对实物施加作用外,还有许多其他物理性质,如场具有质量、能量和动量,这些物理性质是场这种客体的运动属性。因此场逐渐为人们所熟知,场是物质的一种形态也成为人们承认的事实。为了深刻认识场是物质的一种形态,下面对场与实物的共同特征及差异进行分析。

1.1.1 场与实物的共同特征

(1)场和实物的形式、结构和属性是多种多样的,具有多样性。实物包括物体、分子、原子、电子及其他基本粒子。场也具有各种形式,如引力场、电磁场和弹性波场等。

(2)场和实物一样,具有一定的质量、能量和动量。实物具有这些物质属性比较明显,但场具有这些物质属性需要理论和实验分析。

从麦克斯韦电磁场理论可知,当时变电磁场以电磁波的形式传播时,会对实物施以压力。俄国物理学家列别捷夫通过反复不断的复杂实验,在实验室中证明了光(电磁波)对固体和液体施以压力。

根据古典力学原理可知,压力应该等于施压力的客体(光)的动量改变。设光线射到完全吸收面(绝对黑体表面)上时,光速就由 c 变到零。因此光的动量改变 p 就等于光的质量 m 和速度 c 之积,即

$$p = mc \tag{1-1}$$

又从古典电磁理论知道,光压力(即光的动量改变)p 的大小取决于下列公式:

$$p = \frac{w}{c} \tag{1-2}$$

式中,w 表示单位时间射到完全吸收表面上的光通量的能量,c 表示光速。现在将光的动量改变等于 mc 这一实验事实和光压从理论计算的值加以比较,得:

$$\frac{w}{c} = mc \tag{1-3}$$

由此可知:

$$m = \frac{w}{c^2}, \quad w = mc^2 \tag{1-4}$$

可以得出下面的结论:电磁场和实物一样,具有确定的质量 m、动量 mc 和能量 mc^2。相对论证明了式(1-4)对能量和质量的任何形态都是正确的。这就是能量和质量相互联系的普遍定律。

(3)场和实物的基本粒子一样,具有微粒性和波动性。

光(电磁场)的波动性特别明显地表现在绕射干涉等现象中。后来在物理学中又发现了电子、中子及中性原子也有绕射现象,这就证明了不仅电磁场有波动性,而且实物粒子也有波动性。

实物的粒子性特别明显,古人就已经提出了实物由原子组成的概念。现在我们知道组成实物的基本粒子已有数十种之多,而且还在继续发现中。同时,自量子论发展以后,近代物理学发现了电磁场和实物粒子一样也有微粒性。电磁场的基本粒子叫作光子。

设以频率 f 和波长 λ 表示波的特性,以能量 w、动量 p 和质量 m 表示粒子特性。可以用微粒观点,也可以用波动观点来描述场和实物粒子的运动状态,二者之间的数量关系通过普朗克常数 h 来描述,为:

$$w = hf, \quad p = \frac{hf}{c} = \frac{h}{\lambda}, \quad m = \frac{w}{c^2} = \frac{hf}{c^2} \tag{1-5}$$

波动性和微粒性是实物粒子所固有的,也是场所固有的。在古典物理学中,这两个属性是不相容的,但在量子力学中,这两个矛盾对立的属性能够统一起来。

(4)场和实物一样,只能由一种形态转换成另一形态,不会无中生有,也不会无影无踪地消失。一切客体(场与实物的基本粒子)之间有相互转换性,而且在转换过程中须服从下列定律:① 质量守恒及转换定律;② 能量守恒及转换定律;③ 质量和能量相互联系定律;④ 动量和动量矩守恒及转换定律。

实物粒子在一定条件下可以结合而产生电磁场,如正电子和负电子(实物)结合可以产生 γ 射线(场):

$$e^+ + e^- \rightarrow \gamma + \gamma \tag{1-6}$$

这时电子所失去的能量、质量和动量完全按守恒定律转换为 γ 射线的能量、质量和动量。同时我们知道,在一定条件下 γ 射线亦可以转换为一对电子。由此可知,实物粒子可以转换为场,而场也可以转换为实物粒子。因此,场和实物应看作物质的两种形态。

在一定条件下,电场和磁场间可以发生相互转换。例如在电容器及电感的振荡回路中,时而电容器中的电场转换成电感中的磁场,时而做相反的转换。这时电容和电感遵循守恒定律而相互交换能量。又如在电磁波传播的过程中,电场和磁场不断相互转换,即电场的变化产生磁场,磁场的变化又产生电场。两种场在这种情况下遵循守恒定律而相互交换能量。

1.1.2　场与实物之间的差异

(1) 任何实物接触时都会产生机械作用,但不同的场接触时并不产生机械作用。不同的场有不同的特征,仅对不同实物粒子产生机械作用。例如,引力场仅对具有质量的物体产生引力作用,电场仅对电荷产生电力作用,磁场仅对运动电荷或电流产生磁力作用。

(2) 实物具有不容性而场具有可容性。一个实物所占有的空间,不能同时又是另一个实物所占有的空间。但是,同一空间内可以同时存在着许多不同的场,而未发现其相互影响。对于不同来源的电磁波也是如此。在同一空间内可以存在任意数量的不同来源的光子而彼此互不影响。

场和实物可以相互渗透,二者可以占有同一空间,这时场可以改变实物的状态,而实物也影响场的分布。例如,将电介质放入电场中,电场将引起介质极化,同时极化介质也会改变电场的分布。

(3) 实物和场运动特点不同。实物不能达到光速而电磁场在真空中以光速传播。实物可以在外力作用下做加速或减速运动,但其速度的大小在任何时候都不能达到光速。对于自由传播的电磁场而言,在真空中,变速运动是不存在的,电磁场的基本粒子(光子)只能以光速运动,否则就根本不存在。

实物由于做变速运动,因而有静止质量存在;光子由于等速运动($v = c$),因而没有静止质量存在。

(4) 实物具有比场大得多的质量密度和能量密度。一般场内的质量密度极其微小,只有在核反应时场的质量才具有可以度量的大小。虽然很难度量场的质量,但我们却容易发现场的能量,因为后者比前者大 c^2 倍。

从对场和实物的比较分析可知,场这种客体的存在是很明显的,场是物质的一种形态也是不容怀疑的,但是人们对场的认识是有一段过程的。场的概念在人们开始研究引力质量相互作用(引力场),或者电荷相互作用(静电场)的时候就已经产生了。当时不少科学家认为,这些质量或电荷的相互作用是一种超距性质的作用,不需要借助中介空间的任何反应。这是一种否认场的客观存在的说法,显然是不正确的,物体会超空间而相互作用也是不可思议的。除超距作用外,人们也认识到场的某些作用,如场对实物的作用,因此把场看成"空间的特殊状态"或空间内进行的"特殊物理过程",把"空间"看成脱离客体本身而存在的东西。这些说法一方面将物质属性和物质本身混淆不清;另一方面把形式(空间)和内容(物质客体)分离,从而忽视了场这种物质客体的存在,因而是不正确的。

此外还有人把场想象为以太的一种形态。想象以太是一种充满宇宙的介质,是整体不动的、绝对静止的、永远不变的。以太类似弹性介质,可以处于弹性形变的特殊状态中,传播电磁波,并在其中进行某种特殊的物理过程。19 世纪末和 20 世纪初,在物理学的发展过程中,发现了宇宙介质(以太)这一概念和物理事实矛盾。实验(迈克尔逊 - 莫雷实验,1887 年)证明,关于某种绝对不动的宇宙介质的任何假说都与物理事实不符,因而物理学根本放弃了这种以太假说。随着近代物理的发展,人们认识到场除了对实物产生作用外,还有许多其他物理性质,如场具有一定的质量、能量和动量。质量表示物质运动的惯性及引力属性,能量和动量表示物质运动状态的量度。此外还发现场有微粒性和波动性,场与基本粒子可以互相转换等。场是客体,是物质的一种形态,它与物质的另一形态——实物同时存在着,密切相互联系着。

1.2   场的概念和表示方法

1.2.1   场的概念和分类

如果某一空间区域内的每一点都对应着某物理量的一个确定值,则称在此区域内确定了该物理量的一个场。场是坐标的函数,场的一个重要属性是它占有一定空间,并且在该空间区域内,除有限个点和表面外,其物理量应是处处连续且可微的。

若该场量不随时间变化,则该场称为静态场;若该场量随时间变化,则该场称为动态场或时变场。若场量在空间中的分布具有标量特征,如温度场、电位等在空间中的分布只需确定其大小,则称为标量场;若场量在空间中的分布具有矢量特征,如流速、电场强度等在空间中的分布不仅需要确定其大小,同时还需确定它们的方向,则称为矢量场。标量场和矢量场都有可能随时间变化。

1.2.2   正交坐标系

通常需要研究在某一空间区域内场的分布及变化特征,为了确定该空间区域内任意一点的位置,需要建立合适的坐标系统。如常用的直角坐标系是一种正交坐标系,它的三个坐标轴相对垂直。除了直角坐标系,还有其他形式的正交坐标系,常用的有圆柱坐标系和球坐标系。这两种坐标系在研究具有圆柱和球结构的物理场时十分方便,如研究地下脉状矿体时可将其等效为圆柱形,研究地球产生的重力场和磁场时,可将地球视为球体。因此,针对研究区域和物体形态特征,需要灵活建立坐标系统,以便场的求解和研究。

1) 坐标系的概念

(1) 坐标。

确定一个空间点需要三个有序数(q_1, q_2, q_3),称为空间点的坐标(图 1-1)。由于空间点同时可用(x, y, z)表示,因此有:

$$\begin{cases} q_1 = q_1(x, y, z) \\ q_2 = q_2(x, y, z) \\ q_3 = q_3(x, y, z) \end{cases}$$

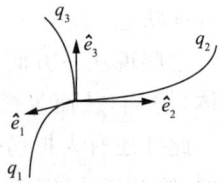

图 1-1   空间点的坐标

(2) 坐标面、坐标线。

$$\begin{cases} q_1 = q_1(x,y,z) = c_1 \\ q_2 = q_2(x,y,z) = c_2 \\ q_3 = q_3(x,y,z) = c_3 \end{cases} \tag{1-7}$$

三个等值曲面,称为坐标面。两个坐标面的交线称为坐标线。

（3）单位矢量。

用 $\hat{e}_1,\hat{e}_2,\hat{e}_3$ 分别表示坐标线 q_1,q_2,q_3 上的切向单位矢量,也称基矢。规定 $\hat{e}_1,\hat{e}_2,\hat{e}_3$ 的方向关系构成右手系。注意:在曲线坐标系中 $\hat{e}_1,\hat{e}_2,\hat{e}_3$ 一般是空间点函数。若在空间任意一点,三个坐标面正交(基矢正交),称为三维正交坐标系。

（4）拉梅系数（度规系数）。

在坐标系中,设 P 点(q_1,q_2,q_3) 的位置矢量为 $\vec{r}=\vec{r}(q_1,q_2,q_3)$,则:

$$\mathrm{d}\vec{r} = \frac{\partial \vec{r}}{\partial q_1}\mathrm{d}q_1 + \frac{\partial \vec{r}}{\partial q_2}\mathrm{d}q_2 + \frac{\partial \vec{r}}{\partial q_3}\mathrm{d}q_3 \tag{1-8}$$

式中

$$\begin{cases} \dfrac{\partial \vec{r}}{\partial q_1} = \left|\dfrac{\partial \vec{r}}{\partial q_1}\right|\hat{e}_1 = h_1\hat{e}_1 \\[2mm] \dfrac{\partial \vec{r}}{\partial q_2} = \left|\dfrac{\partial \vec{r}}{\partial q_2}\right|\hat{e}_2 = h_2\hat{e}_2 \\[2mm] \dfrac{\partial \vec{r}}{\partial q_3} = \left|\dfrac{\partial \vec{r}}{\partial q_3}\right|\hat{e}_3 = h_3\hat{e}_3 \end{cases} \tag{1-9}$$

h_1,h_2,h_3 称为坐标系的拉梅系数。这样,$\mathrm{d}\vec{r}=\hat{e}_1 h_1 \mathrm{d}q_1 + \hat{e}_2 h_2 \mathrm{d}q_2 + \hat{e}_3 h_3 \mathrm{d}q_3$。

2）直角坐标系

直角坐标系如图 1-2 所示。

（1）坐标变量:(x,y,z)。

（2）坐标面:是 3 个常数平面,$x=C_1,y=C_2,z=C_3$;

坐标线:三条直线。

（3）基矢:$(\hat{e}_x,\hat{e}_y,\hat{e}_z)$,正交且符合右螺旋。

矢量表示:$\vec{A}=\hat{e}_x A_x + \hat{e}_y A_y + \hat{e}_z A_z$,

例如位置矢量 $\vec{r}=\hat{e}_x x + \hat{e}_y y + \hat{e}_z z$。

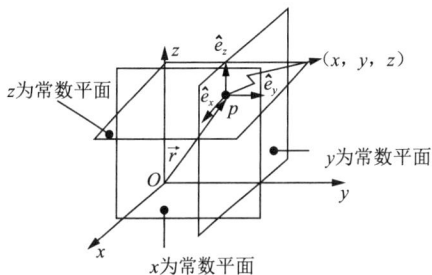
图 1-2　直角坐标系

（4）空间微元。

线元:
$$\mathrm{d}\vec{r}=\hat{e}_x \mathrm{d}x + \hat{e}_y \mathrm{d}y + \hat{e}_z \mathrm{d}z \tag{1-10}$$

面元:
$$\mathrm{d}\vec{s}_x=\hat{e}_x \mathrm{d}y\mathrm{d}z,\ \mathrm{d}\vec{s}_y=\hat{e}_y \mathrm{d}x\mathrm{d}z,\ \mathrm{d}\vec{s}_z=\hat{e}_z \mathrm{d}x\mathrm{d}y \tag{1-11}$$

体元:
$$\mathrm{d}v=\mathrm{d}x\mathrm{d}y\mathrm{d}z \tag{1-12}$$

（5）拉梅系数。
$$h_1=h_2=h_3=1 \tag{1-13}$$

3）圆柱坐标系

圆柱坐标系如图 1-3 所示。

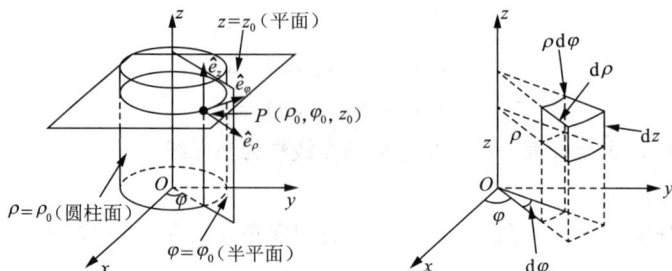

图 1-3　圆柱坐标系及空间微元

（1）坐标变量：(ρ, φ, z)。

（2）坐标面：$\rho = C_1$，$\varphi = C_2$，$z = C_3$；坐标线：两条直线、一条曲线。

坐标变换：
$$\begin{cases} x = \rho \cos \varphi \\ y = \rho \sin \varphi \\ z = z \end{cases} \tag{1-14}$$

（3）基矢：$(\hat{e}_\rho, \hat{e}_\varphi, \hat{e}_z)$ 正交且符合右螺旋。

矢量表示：$\vec{A} = \hat{e}_\rho A_\rho + \hat{e}_\varphi A_\varphi + \hat{e}_z A_z$，例如位置矢量 $\vec{r} = \hat{e}_\rho \rho + \hat{e}_z z$。

基矢变换：
$$\begin{pmatrix} \hat{e}_\rho \\ \hat{e}_\varphi \\ \hat{e}_z \end{pmatrix} = \begin{pmatrix} \cos \varphi & \sin \varphi & 0 \\ -\sin \varphi & \cos \varphi & 0 \\ 0 & 0 & 1 \end{pmatrix} \begin{pmatrix} \hat{e}_x \\ \hat{e}_y \\ \hat{e}_z \end{pmatrix} \tag{1-15}$$

基矢变化：$\hat{e}_\rho, \hat{e}_\varphi$ 不是常矢量，随 φ 变化，有：
$$\begin{cases} \dfrac{\partial \hat{e}_\rho}{\partial \varphi} = -\hat{e}_x \sin \varphi + \hat{e}_y \cos \varphi = \hat{e}_\varphi \\ \dfrac{\partial \hat{e}_\varphi}{\partial \varphi} = -\hat{e}_x \cos \varphi - \hat{e}_y \sin \varphi = -\hat{e}_\rho \end{cases} \tag{1-16}$$

（4）空间微元（图 1-3）。

线元：　　$\vec{\mathrm{d}r} = \hat{e}_\rho \mathrm{d}\rho + \hat{e}_\varphi \rho \mathrm{d}\varphi + \hat{e}_z \mathrm{d}z = \hat{e}_\rho h_1 \mathrm{d}\rho + \hat{e}_\varphi h_2 \mathrm{d}\varphi + \hat{e}_z h_3 \mathrm{d}z$ 　　(1-17)

面元：　　$\vec{\mathrm{d}s}_\rho = \hat{e}_\rho \rho \mathrm{d}\varphi \mathrm{d}z$，　　$\vec{\mathrm{d}s}_\varphi = \hat{e}_\varphi \mathrm{d}\rho \mathrm{d}z$，　　$\vec{\mathrm{d}s}_z = \hat{e}_z \rho \mathrm{d}\varphi \mathrm{d}\rho$ 　　(1-18)

体元：　　　　　　　　　　$\mathrm{d}v = \rho \mathrm{d}\rho \mathrm{d}\varphi \mathrm{d}z$ 　　(1-19)

（5）拉梅系数。
$$h_1 = h_3 = 1, \quad h_2 = \rho \tag{1-20}$$

4）球坐标系

球坐标系如图 1-4 所示。

（1）坐标变量：(r, θ, φ)。

（2）坐标面：$r = C_1$，$\theta = C_2$，$\varphi = C_3$；坐标线：一条直线、两条曲线。

坐标变换：
$$\begin{cases} x = r \sin \theta \cos \varphi \\ y = r \sin \theta \sin \varphi \\ z = r \cos \theta \end{cases} \tag{1-21}$$

（3）基矢：$(\hat{e}_r, \hat{e}_\theta, \hat{e}_\varphi)$ 正交且符合右螺旋。矢量表示：$\vec{A} = \hat{e}_r A_r + \hat{e}_\theta A_\theta + \hat{e}_\varphi A_\varphi$，例如位置矢量 $\vec{r} = \hat{e}_r r$。

基矢变换：
$$\begin{pmatrix} \hat{e}_r \\ \hat{e}_\theta \\ \hat{e}_\varphi \end{pmatrix} = \begin{pmatrix} \sin\theta\cos\varphi & \sin\theta\sin\varphi & \cos\theta \\ \cos\theta\cos\varphi & \cos\theta\sin\varphi & -\sin\theta \\ -\sin\varphi & \cos\varphi & 0 \end{pmatrix} \begin{pmatrix} \hat{e}_x \\ \hat{e}_y \\ \hat{e}_z \end{pmatrix} \tag{1-22}$$

基矢变化：$\hat{e}_r, \hat{e}_\theta, \hat{e}_\varphi$ 都不是常矢量，随 θ, φ 变化，有：

$$\begin{cases} \dfrac{\partial \hat{e}_r}{\partial \theta} = \hat{e}_\theta \\[2mm] \dfrac{\partial \hat{e}_\theta}{\partial \theta} = -\hat{e}_r \\[2mm] \dfrac{\partial \hat{e}_\varphi}{\partial \theta} = 0 \end{cases} ; \quad \begin{cases} \dfrac{\partial \hat{e}_r}{\partial \varphi} = \hat{e}_\varphi \sin\theta \\[2mm] \dfrac{\partial \hat{e}_\theta}{\partial \varphi} = \hat{e}_\varphi \cos\theta \\[2mm] \dfrac{\partial \hat{e}_\varphi}{\partial \varphi} = -\hat{e}_r \sin\theta - \hat{e}_\varphi \cos\theta \end{cases} \tag{1-23}$$

（4）空间微元（图 1-5）。

线元：
$$\vec{dr} = \hat{e}_r dr + \hat{e}_\theta r d\theta + \hat{e}_\varphi r\sin\theta d\varphi = \hat{e}_r h_1 dr + \hat{e}_\theta h_2 d\theta + \hat{e}_\varphi h_3 d\varphi \tag{1-24}$$

面元：
$$\vec{ds_r} = \hat{e}_r r^2 \sin\theta d\theta d\varphi, \quad \vec{ds_\theta} = \hat{e}_\theta r\sin\theta dr d\varphi, \quad \vec{ds_\varphi} = r dr d\theta \tag{1-25}$$

体元：
$$dv = r^2 \sin\theta dr d\theta d\varphi \tag{1-26}$$

（5）拉梅系数。

$$h_1 = 1, \quad h_2 = r, \quad h_3 = r\sin\theta \tag{1-27}$$

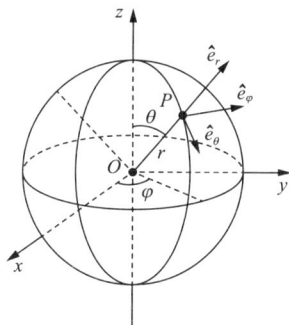

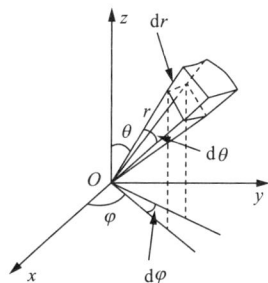

图 1-4　球坐标系　　　　　　图 1-5　球坐标系空间微元

1.2.3　场的表示方法

1）场的函数表示法

场中任一点都有一个确定的标量值或矢量。对于标量场，在数学上可用函数 $f = f(x, y, z)$ 来描述场值的变化。对于矢量场，在数学上可用函数 $\vec{f}(x, y, z) = f_x(x, y, z)\vec{i} + f_y(x, y, z)\vec{j} + f_z(x, y, z)\vec{k}$ 来描述场值的变化和方向。场的函数可以是时间的函数 $f = f(x, y, z, t)$，称为动态场或时变场，而不随时间变化的场称为静态场。

2）场的图形表示法

为了形象地表示场的分布，常按一定规则绘出曲面或曲线来表示场中的物理量。如在标量场中,常用等值线、等值面等表示场的变化(图 1-6)。

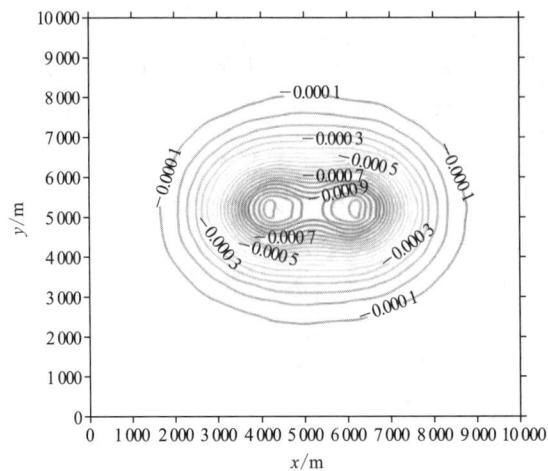

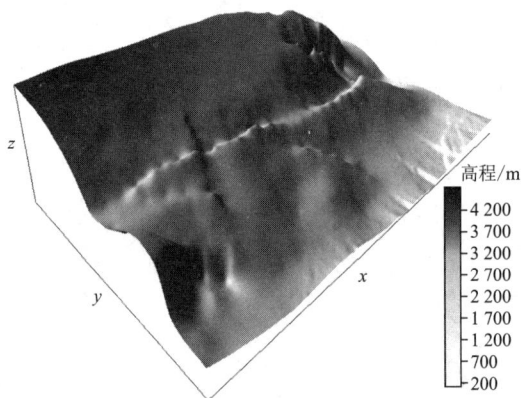

图 1-6　标量场表示图

图中等值线代表电势,单位为伏特

在矢量场中,常用场线图、矢量图来描述矢量场的变化,用曲线上每一点切向方向或箭头方向指示场量的方向,而曲线的疏密程度或箭头长度表示场量的大小(图 1-7)。

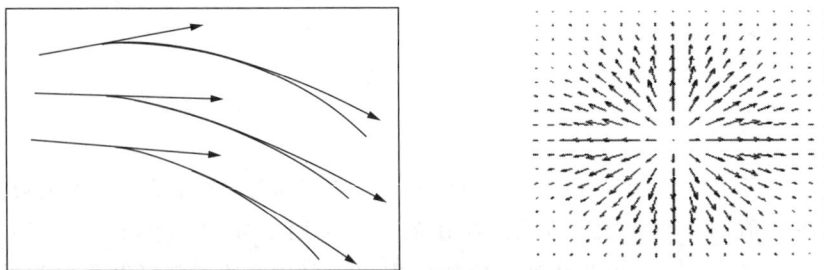

图 1-7　矢量场表示图

1.3　场变化的数学分析

1.3.1　标量场的方向导数

在图 1-8 中,设 M 是标量场 $\varphi = \varphi(M)$ 中的一个已知点,从点 M 出发沿某一方向引一条射线 l,在 l 上点 M 的邻近取一点 M',$MM' = \rho$,若当 M 趋于 M' 时(即 ρ 趋于零时)的极限存在,称此极限为函数 $\varphi(M)$ 在点 M 处沿 $\vec{l}$ 方向的方向导数:

$$\frac{\partial \varphi}{\partial l}\bigg|_M = \lim_{M \to M'} \frac{\varphi(M') - \varphi(M)}{\rho} \qquad (1\text{-}28)$$

图 1-8　方向导数示意图

若函数 $\varphi = \varphi(x, y, z)$ 在点 M 处可微,则有:

$$\Delta \varphi = \frac{\partial \varphi}{\partial x}\Delta x + \frac{\partial \varphi}{\partial y}\Delta y + \frac{\partial \varphi}{\partial z}\Delta z \qquad (1\text{-}29)$$

M 点到 M' 点的距离矢量为 $\vec{\Delta l} = \Delta x \vec{i} + \Delta y \vec{j} + \Delta z \vec{k}$,若 $\vec{\Delta l}$ 与 x, y, z 轴的夹角分别为 α,β,γ,则 $\Delta x = \vec{\Delta l} \cdot \vec{i} = \Delta l \cos \alpha$,$\Delta y = \vec{\Delta l} \cdot \vec{j} = \Delta l \cos \beta$,$\Delta z = \vec{\Delta l} \cdot \vec{k} = \Delta l \cos \gamma$,其中 $\cos \alpha, \cos \beta$,$\cos \gamma$ 为 l 的方向余弦,则函数 φ 在点 M 处沿 l 方向的方向导数为:

$$\frac{\partial \varphi}{\partial l} = \frac{\partial \varphi}{\partial x}\cos \alpha + \frac{\partial \varphi}{\partial y}\cos \beta + \frac{\partial \varphi}{\partial z}\cos \gamma \qquad (1\text{-}30)$$

方向导数的物理意义:标量函数在特定 $\vec{l}$ 方向上的变化率。

1.3.2　标量场的梯度

方向导数可以描述标量函数在给定点处沿特定 $\vec{l}$ 方向上的变化率,但是从标量场中的给定点出发,有无穷多个方向,那么函数沿哪个方向变化率最大? 最大的变化率是多少? 标量场的梯度(gradient)可以解决这个问题。

标量场 $\varphi = \varphi(x, y, z)$ 在 $\vec{l}$ 方向上的方向导数为:

$$\frac{\partial \varphi}{\partial l} = \frac{\partial \varphi}{\partial x}\cos \alpha + \frac{\partial \varphi}{\partial y}\cos \beta + \frac{\partial \varphi}{\partial z}\cos \gamma \qquad (1\text{-}31)$$

在直角坐标系中 $\vec{l}$ 方向单位矢量 $\vec{l}^0 = \cos \alpha \vec{i} + \cos \beta \vec{j} + \cos \gamma \vec{k}$,令

$$\vec{G} = \frac{\partial \varphi}{\partial x}\vec{i} + \frac{\partial \varphi}{\partial y}\vec{j} + \frac{\partial \varphi}{\partial z}\vec{k} \qquad (1\text{-}32)$$

则有:

$$\frac{\partial \varphi}{\partial l} = \vec{G} \cdot \vec{l}^0 = |G| \cos (\vec{G}, \vec{l}^0) \qquad (1\text{-}33)$$

由上式可见,当 $\vec{l}$ 与 $\vec{G}$ 的方向一致时,即 $\cos (\vec{G}, \vec{l}^0) = 1$ 时,标量场在点 M 处沿 $\vec{l}$ 方向的方向导数最大,即沿矢量 $\vec{G}$ 方向的方向导数最大,最大值为:

$$\frac{\partial \varphi}{\partial l}\bigg|_{max} = |\vec{G}| = \left| \frac{\partial \varphi}{\partial x}\vec{i} + \frac{\partial \varphi}{\partial y}\vec{j} + \frac{\partial \varphi}{\partial z}\vec{k} \right| \qquad (1\text{-}34)$$

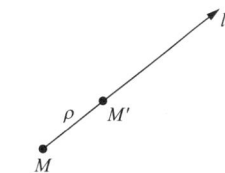

在标量场 $\varphi(x,y,z)$ 中的一点 M 处有一矢量,其方向为函数 φ 在 M 点变化率最大的方向,其模等于 $|\vec{G}|$,该矢量称为标量场 φ 在 M 点处的梯度,用 grad φ 表示。在直角坐标系中,梯度的表达式为:

$$\text{grad } \varphi = \frac{\partial \varphi}{\partial x}\vec{i} + \frac{\partial \varphi}{\partial y}\vec{j} + \frac{\partial \varphi}{\partial z}\vec{k} = \nabla \varphi \tag{1-35}$$

式中,$\nabla = \frac{\partial}{\partial x}\vec{i} + \frac{\partial}{\partial y}\vec{j} + \frac{\partial}{\partial z}\vec{k}$ 为哈密顿微分算子。

梯度的运算法则(设 c 为常数,u 和 v 为标量场):

$$\begin{cases} \nabla c = \vec{0} \\ \nabla(cu) = c\nabla u \\ \nabla(u \pm v) = \nabla u \pm \nabla v \\ \nabla(uv) = v\nabla u + u\nabla v \\ \nabla\left(\dfrac{u}{v}\right) = \dfrac{1}{v^2}(v\nabla u - u\nabla v) \\ \nabla[f(u)] = f'(u)\nabla u \end{cases} \tag{1-36}$$

梯度的物理意义:标量场的梯度是一个矢量,其大小为该点标量函数的最大变化率,即该点最大方向导数,其方向为该点最大方向导数的方向,即与等值线(面)相垂直的方向,它指向函数的增加方向。

1.3.3 矢量场的通量

如图 1-9 所示,曲面上一个面元矢量可表示为 $\vec{ds} = \vec{n}ds$,其中 $\vec{n}$ 是面元正法线方向的单位矢量。对于封闭的球面,由球心指向外的半径方向为正法线方向。

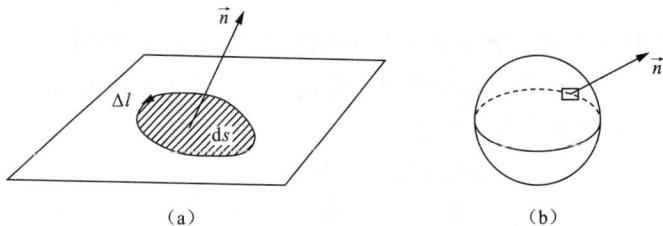

图 1-9   面元示意图

则矢量场 $\vec{A}$ 穿过面元 ds 的通量(flux)为:

$$d\Phi = \vec{A} \cdot \vec{ds} = \vec{A} \cdot \vec{n}ds = A_n ds \tag{1-37}$$

因此整个曲面 S 的通量为:

$$\Phi = \int_S \vec{A} \cdot \vec{ds} = \int_S A\cos\theta ds \tag{1-38}$$

如果曲面是一个封闭曲面

$$\Phi = \oint_S \vec{A} \cdot \vec{ds} = \oint_S A\cos\theta ds \tag{1-39}$$

通量的物理意义:封闭曲面的通量表示在封闭曲面内通量源的存在情况。如图 1-10 所示,$\Phi>0$ 表示有净的矢量线流出,闭合面内有产生矢量线的正源;$\Phi<0$ 表示有净的矢量线流入,闭合面内有吸收矢量线的负源;$\Phi=0$ 表示流入和流出闭合曲面的矢量线相等,闭合面内没有源。

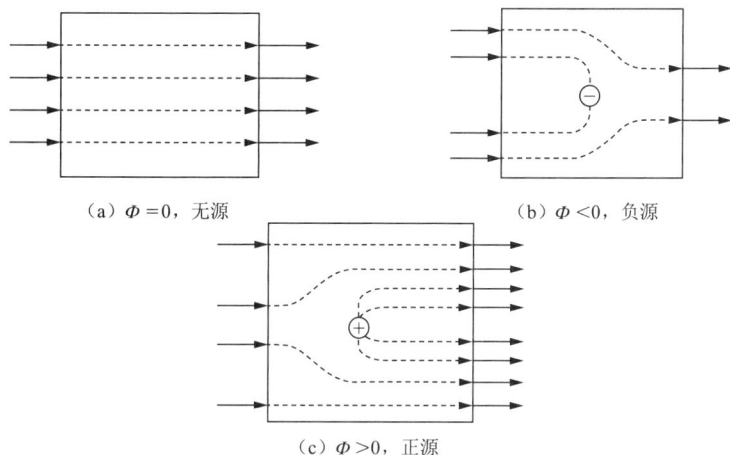

(a)$\Phi=0$,无源　　　　　　　　　　(b)$\Phi<0$,负源

(c)$\Phi>0$,正源

图 1-10　矢量场的通量

1.3.4　矢量场的散度

通量一般描述的是整个闭合面内矢量源的情况,如果想知道一点处矢量源的情况,就需要引入散度(divergence)。

散度的定义:如果包围某点的闭合面 S 所围区域 ΔV 以任意方式缩小为某点时,通量与体积之比的极限存在,该极限就称为矢量场$\vec{A}$ 在某点的散度,记为 $\mathrm{div}\vec{A}$,即

$$\mathrm{div}\vec{A}=\lim_{\Delta V\to 0}\frac{\oint_{s}\vec{A}\cdot\mathrm{d}s}{\Delta V} \tag{1-40}$$

散度是通量体密度的概念,反映矢量场在该点处通量源的强度。

矢量场$\vec{A}$ 的散度可表示为哈密顿微分算子 $\mathbf{\nabla}$ 与矢量$\vec{A}$ 的标量积,即

$$\mathrm{div}\vec{A}=\mathbf{\nabla}\cdot\vec{A} \tag{1-41}$$

在直角坐标系中:

$$\mathbf{\nabla}\cdot\vec{A}=\left(\frac{\partial}{\partial x}\vec{i}+\frac{\partial}{\partial y}\vec{j}+\frac{\partial}{\partial z}\vec{k}\right)\cdot(A_x\vec{i}+A_y\vec{j}+A_z\vec{k})$$

$$=\frac{\partial A_x}{\partial x}+\frac{\partial A_y}{\partial y}+\frac{\partial A_z}{\partial z} \tag{1-42}$$

散度的运算法则:

$$\begin{cases}\mathbf{\nabla}\cdot(c\vec{A})=c\,\mathbf{\nabla}\cdot\vec{A}\\[2mm]\mathbf{\nabla}\cdot(\vec{A}\pm\vec{B})=\mathbf{\nabla}\cdot\vec{A}\pm\mathbf{\nabla}\cdot\vec{B}\\[2mm]\mathbf{\nabla}\cdot(\varphi\vec{A})=\varphi\,\mathbf{\nabla}\cdot\vec{A}\pm\vec{A}\cdot\mathbf{\nabla}\varphi\end{cases} \tag{1-43}$$

散度定理(奥-高定理):

$$\int_V \boldsymbol{\nabla} \cdot \vec{A} \, \mathrm{d}v = \oint_s \vec{A} \cdot \vec{\mathrm{d}s} \tag{1-44}$$

上式将矢量散度的体积分变换成该矢量的面积分,或将矢量的面积分转换为该矢量散度的体积分。

散度的物理意义:矢量的散度是一个标量,反映了该点处场源的强度。

$$\begin{cases} \boldsymbol{\nabla} \cdot \vec{A} > 0 & (\text{该点正源}) \\ \boldsymbol{\nabla} \cdot \vec{A} = 0 & (\text{该点无源}) \\ \boldsymbol{\nabla} \cdot \vec{A} < 0 & (\text{该点负源}) \end{cases}$$

1.3.5 矢量场的环量

如图 1-11 所示,在矢量场 $\vec{A}$ 中,沿闭合曲线 l 关于 $\vec{A}$ 的线积分称为该矢量场的环量(circulation,也称环流),即

$$\oint_l \vec{A} \cdot \vec{\mathrm{d}l} = \oint_l A\cos\theta \, \mathrm{d}l \tag{1-45}$$

环量的物理意义:环量表示在闭合曲线内矢量场的涡旋性质。若环量不为零,则闭合曲线内存在旋涡场;若环量等于零,则闭合曲线内没有旋涡场。

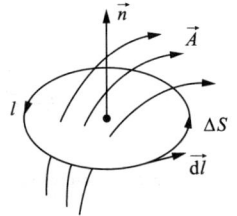

图 1-11 环流

1.3.6 矢量场的旋度

为了研究场中每个点上的涡旋性质,引入矢量场旋度(rotation 或 curl)的概念。

旋度的定义:

$$\mathrm{rot}\vec{A} = \vec{n} \max \left\{ \lim_{\Delta S \to 0} \frac{\oint_l \vec{A} \cdot \vec{\mathrm{d}l}}{\Delta S} \right\} \tag{1-46}$$

旋度表示环量的面密度概念,反映场中某点矢量场的涡旋程度,如图 1-12 所示。

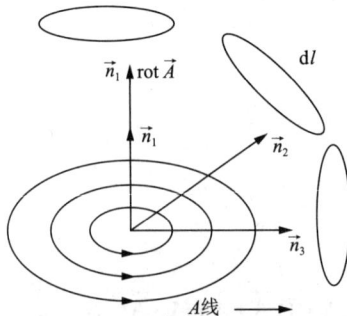

图 1-12 沿不同方向 ΔS 的环量面密度及旋度的定义

矢量场 $\vec{A}$ 的旋度可表示为哈密顿微分算子 $\boldsymbol{\nabla}$ 与矢量 $\vec{A}$ 的叉乘,即

$$\mathrm{rot}\,\vec{A} = \boldsymbol{\nabla} \times \vec{A} \tag{1-47}$$

在直角坐标系中，其表达式为：

$$\mathbf{\nabla}\times\vec{A} = \begin{vmatrix} \vec{i} & \vec{j} & \vec{k} \\ \dfrac{\partial}{\partial x} & \dfrac{\partial}{\partial y} & \dfrac{\partial}{\partial z} \\ A_x & A_y & A_z \end{vmatrix}$$

$$= \left(\frac{\partial A_z}{\partial y} - \frac{\partial A_y}{\partial z}\right)\vec{i} - \left(\frac{\partial A_z}{\partial x} - \frac{\partial A_x}{\partial z}\right)\vec{j} + \left(\frac{\partial A_y}{\partial x} - \frac{\partial A_x}{\partial y}\right)\vec{k} \tag{1-48}$$

旋度的运算法则：

$$\begin{cases} \mathbf{\nabla}\times(c\vec{A}) = c\ \mathbf{\nabla}\times\vec{A} \\ \mathbf{\nabla}\times(\vec{A}\pm\vec{B}) = \mathbf{\nabla}\times\vec{A} \pm \mathbf{\nabla}\times\vec{B} \\ \mathbf{\nabla}\times(\varphi\vec{A}) = \varphi\ \mathbf{\nabla}\times\vec{A} + \mathbf{\nabla}\varphi\times\vec{A} \\ \mathbf{\nabla}\cdot(\vec{A}\times\vec{B}) = \vec{B}\cdot\mathbf{\nabla}\times\vec{A} - \vec{A}\cdot\mathbf{\nabla}\times\vec{B} \\ \mathbf{\nabla}\times\mathbf{\nabla}\times\vec{A} = \mathbf{\nabla}(\mathbf{\nabla}\cdot\vec{A}) - \mathbf{\nabla}^2\vec{A} \end{cases} \tag{1-49}$$

斯托克斯定理（斯托克斯公式）：

$$\int_S (\mathbf{\nabla}\times\vec{A})\cdot\vec{\mathrm{d}s} = \oint_l \vec{A}\cdot\vec{\mathrm{d}l} \tag{1-50}$$

上式将矢量旋度的面积分变换成该矢量的线积分，或将矢量 $\vec{A}$ 的线积分转换为该矢量旋度的面积分。式中，$\vec{\mathrm{d}s}$ 的方向与 $\vec{\mathrm{d}l}$ 的方向呈右手螺旋关系。

旋度的物理意义：矢量的旋度为矢量，其模值等于环量面密度的最大值，其方向为最大环量面密度的方向。矢量场若旋度不为零，则称为旋涡场；矢量场若旋度等于零，则称为无旋场。

矢量场的重要性质：

（1）梯度的旋度等于零：

$$\mathbf{\nabla}\times\mathbf{\nabla}\varphi \equiv \vec{0} \tag{1-51}$$

若一个矢量函数 $\vec{F}$ 的旋度等于零，则它可表示为一个标量函数的梯度 $\vec{F}=\mathbf{\nabla}\varphi$。

（2）旋度的散度等于零：

$$\mathbf{\nabla}\cdot(\mathbf{\nabla}\times\vec{A}) \equiv 0 \tag{1-52}$$

若一个矢量函数 $\vec{F}$ 的散度等于零，则它可表示为一个矢量函数的旋度 $\vec{F}=\mathbf{\nabla}\times\vec{A}$。

拉普拉斯算符（算子）：

$$\mathbf{\nabla}^2 = \mathbf{\nabla}\cdot\mathbf{\nabla} \tag{1-53}$$

在直角坐标系中：

$$\begin{cases} \mathbf{\nabla}^2 = \dfrac{\partial^2}{\partial x^2} + \dfrac{\partial^2}{\partial y^2} + \dfrac{\partial^2}{\partial z^2} \\ \mathbf{\nabla}^2\varphi = \dfrac{\partial^2\varphi}{\partial x^2} + \dfrac{\partial^2\varphi}{\partial y^2} + \dfrac{\partial^2\varphi}{\partial z^2} \end{cases} \tag{1-54}$$

$$\mathbf{\nabla}^2\vec{A} = \mathbf{\nabla}^2 A_x\vec{i} + \mathbf{\nabla}^2 A_y\vec{j} + \mathbf{\nabla}^2 A_z\vec{k}$$

$$= \left(\frac{\partial^2 A_x}{\partial x^2} + \frac{\partial^2 A_x}{\partial y^2} + \frac{\partial^2 A_x}{\partial z^2}\right)\vec{i} + \left(\frac{\partial^2 A_y}{\partial x^2} + \frac{\partial^2 A_y}{\partial y^2} + \frac{\partial^2 A_y}{\partial z^2}\right)\vec{j} + \left(\frac{\partial^2 A_z}{\partial x^2} + \frac{\partial^2 A_z}{\partial y^2} + \frac{\partial^2 A_z}{\partial z^2}\right)\vec{k}$$

$$\tag{1-55}$$

1.4　场论的应用

1）天体质量或密度的估算

测出卫星围绕天体做匀速圆周运动的半径 r 和周期 T，就可以进行天体质量 M 或密度 ρ 的估算。

$$G\frac{mM}{r^2} = m\left(\frac{2\pi}{T}\right)^2 r \Rightarrow \begin{cases} M = \dfrac{4\pi^2 r^3}{GT^2} \\[3mm] \rho = \dfrac{M}{V} = \dfrac{3\pi r^3}{GT^2 R^3} \end{cases} \tag{1-56}$$

式中，m 为卫星质量，V 为天体体积，G 为万有引力常数。

2）预测未知天体——海王星的发现

在 18 世纪，天文学家发现太阳系的第七颗行星——天王星的运动轨道与根据万有引力定律计算出来的轨道有一定偏离。有人预测，在其轨道外还有一颗未发现的新星。后来，伽勒在预言位置的附近找到了这颗新星，即海王星。

3）无线和有线通信

1895 年，意大利人马可尼成功地进行了 2.5 km 距离的无线电报传送实验。马可尼以其在无线电报等领域的成就，获得了 1909 年的诺贝尔物理学奖。无线电报的发明标志着人类进入利用电磁波进行通信的新时代。

1876 年，美国人 A. G. 贝尔在美国建国 100 周年博览会上展示了他发明的有线电话。此后，有线电话迅速普及。

4）广播和电视

1906 年，美国人费森登用 50 kHz 频率发电机作为发射机，用微音器调制大线信号，使大西洋航船上的报务员听到了他从波士顿播出的音乐。1919 年，英国建成了世界上第一个定时播发语言和音乐的无线电广播电台。次年，美国匹兹堡又建成了一座无线电广播电台。

1884 年，德国人尼普科夫提出机械扫描电视的设想。1927 年，英国人贝尔德成功地利用电话线路把图像从伦敦传至大西洋的船上。1923 年和 1924 年，兹沃霄金相继发明了摄像管和显像管；1931 年，他成功组装了世界上第一个全电子电视系统。

5）雷达（radio detection and ranging，无线电探测和测距）

第二次世界大战前夕，飞机成为主要进攻武器。英、美、德、法等国竞相研发能够早期预警飞机的装置。1936 年，英国瓦特设计的警戒雷达率先投入运行，有效地预警了来自德国的轰炸机。1938 年，美国研制成第一部能指挥火炮射击的火炮控制雷达。1940 年，多腔磁控管的发明使微波雷达的研制成为可能。1944 年，能够自动跟踪飞机的雷达研制成功。1945 年，能消除背景干扰显示运动目标的显示技术问世，使雷达更加完善。在整个第二次世界大战期间,雷达成为电磁场理论最活跃的部分之一。

6) 卫星通信技术

1958 年,美国成功发射了低轨通信试验卫星"斯科尔",这是世界上第一颗用于通信的试验卫星。1964 年,借助定点同步通信卫星,首次实现了美、欧、非三大洲之间的通信和电视转播。1965 年,第一颗商用定点同步卫星投入运行。1969 年,大西洋、太平洋和印度洋上空均已部署定点同步通信卫星,卫星地球站已遍布世界各国,并与本国或本地区的通信网接通。

7) 地球物理方法

地球物理学是以地球为研究对象,研究地球的各种物理场现象,以及这些现象与地球运动、层圈结构、物质分布及迁移关系的学科。地球内部介质在密度、弹性、导电性、磁性、放射性以及导热性等方面存在差异,这些差异会引起地球物理场的局部变化。地球物理勘探通过测量这些物理场的分布和变化特征,结合已知地质资料进行分析研究,推断地质构造和矿产、油气资源的分布状况(图 1-13)。

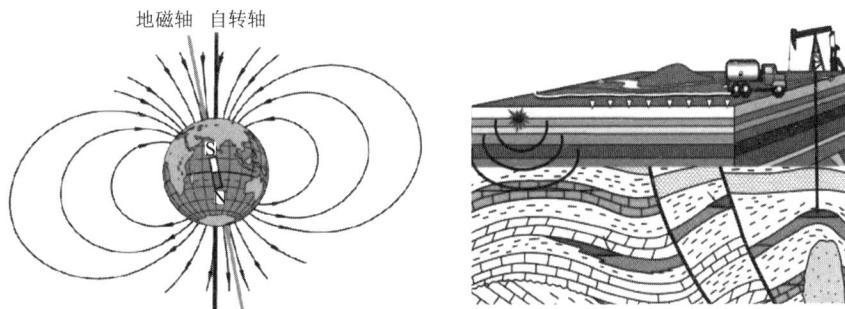

图 1-13 地球物理场及地球物理勘探

习题一

1. 求标量场 $u = x^2 z^3 + 2y^2 z$ 在点 $M(2,0,-1)$ 处沿 $\vec{l} = 2x\vec{i} - xy\vec{j} + 3z\vec{k}$ 方向的方向导数。

2. 标量场 $u = x^2 y z^3$ 在 $M(2,1,-1)$ 处沿哪个方向的方向导数最大?

3. 设 $\vec{A} = \{y^2 - z^2 + 3yz - 2x, 3xz + 2xy, 3xy - 2xz + 2z\}$,求 $\nabla \cdot \vec{A}$。

4. 设矢量场 $\vec{A} = x^3\vec{i} + y^3\vec{j} + z^3\vec{k}$。$S$ 为球面 $x^2 + y^2 + z^2 = a^2$,求矢量场穿出 S 的通量 Φ。

5. 已知 $\vec{A} = \{ay - bz, -(ax - cz), bx - cy\}$,求 $\nabla \times \vec{A}$。

6. 已知矢量场 $\vec{A} = \{x^2 - y^2, 2xy, 0\}$,计算环量 $\oint_l \vec{A} \cdot \mathrm{d}\vec{r}$,其中 l 是由 $x=0, x=a, y=0, y=b$ 所构成的矩形回路(图 1-14)。

7. 证明下列等式:

(1) $\nabla(uv) = u\nabla v + v\nabla u$

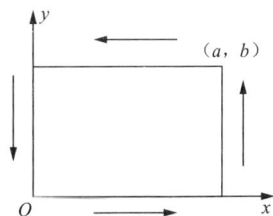

图 1-14 习题一第 6 题图示

15

（2） $\nabla \cdot (u\vec{A}) = u \ \nabla \cdot \vec{A} + \nabla u \cdot \vec{A}$

（3） $\nabla \cdot \ \nabla \times \vec{A} = 0$

（4） $\nabla \times \ \nabla u = \vec{0}$

第 2 章　引力场

牛顿在经典力学体系中使用万有引力定律(Law of universal gravitation)描述物体之间的引力作用,这种相互作用的特点是仅与物体的质量和物体之间的距离相关。在万有引力定律中,引力被描述为空间中任意两个具有质量的物体之间的点对点相互作用。而实际上,引力并不是两个物体间实质性的吸引相互作用力,而是一个物体所具有的物理场对另一个物体的运动产生的影响,这个物理场同时也是一个能够用定量理论来进行刻画和描述的物理量,这就是引力场理论。

当物体存在时,其周围空间中就有与它共存的引力场存在,二者紧密联系,不可分离,谁也不可能单独存在。因此,在引力场中,总是把场和场源一起研究,找出二者的相互关系。这些相互关系是指导生产实践的基础。例如,在天体物理学中,可以用这些关系来研究星体的运行;在勘探地球物理学中,可以用这些关系来确定地下矿体的位置、大小和形状。重力勘探就是建立在对引力场研究基础之上的一种地球物理勘探方法。

在引力场论中,一般需要解决下列两个问题:一个是正演问题,即从已知场源分布求得场的分布;另一个是反演问题,即从已知场的分布求得场源的分布。这两个问题的实质都是要解决场与场源之间的关系问题。因此,引力场论的基本问题就是决定引力场的性质对场源特征量(质量的密度和位置)的依赖关系,掌握引力场(重力场)的分布规律,并用来指导生产实践。

2.1　引力场强度

2.1.1　万有引力定律和引力场强度的定义

1) 万有引力定律

万有引力定律是由艾萨克·牛顿于 1687 年在《自然哲学的数学原理》中提出的。该定律表述如下:任意两个质点由通过连心线方向上的力相互吸引。该引力大小与两质点质量的乘积成正比,与它们距离的平方成反比,且与两物体的化学组成和它们之间介质的种类无关。

如图 2-1 所示,两个质量分别为 m_1 和 m_2 的质点,m_1 作用在 m_2 上的万有引力 $\vec{f}_{12}$ 可表示为:

$$\vec{f}_{12} = -G\frac{m_1 m_2}{r^3}\vec{r} \qquad (2-1)$$

式中,$\vec{r}$ 是由 m_1 到 m_2 的矢径,r 是 $\vec{r}$ 的模,G 是万有引力常数,在国际单位制中,其值为 6.67×10^{-11} m³/(kg·s²)。

图 2-1 质点间的万有引力

万有引力定律的发现是 17 世纪自然科学最伟大的成果之一。它统一了地面物体运动和天体运动的规律,对物理学和天文学的发展产生了深远的影响。它第一次揭示了这种相互作用的规律,在人类认识自然的历史上树立了一座里程碑。

万有引力定律表明,两个质点间的作用力大小与两质点质量的乘积成正比,与它们之间距离的平方成反比,力的方向沿着它们的连线方向。万有引力定律是描述质点间的相互作用的实验定律。需要注意的是,作用在每一个质点上的力并非来自另一个质点本身。如果忽视场的作用去理解相互作用,就会导致超距作用的错误观念。

在运用万有引力定律时,需要注意其适用条件:该定律仅对质点间的相互作用严格成立的,即当物体的几何尺度比物体间的距离小得多时才能直接运用。质点是指当物体的线度远小于它们之间的距离时,将其质量集中于一点的理想化模型。

2)引力场强度的定义

要研究场的性质,首先必须找到表示场的特征量,并且这个特征量必须在实验的基础上引入。万有引力定律正是在实验的基础上总结出来的。根据万有引力定律可知,当一个质量为 m_0 的试探质点放在引力场中的某一点上时,作用在它上面的引力 $\vec{f}$ 的大小和方向是可以测量的。这个引力的方向是恒定的,而引力的大小既与场本身的性质有关,也与试探质点的质量 m_0 有关。然而,在场中的任意地点,引力与质量 m_0 的比值 $\vec{f}/m_0$ 是不变的。这意味着,作用在单位质量上的引力仅与引力场的性质有关,而与试探质点质量 m_0 无关。因此,引力场强度的定义为:引力场中某点的引力场强度 $\vec{F}$ 等于一个单位质点在该处所受的引力,即

$$\vec{F} = \lim_{m_0 \to 0}\frac{\vec{f}}{m_0} \qquad (2-2)$$

式(2-2)说明引力场强度是表示引力场性质的物理量,它只是坐标的函数,而与用来测量引力场强度的试探质点质量无关。引力场强度的单位是 N/kg 或者 m/s²。

试探质点的主要特征是:① 质量很小,即质量小到它的引力场在实际中不会显著改变所研究场中的质量分布;② 几何尺度很小,即几何尺度小到可以近似看作一个质点,这样才能通过对其作用力的测量来确定空间某一点的场强度。当然,这些条件是相对的。只要试探质点的质量足够小,小到由它的存在所引起的变化在实验精度范围内可以忽略不计,就满足要求。式(2-2)中取极限的意义正是基于这一点。

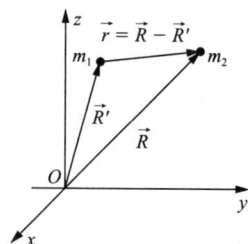

2.1.2　引力场强度的函数表征

1) 点质量的引力场强度

如图 2-2 所示,根据万有引力定律,质量为 m 的场源质点 Q 在 P 点激发的场强度($m_1 = m$, $m_2 = 1$) 为:

$$\vec{F} = -G \frac{m}{r^3} \vec{r} \qquad (2\text{-}3)$$

式中, m 是场源的质量, $\vec{r}$ 是由场源质点 Q 至观测点 P 的矢径,负号表示引力方向与 $\vec{r}$ 方向相反。

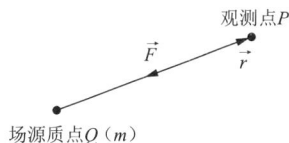

图 2-2　点质量的引力场强度

这就是在点质量条件下引力场强度与引力场源之间的关系式。由此可知,引力场中任意 P 点的引力场强度与引力场源质量 m 成正比,与该点至场源间距离 r 的平方成反比。引力场强度的这种距离平方反比关系是引力场最基本的特征,引力场的所有性质都可以由这一特征推导出来。

2) 质点系的引力场强度

若空间中有两个以上的点质量,由场的叠加原理可知,场中任意 P 点的引力场强度等于每一个质点单独存在时 P 点的引力场强度的矢量和,即

$$\vec{F}(\vec{r}) = -G \sum_{i=1}^{n} \frac{m_i}{r_i^3} \vec{r_i} \qquad (2\text{-}4)$$

式中, $\vec{r_i}$ 是由质点 m_i 到 P 点的矢径。显然无论式(2-3)或者式(2-4),都只有在场内,那些观测点才有意义,这些观测点和质量 m_i 的距离比质量元的线度要大得多。

3) 体质量的引力场强度

如果质量以体密度 $\rho_g(\varepsilon, \eta, \xi)$ 连续分布在空间体积 V 中(图 2-3),则可将 V 分为无数体积元 dv,令每个体积元中的质量为 dm,则有 $dm = \rho_g dv$。

(1) 观测点 P 在体质量外。

如果每个 dm 对 $P(x,y,z)$ 点而言满足质点的条件,这就是说 P 点不在质量分布区 V 以内(即由 Q 至 P 的矢径 $\vec{r}$ 大于质量分布区的线度),如图 2-3(a)所示,则 dm 在 P 点的引力场强度为:

$$d\vec{F} = -G \frac{\vec{r}}{r^3} dm = -G \frac{\rho_g \vec{r}}{r^3} dv \qquad (2\text{-}5)$$

式中, $\vec{r} = \overline{QP} = \vec{r_2} - \vec{r_1}$,这里 $\vec{r_1}$ 和 $\vec{r_2}$ 分别为由原点 O 至场源质点 Q 和观测点 P 的矢径。若将此式对所有质量分布区 V 求积分,则全部质量所激发的场在 P 点的引力场强度为:

$$\vec{F} = -G \int_V \frac{\rho_g \vec{r}}{r^3} dv \qquad (2\text{-}6)$$

式中, $\vec{r} = \overline{QP} = \vec{r_2} - \vec{r_1} = (x-\varepsilon)\vec{i} + (y-\eta)\vec{j} + (z-\xi)\vec{k}$,其长度 r 为:

$$r = |\vec{r}| = \sqrt{(x-\varepsilon)^2 + (y-\eta)^2 + (z-\xi)^2} \qquad (2\text{-}7)$$

在实际运算中,常常用到引力场强度矢量 $\vec{F}$ 沿坐标轴 x,y,z 的三个分量 F_x,F_y,F_z。由式(2-6)可知,三个分量表达式为:

$$
\begin{cases}
F_x = -G\displaystyle\int_V \frac{\rho_g(x-\varepsilon)}{r^3}\mathrm{d}v \\[2mm]
F_y = -G\displaystyle\int_V \frac{\rho_g(y-\eta)}{r^3}\mathrm{d}v \\[2mm]
F_z = -G\displaystyle\int_V \frac{\rho_g(z-\xi)}{r^3}\mathrm{d}v
\end{cases}
\tag{2-8}
$$

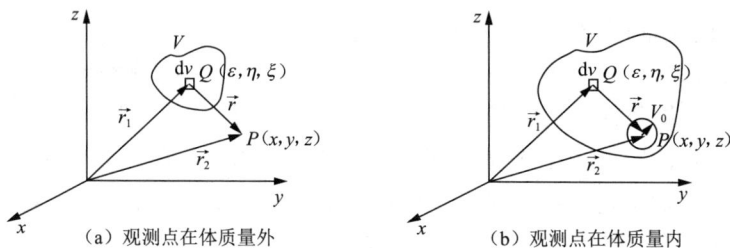

(a) 观测点在体质量外   (b) 观测点在体质量内

图 2-3 体质量的引力场强度

(2)观测点 P 在体质量内或边界上。

若观测点 P 在质量分布区 V 以内或 V 的边缘上(图 2-3b),则 r 会趋于零,因而式(2-6)可能失去意义而不成立。此时,必须通过计算广义积分来解决这个问题。

现在假设在 V 内 P 点周围有一变域 V_0,其最大线径度为 δ(图 2-3b)。如果忽略 V_0 内包含的质量,则 $V-V_0$ 即是体分布的内域,也是 V_0 和 P 点的外域。这意味着,P 点恒为域外的点,不在质量分布区($V-V_0$)以内,所以式(2-6)仍可用来讨论 P 点的场强度。但要准确计算 P 点的场强,必须计算下列广义积分:

$$
\vec{F} = -\lim_{\delta\to 0}\int_{V-V_0} G\frac{\rho_g\vec{r}}{r^3}\mathrm{d}v
\tag{2-9}
$$

实际上,若 $\rho_g(\varepsilon,\eta,\xi)$ 为连续函数,则可以证明式(2-9)为一个收敛性的广义积分,其极限值等于式(2-6)的体积分。

综上所述,无论 P 点在质量分布区以外或以内,只要质量体密度 $\rho_g(\varepsilon,\eta,\xi)$ 为一个连续函数,则 P 点的场强度总可以用式(2-6)的常义积分或由式(2-9)的广义积分来表示,而后者的极限值完全和前者相同。

同理,当质量分布在一极薄的面上形成面质量分布时,质量面密度(单位面积上的质量)为 σ_g 的面质量在面外产生的引力场强度为:

$$
\vec{F} = -G\int_S \frac{\sigma_g\vec{r}}{r^3}\mathrm{d}s
\tag{2-10}
$$

质量线密度(单位长度上的质量)为 γ_g 的线质量在线外产生的引力场强度为:

$$
\vec{F} = -G\int_L \frac{\gamma_g\vec{r}}{r^3}\mathrm{d}l
\tag{2-11}
$$

4)场强度的应用

在勘探地球物理学中,利用引力场强度公式(2-8)可以计算矿体在地球表面上各点引起的场强度沿重力方向的投影。如图 2-4 所示,设 Oxy 平面为水平面,Oz 垂直向下,则矿体(其质量体密度为 ρ_g)在地球表面上 $P(x,y,z)$ 点产生的引力场垂直分量为:

$$\Delta g = F_z = -G\int_V \frac{\rho_g(z-\xi)}{r^3}\mathrm{d}v \tag{2-12}$$

其中:

$$\begin{cases} r=|\vec{r}|=\sqrt{(x-\varepsilon)^2+(y-\eta)^2+(z-\xi)^2} \\ \mathrm{d}v=\mathrm{d}\varepsilon\,\mathrm{d}\eta\,\mathrm{d}\xi \end{cases} \tag{2-13}$$

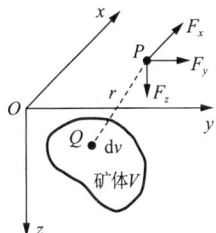

图 2-4　矿体的场强

2.1.3　引力场强度的图示表征

为了形象化地说明引力场的一些性质,可以引入引力线这个概念。在引力场中绘制这样的曲线,使曲线上每点的切向都和该点的引力场强矢量 $\vec{F}$ 方向平行,这些曲线就是引力线。根据这个定义,引力线上的线元 $\mathrm{d}\vec{l}$ 应该平行于场强度矢量 $\vec{F}$,即它们沿直角坐标轴的三个分量各自成比例:

$$\frac{\mathrm{d}x}{F_x}=\frac{\mathrm{d}y}{F_y}=\frac{\mathrm{d}z}{F_z} \tag{2-14}$$

这就是引力线的微分方程,其中 $\mathrm{d}x,\mathrm{d}y,\mathrm{d}z$ 为线元 $\mathrm{d}l$ 的三个分量。若将式(2-14)写成下列两个微分方程,则有:

$$\frac{\mathrm{d}x}{\mathrm{d}z}=\frac{F_x}{F_z},\qquad \frac{\mathrm{d}y}{\mathrm{d}z}=\frac{F_y}{F_z} \tag{2-15}$$

求积分后得两个曲面方程:

$$f_1(x,y,z)=c_1,\qquad f_2(x,y,z)=c_2 \tag{2-16}$$

两者交线即引力线方程。

引力线通常按照以下规则绘制:通过单位横截面面积的引力线数量与该处的引力场强度呈正比。因此 $\vec{F}$ 较大的地方,引力线就比较密。引力线这个概念是为了更直观地描述引力场而提出的,它本身没有什么物理意义,仅起着辅助性的作用。引力场强度与质量有密切的联系,引力线和质量也有密切的联系。在引力场中,引力线的起点在无限远处,终点则在质量所在处。因此,如果绘制引力线分布图,可以沿引力线追踪场源的位置。

例题 2.1　设有一个均匀薄球壳,其质量面密度为 σ_g,半径为 a。试求球壳内部和外部一点的引力场强度。

解: 设球心位于坐标轴的原点(图 2-5),P 点位于 Oz 轴上(这并不失去普遍性),其至 O 点的距离为 z。由于对称关系,球壳在 P 点的引力场强度,没有垂直于 Oz 轴的分量,只需计算沿 Oz 轴的场强度,由式(2-8)得:

$$F_z=-G\int_S \frac{\sigma_g(z-\xi)}{r^3}\mathrm{d}s=-G\int_S \frac{\sigma_g(z-a\cos\theta)}{r^3}a\,\mathrm{d}\theta a\sin\theta\,\mathrm{d}\varphi$$

$$=-2\pi G\int_0^\pi \frac{\sigma_g(z-a\cos\theta)a^2\sin\theta}{r^3}\mathrm{d}\theta$$

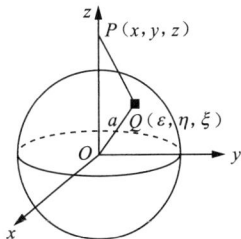

图 2-5　薄球壳的场强

由余弦定理 $r^2 = a^2 + z^2 - 2az\cos\theta$ 可知：

$$a\cos\theta = \frac{a^2 + z^2 - r^2}{2z}, \quad \sin\theta\,\mathrm{d}\theta = \frac{r\,\mathrm{d}r}{az}$$

代入 F_z 表达式可得：

$$F_z = -2\pi G \int_{r_1}^{r_2} \frac{\sigma_g\left(z - \dfrac{a^2 + z^2 - r^2}{2z}\right)a^2}{r^3}\frac{r\,\mathrm{d}r}{az} = -\frac{\pi G\sigma_g a}{z^2}\int_{r_1}^{r_2}\left(\frac{z^2 - a^2}{r^2} + 1\right)\mathrm{d}r$$

$$= -\frac{\pi G\sigma_g a}{z^2}\left(-\frac{z^2 - a^2}{r} + r\right)\Bigg|_{r_1}^{r_2}$$

若 P 点在球壳外（即 $z > a$），此时当 $\theta = 0$ 时，$r_1 = z - a$；当 $\theta = \pi$ 时，$r_2 = z + a$。把这些结果代入，即得球外一点的引力场强度：

$$F_z = -\frac{G\sigma_g\pi a}{z^2}\left[2a - (-2a)\right] = -\frac{G\sigma_g 4\pi a^2}{z^2} = -G\frac{M}{z^2} \quad (z > a)$$

式中，$M = 4\pi a^2\sigma_g$ 为球壳的总质量。由此可知球壳外任一 P 点的引力场强度等于球壳全部质量集中于球心时在该点产生的引力场强度。

若 P 点在球壳内，即 $z < a$，此时当 $\theta = 0$ 时，$r_1 = a - z$；当 $\theta = \pi$ 时，$r_2 = a + z$。把这些结果代入，即得球内 P 点的引力场强度：

$$F_z = -\frac{G\sigma_g\pi a}{z^2}(2a - 2a) = 0 \quad (z < a)$$

由此可知，球壳内任一 P 点的引力场强度都等于零。

因此，薄球壳场强为：

$$F_z = \begin{cases} -\dfrac{GM}{z^2} & (z > a) \\ \\ 0 & (z < a) \end{cases}$$

若将 F_z 的值绘成曲线，如图 2-6 所示，可知 F_z 的值从球内到球外的变化情况。在通过球面时，引力场强度有 $-4\pi G\sigma_g$ 的突变。

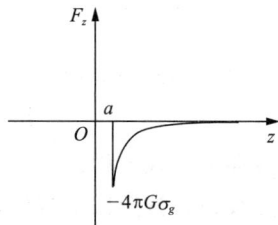

图 2-6 薄球壳引力场强与 z 关系曲线

例题 2.2 求一个点质量 m 的引力线方程。

解： 设有一个点质量位于直角坐标原点，则由点质量引力场强度公式：

$$\vec{F} = -G\frac{m}{r^3}\vec{r}$$

得到：

$$\begin{cases} F_x = -Gm\dfrac{x}{r^3} \\ \\ F_y = -Gm\dfrac{y}{r^3} \\ \\ F_z = -Gm\dfrac{z}{r^3} \end{cases}$$

所以：

$$\frac{\mathrm{d}x}{\mathrm{d}z}=\frac{x}{z}, \quad \frac{\mathrm{d}y}{\mathrm{d}z}=\frac{y}{z}$$

求积分后得:

$$x=c_1 z, \quad y=c_2 z$$

由此可见,一个点质量的引力线为通过它本身的直线簇中所有的直线(图 2-7)。

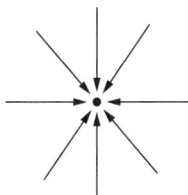

图 2-7 点质量的引力线

2.2 引力场强度的通量和散度

以引力场强度的距离平方反比定律为基础,进一步研究引力场强度的空间变化与质量之间的相互关系,从而更深刻地认识引力场的基本定律。这些基本定律不但体现了场的本性,而且形式简洁,在许多场合下便于运用。

现在来研究引力场强度的通量和散度,从而求得引力场的通量定理。

2.2.1 质点的场强通量

引力场强度 $\vec{F}$ 的通量 N 等于引力场强度的法向分量的面积分:

$$N=\int_S \vec{F} \cdot \vec{n}\mathrm{d}s \tag{2-17}$$

式中,$\vec{n}$ 是沿面元 $\mathrm{d}s$ 正法向方向的单位矢量。对于一个点质量的情形,将点质量的引力场强度公式(2-3)代入式(2-17),即得:

$$N=\int_S \vec{F} \cdot \vec{n}\mathrm{d}s=-Gm\int_S \frac{\vec{r} \cdot \vec{n}}{r^3}\mathrm{d}s=-Gm\int_S \frac{\cos (\overrightarrow{n,r})}{r^2}\mathrm{d}s \tag{2-18}$$

式中,$\cos (\overrightarrow{n,r})$ 为 $\mathrm{d}s$ 的法线与自场源点 Q 到 $\mathrm{d}s$ 的矢径 $\vec{r}$ 间的夹角的余弦,即图 2-8 中的 θ 角的余弦。由图 2-8 可知,θ 正是 $\mathrm{d}s$ 与 $\mathrm{d}s'$ 的法线夹角,而 $\mathrm{d}s'$ 是 $\mathrm{d}s$ 在垂直于 $\vec{r}$ 的平面上的投影。因此:

$$\cos (\overrightarrow{n,r})\mathrm{d}s=\pm \mathrm{d}s' \tag{2-19}$$

式中,$\mathrm{d}s'$ 是 $\mathrm{d}s$ 投影的绝对值。如果从 Q 点看到的是面元 $\mathrm{d}s$ 的内侧,则这一乘积为正,如果看到的是 $\mathrm{d}s$ 的外侧,则乘积为负。

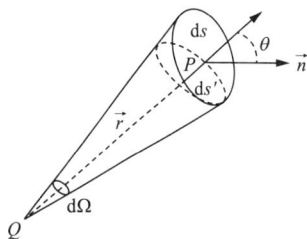

图 2-8 立体角示意图

垂直于矢径的面元 $\mathrm{d}s'$ 和半径为 $\vec{r}$、中心在 Q 点的球面元相对应。如果设 $\mathrm{d}\Omega$ 表示面元

$\mathrm{d}s'$ 对 Q 点所张的立体角,即以 Q 点为中心、半径为 1 的球面与锥体所截的面积,那么:

$$\mathrm{d}\Omega = \frac{\pm \mathrm{d}s'}{r^2} = \frac{\cos\overrightarrow{(n,r)}\mathrm{d}s}{r^2} \tag{2-20}$$

规定立体角的正负号如下:如果从 Q 点看到的是 $\mathrm{d}s$ 的内侧,则 $\mathrm{d}\Omega$ 规定是正的,如果看到的是 $\mathrm{d}s$ 的外侧,则 $\mathrm{d}\Omega$ 规定是负的。把这些结果代入通量表示式(2-18),则有:

$$N = \int_s \overrightarrow{F} \cdot \overrightarrow{n}\mathrm{d}s = -Gm\int_s \mathrm{d}\Omega = -Gm\Omega \tag{2-21}$$

式中,Ω 是整个 S 面对质点所张的立体角(图 2-9)。

当 S 面为一闭合面时,立体角 $\Omega = \oint \mathrm{d}s = 4\pi$ 或 0。点质量可以位于闭合面内,也可以位于闭合面外。然而,研究分布在面上的点质量是没有物理意义的,因为只有在质点的实际大小比起它到引力场中所研究点的距离很小的条件下,才能利用点质量的概念。分布在表面上的点质量这一概念显然不满足这一条件。

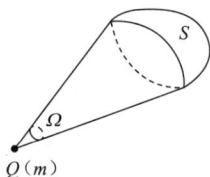

图 2-9 点质量的通量

如果点质量位于闭合面 S 外部的一点 Q,那么从 Q 点可以作一束关于 S 面的切线(图 2-10a)。所有这些切线组成一个锥体,S 面与锥体的交线是一条闭合曲线 L,这条闭合曲线 L 将 S 面分成两部分:S_1 和 S_2。这两部分对 Q 点所张的立体角的大小是一样的。这个立体角是锥体的顶角,而从 Q 点看到的是 S_1 部分的内侧和 S_2 部分的外侧,所以 S_1 和 S_2 面所张的立体角 Ω_1 和 Ω_2 数值相等而符号相反。因而,通过 S_1 和 S_2 的场强矢量的通量也是数值相等而符号相反,加起来等于零。由此可见,通过任意一个不包含质量 m 的闭合面的场强矢量 $\overrightarrow{F}$ 的通量 N 等于零,即

$$N = \oint_s \overrightarrow{F} \cdot \overrightarrow{n}\mathrm{d}s = -Gm\oint_s \mathrm{d}\Omega = -Gm(\Omega_1 + \Omega_2) = 0 \tag{2-22}$$

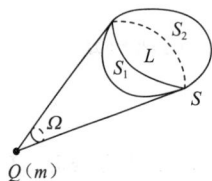

(a)位于闭合面外部

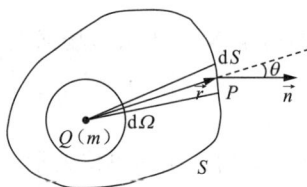

(b)位于闭合面内部

图 2-10 不同立体角示意图

如果点质量位于闭合面 S 以内(图 2-10b),那么这个闭合面 S 对点质量所张的立体角 $\Omega = 4\pi$。因此,在这种情况下有:

$$N = \oint_s \overrightarrow{F} \cdot \overrightarrow{n}\mathrm{d}s = -Gm\Omega = -Gm \cdot \frac{4\pi r^2}{r^2} = -4\pi Gm \tag{2-23}$$

如果规定式(2-23)中的 m 理解为闭合面 S 所包围的质量,那么如果质量位于 S 面外,就可以认为 $m = 0$。这样,上述两种情形(质量位于闭合面以内或以外),就可以只用一个公式来概括,即

$$\oint_s \overrightarrow{F} \cdot \overrightarrow{n}\mathrm{d}s = -4\pi Gm \tag{2-24}$$

即引力场强矢量 $\overrightarrow{F}$ 对于任意一个闭合面 S 的通量 N 等于 S 所包围质量的 $-4\pi G$ 倍。这就是

引力场的通量定理,也称为引力场的高斯定理。

2.2.2　任意质量分布的场强通量

如果空间内存在的不止一个点质量,而是一组质点,那么可以由场的叠加原理求得这一质点组的场强通量:

$$\oint_S \vec{F} \cdot \vec{n} \mathrm{d}s = -4\pi G \sum_i m_i \tag{2-25}$$

式中,$\vec{F} = \sum_i \vec{F_i}$ 为各质点 m_i 产生的引力场强度 $\vec{F_i}$ 的矢量和。

如果质量是按体积分布,其体密度为 ρ_g,则每一体积元 $\mathrm{d}v$ 中的质量 $\mathrm{d}m$ 等于 $\rho_g \mathrm{d}v$,因而对于一非无限小体积 V 中的总质量为:

$$\sum_V m = \int_V \rho_g \mathrm{d}v \tag{2-26}$$

代入上式即得:

$$\oint_S \vec{F} \cdot \vec{n} \mathrm{d}s = -4\pi G \int_V \rho_g \mathrm{d}v \tag{2-27}$$

式中,V 为 S 面内所包含的体积,因而 $\int_V \rho_g \mathrm{d}v$ 表示 S 面以内所包含的全部质量。上面已经证明过,S 面以外的质量分布对于这个通量没有任何影响。因此,通量定理(也称高斯定理)可以总结为:

在任意质量分布的引力场中,场强矢量 $\vec{F}$ 对于任意一个闭合面 S 的通量等于 S 面所包围全部质量的 $-4\pi G$ 倍。

这就是引力场强度空间积分变化与质量分布之间的相互关系。这一关系是场中任一区域的表里联系,也就是域表面上的场强通量与域内包含质量的数量之间的联系。基于这一关系,可以通过域内质量的数量来确定域面通量;反之,如果已知域面通量,也能确定域内含质量的总和。例如,在地球物理勘探中,可以利用这个关系来确定矿体的储量。

设在地面以下有一个矿体,如果在地面(设为 Oxy 平面)上测得矿体产生的场强度通过这个面的通量 N,则可以证明:

$$N = \int_{-\infty}^{+\infty} \int_{-\infty}^{+\infty} F_n \mathrm{d}x \mathrm{d}y = -2\pi GM \tag{2-28}$$

因而,可以求得矿体的储量 M(总质量)。上式中的面积分是对地面来求的,F_n 为地面上场强度的法向分量。这个公式实际上就是通量定理的一个推论。因为对于一个矿体来说,地面可以视为一个无限平面。在矿体下面设想还有一个无限平面 SS',它和地面构成包围矿体的一个闭合面(图 2-11)。场强度对于这个闭合面的通量,按通量定理应该等于 $-4\pi GM$,

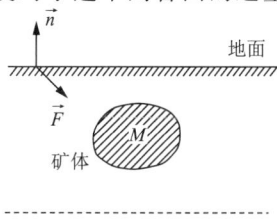

图 2-11　地下矿体产生的场强度通过地表的通量

地面和 SS' 平面各分配一半,因而通过地面的通量为 $-2\pi GM$。

2.2.3 场强度的散度

以上研究了引力场强度的通量规律,这是一个区域的面积分关系,反映了场中一个区域性的特性。现在来研究场中某一点上的定域化特性,即研究场强度在某一点上的空间微分变化——散度。

散度是对矢量场的一种微分运算,在直角坐标系中,它表示场强矢量沿场强矢量三分量方向的空间变化率的和。实际上散度更普遍的定义为定域化时场矢量的通量与体积之比的极限值:

$$\mathrm{div}\vec{F} = \boldsymbol{\nabla} \cdot \vec{F} = \lim_{\Delta V \to 0} \frac{\oint_S \vec{F} \cdot \vec{n}\,\mathrm{d}s}{\Delta V} \tag{2-29}$$

式中,ΔV 为 S 面所包围的微小体积。从这个定义可知散度的值完全和坐标选择无关。

根据数学上的散度定理(体积分与面积分之间的关系),可以将式(2-27)写成如下形式:

$$\int_V \boldsymbol{\nabla} \cdot \vec{F}\,\mathrm{d}v = \oint_S \vec{F} \cdot \vec{n}\,\mathrm{d}s = -4\pi G \int_V \rho_g\,\mathrm{d}v \tag{2-30}$$

无论积分区域如何选择,这两个积分总是相等的,特别是当积分定域化到某一点时,也仍然是正确的。在这种情况下,只有当两个被积函数在空间中的每一点上彼此相等时,上述情形才有可能成立。所以:

$$\mathrm{div}\vec{F} = \boldsymbol{\nabla} \cdot \vec{F} = -4\pi G \rho_g \tag{2-31}$$

这就是引力场通量定理的微分表达式。它表示某点引力场强度的空间微分变化与该点上的质量密度之间的关系。这个关系说明,引力场中每一点上场强度的散度只与该点的质量体密度成比例,而与其他点上的质量分布无关。如果某点没有质量体密度存在,则在该点的 $\boldsymbol{\nabla} \cdot \vec{F} = 0$。

仿照流体力学,在速度矢量 $\vec{v}$ 的场中,那些 $\boldsymbol{\nabla} \cdot \vec{v} \neq 0$ 的地点通常称为场的源头,而 $\boldsymbol{\nabla} \cdot \vec{v}$ 的值则称为源强。当引用这个概念到引力场中时,可以表述为:引力场中的场源地点恒处在场中那些 $\boldsymbol{\nabla} \cdot \vec{F} \neq 0$ 之处,也就是说引力场的源头是质量体密度分布所在,并且这些源头的强度(在体质量分布的情况下)等于 $-4\pi G \rho_g$。

例题 2.3 设有一个均匀薄球壳,其质量面密度为 σ_g,半径为 a。利用引力场高斯定理求解球壳内部和外部一点的引力场强度。

解: 由对称性可利用高斯定理求解,选择一个球心与薄球壳球心重合的闭合球面 S,由高斯定理可知:

$$\oint_S \vec{F} \cdot \vec{n}\,\mathrm{d}s = -4\pi GM$$

① 当 $r > a$ 时,如图 2-12(a) 所示,闭合球面 S 包含薄球壳全部质量,则有:

$$F_r \cdot 4\pi r^2 = -4\pi G \sigma_g 4\pi a^2 = -4\pi GM$$

整理可得 $F_r = -G\dfrac{M}{r^2}$,即 $\vec{F} = -G\dfrac{M}{r^3}\vec{r}$

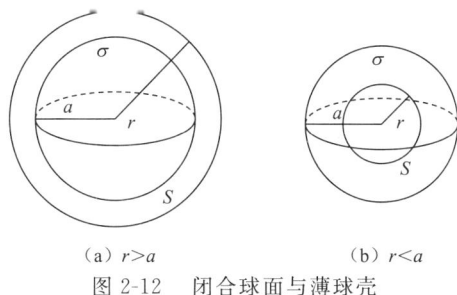

(a) r>a　　　　(b) r<a

图 2-12　闭合球面与薄球壳

② 当 $r < a$ 时,如图 2-12(b) 所示,闭合球面 S 在薄球壳内部,没有包含质量,则有 $F_r \cdot 4\pi r^2 = 0$,整理可得 $F_r = 0$,即 $\vec{F} = 0$。

因此,薄球壳引力场强为:

$$
\vec{F} = \begin{cases} -G \dfrac{M}{r^3}\vec{r} & (r > a) \\[2mm] \vec{0} & (r < a) \end{cases}
$$

该结果与例题 2.1 结果一致,说明在一些具有对称性的问题求解中,采用高斯定理可能使求解过程得到简化。

2.3　引力场强度的环量和旋度

在本章前两节中,从质量在引力场中受到的引力这一点出发,研究了引力场的性质,引入了引力场强度这个概念。现在从质量在场中移动时场力所做的功去研究场的性质。

2.3.1　场力做功

当一个点质量 m_0 位于引力场中时,它就受到一个机械力 $m_0\vec{F}$ 的作用,所以当它在场中有一个无限小的位移 $\vec{dl}$ 时,场力所做的功是 $m_0\vec{F} \cdot \vec{dl}$。对于单位质量来说,场力做的功为:

$$
dA = \vec{F} \cdot \vec{dl} \tag{2-32}
$$

当单位质量移动一段非无限小的路程时(图 2-13),场力所做的功是:

$$
A = \int_L \vec{F} \cdot \vec{dl} \tag{2-33}
$$

其中积分应理解为对路径 L 从 A 到 B 的线积分。

2.3.2　功与路径无关

一般来说,表示功的线积分值,不但与积分路径的起点和终点的位置有关,而且与路径的形状有关。但在引力场中,可以证明这个积分只与路径的起点和终点有关,而与路径的形状无关。下面来证明这一事实。

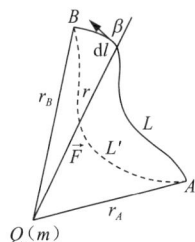

图 2-13　点质量场做功示意图

对于一个质点 m 的场来说(图 2-13):

$$\vec{F} \cdot \vec{dl} = -G\frac{m}{r^3}\vec{r} \cdot \vec{dl} = -G\frac{m}{r^2}\cos\beta dl \qquad (2\text{-}34)$$

因为 $\cos\beta dl = dr$,所以式(2-34)变为:

$$\vec{F} \cdot \vec{dl} = -G\frac{m}{r^2}dr = d\left(\frac{Gm}{r}\right) \qquad (2\text{-}35)$$

由此可见 $\vec{F} \cdot \vec{dl}$ 可表示为全微分形式,所以:

$$A = \int_L \vec{F} \cdot \vec{dl} = \int_{r_A}^{r_B} d\left(\frac{Gm}{r}\right) = -Gm\left(\frac{1}{r_A} - \frac{1}{r_B}\right) \qquad (2\text{-}36)$$

式中,r_A 和 r_B 分别表示点质量 m 到路径 L 的起点 A 和终点 B 的距离。值得注意的是点质量在引力场中沿任意路径上场力做的功只与路径的起点和终点的位置有关,而与路径的形状无关。具体地说,场力沿路径 L' 上所做的功等于沿路径 L 上所做的功(图 2-13)。

2.3.3 场强度的环量

如果单位质量从场中某点出发,沿一条闭合曲线移动又回到出发点时,则由于 $r_A = r_B$,场力所做的功等于零,即

$$\oint_L \vec{F} \cdot \vec{dl} = 0 \qquad (2\text{-}37)$$

这个性质不仅对点质量的场成立,而且对所有各种质量分布的引力场都成立。这是由于任何质量分布都可以看作许多点质量的集合,它的场可以看作这些点质量场的叠加。

式(2-37)等号的左边是引力场强度 $\vec{F}$ 沿闭合曲线的积分,称为 $\vec{F}$ 的环量。引力场强度的环量等于零是引力场的一个基本性质。它是能量守恒定律在引力场的特殊形式。因为质量在引力场作用下沿着闭合路线移动,回到原处,一切都恢复了原状,实验证明场的状态没有发生任何变化,因而场的能量也不会有变化。如果环量 $\oint_L \vec{F} \cdot \vec{dl} > 0$,则引力场就对质量做了正功,质量将从场中获得能量。如果环量 $\oint_L \vec{F} \cdot \vec{dl} < 0$,则引力就对质量做了负功,质量将损失能量。显然这两种情况都得出与上面相抵的结论,都违反了能量守恒定律,因而环量大于零或小于零都是不可能的,唯一的可能只能是环量等于零,这才符合能量守恒原则。

2.3.4 场强度的旋度

式(2-37)是就场强度的环量而言的,这是一个积分形式的关系式。现在从功的观点来研究场中某一点的定域化特性,即研究引力场强度在某一点上的旋度变化。

旋度是对于矢量场的一种微分运算,它表示三维向量场对某一点附近的微元造成的旋转程度。旋度可定义为定域化时场矢量的环量对面积之比的极限值:

$$\text{rot}_n\vec{F} = (\nabla \times \vec{F}) \cdot \vec{n} = \lim_{\Delta S \to 0}\frac{\oint_L \vec{F} \cdot \vec{dl}}{\Delta S} \qquad (2\text{-}38)$$

式中,ΔS 为 L 曲线所对应的面积,$\vec{n}$ 为 ΔS 面的正法线,从这个定义可知旋度的值完全和坐

标选择无关。

根据数学上的斯托克定理(面积分与线积分之间的关系),可以将场强度的环量公式(2-37)表示为下列形式:

$$\int_S (\mathbf{\nabla} \times \vec{F}) \cdot \vec{n}\, \mathrm{d}s = \oint_L \vec{F} \cdot \vec{\mathrm{d}l} = 0 \tag{2-39}$$

式中,S 是以回路 L 为边界的任意曲面(图 2-14)。不管积分区域如何选择,这个公式总是正确的,即使当积分定域化到某一点时,也仍然是正确的,因而被积函数必须等于零,即 $(\mathbf{\nabla} \times \vec{F}) \cdot \vec{n} = 0$。又由于 S 面是在所给域任意选取的,因而法线 $\vec{n}$ 有很大的任意性,所以只有:

$$\mathrm{rot}\, \vec{F} = \mathbf{\nabla} \times \vec{F} = \vec{0} \tag{2-40}$$

即在引力场中所有各点的场强度的旋度恒等于零。这就是引力场环量定理的微分形式。

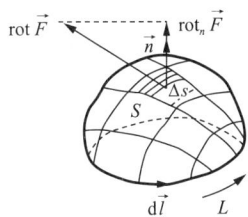
图 2-14　旋度示意图

由于某一点上的引力场强矢量的旋度与围绕该点的环量是分不开的,而且线积分中 $\oint_L \vec{F} \cdot \vec{\mathrm{d}l}$ 与路径无关的必要和充分条件是 $\mathbf{\nabla} \times \vec{F} = \vec{0}$,所以上述积分式(2-37)和微分式(2-40)是完全等效的。就物理实质而言,二者说明同一特性,即引力场力做功与路径无关。

引力场的基本方程为:① $\mathrm{rot}\,\vec{F} = \mathbf{\nabla} \times \vec{F} = \vec{0}$,该式说明引力场是无旋的场。② $\mathrm{div}\,\vec{F} = \mathbf{\nabla} \cdot \vec{F} = -4\pi G \rho_g$,该式说明引力场是有散场,产生引力场的源是质量。

2.4　引力场的势及其梯度

在本节内,根据引力场力做功与路径无关这个基本定律引入引力场中势的概念。

2.4.1　引力势的定义

由于引力场力做功与路径无关,只决定于路径的起点(P_0)和终点(P)的位置,所以可以引入相应的标量函数 $U(P_0)$ 和 $U(P)$ 使功 A 为:

$$A = \int_{P_0}^{P} \vec{F} \cdot \vec{\mathrm{d}l} = U(P) - U(P_0) \tag{2-41}$$

或

$$U(P) = U(P_0) + \int_{P_0}^{P} \vec{F} \cdot \vec{\mathrm{d}l} \tag{2-42}$$

这个函数称为引力场的势,即引力势,它是位置坐标的单值函数。$U(P)$ 是任意观测点 P 的势,$U(P_0)$ 为某一个选定点 P_0 的势,为一个任意固定的常数。由于 P_0 的任意性,所以在 $U(P)$ 的定义中可以有一个人为常数之差。因而,$U(P_0)$ 有时称为标准点的势,P_0 为选取的标准点。

在一般的计算问题中,当质量分布在有限空间时,常将标准点选取在无限远处,即与观测点不发生场干扰的地方,因而设 $U(\infty) = 0$,在这样的条件下,场中任意 P 点的势由下列表示式来决定：

$$U(P) = U(\infty) + \int_{\infty}^{P} \overrightarrow{F} \cdot \overrightarrow{\mathrm{d}l} = \int_{\infty}^{P} \overrightarrow{F} \cdot \overrightarrow{\mathrm{d}l} \tag{2-43}$$

或

$$U(P) = \int_{\infty}^{P} \overrightarrow{F} \cdot \overrightarrow{\mathrm{d}l}, U(\infty) = 0 \tag{2-44}$$

即引力场中任意 P 点的势等于将一单位质量从无限远处移至 P 点时场力所做的功。这就是引力势的定义。场强是从力的观点出发描述场的特性，而势是从功的观点出发描述场特性的物理量。

显然，势这个概念之所以具有确定的意义（势的单值性），是因为场力所做的功与路径的形状无关，否则沿不同路径到达某一 P 点，场力做的功会不同，因而 P 点具有不同的势，这种多值势不能反映场的客观特性。

势的概念是相对的（势的相对性）。P 点的势实际上是 P 点与 P_0 点（标准点）之间的势差，只不过后者的值被预先选取为零而已。

2.4.2　点质量和点质量组的引力势

将点质量的场强代入引力势的定义式（2-44）中，即得点质量 m 的场中任一 P 点的势：

$$U(P) = \int_{\infty}^{P} \overrightarrow{F} \cdot \overrightarrow{\mathrm{d}l} = -\int_{\infty}^{P} \frac{Gm}{r^3} \overrightarrow{r} \cdot \overrightarrow{\mathrm{d}l} = -\int_{\infty}^{P} \frac{Gm}{r^2} \mathrm{d}r \tag{2-45}$$

或

$$U = G\frac{m}{r}, \quad r \neq 0 \tag{2-46}$$

式中，r 为由质点 m 到 P 点的距离。

对于一组质点而言，场中任一 P 点的势，由于场的叠加性，显然应等于各质点在 P 点产生的势的代数和，即

$$U = G\sum_{i} \frac{m_i}{r_i} \tag{2-47}$$

式中，r_i 为质点 m_i 到 P 点的距离。式（2-47）和式（2-46）都只在场内那些点上才有意义，这些点和各质点 m_i 的距离比起这些质量的实际大小要大得很多。也就是说，只有在 r 的值为非无限小时才有意义，因为当 $r \to 0$ 时，$U \to \infty$。

2.4.3　体质量分布的引力势

对于一个连续质量分布的质量体密度 ρ_g 来说，如果 P 点在质量分布区以外，则按式（2-6）和式（2-44）有：

$$U(P) = \int_{\infty}^{P} \overrightarrow{F} \cdot \overrightarrow{\mathrm{d}l} = -\int_{\infty}^{P} \int_{V} \frac{G\rho_g \overrightarrow{r} \cdot \overrightarrow{\mathrm{d}l}}{r^3} \mathrm{d}v = -\int_{V} G\rho_g \left[\int_{\infty}^{r}\left(\frac{\mathrm{d}r}{r^2}\right)\right] \mathrm{d}v \tag{2-48}$$

或

$$U = G \int_V \frac{\rho_g \mathrm{d}v}{r} \tag{2-49}$$

式中，$r = \sqrt{(x-\varepsilon)^2 + (y-\eta)^2 + (z-\xi)^2}$ 为任一观测点 $P(x, y, z)$ 到质量分布区 V 内某一体元 $\mathrm{d}v = \mathrm{d}\varepsilon\,\mathrm{d}\eta\,\mathrm{d}\xi$ 之间的距离。

如果观测点 P 位于质量分布区 V 以内，则式(2-49)中被积函数里的 r 有趋于零的可能，但是这个公式在这种情况下仍然是有限的。例如，在球极坐标中，体元 $\mathrm{d}v$ 可以表示成如下形式：

$$\mathrm{d}v = r^2 \sin\theta\,\mathrm{d}r\,\mathrm{d}\theta\,\mathrm{d}\varphi \tag{2-50}$$

式中，θ 为极角，φ 为方位角，r 为由 Q 点至 P 点（设其在原点）之间的距离。因此，根据式(2-49)引力势为：

$$U = G \int_V \rho_g r \sin\theta\,\mathrm{d}r\,\mathrm{d}\theta\,\mathrm{d}\varphi \tag{2-51}$$

由此可见，即使在 $r \to 0$ 时，被积函数依然是有限的。实际上，如果观测点 P 在质量分布区 V 以内或在区域的边界上，则可以用求取体质量内部的场强度 $\vec{F}$ 一样的办法，用一个广义积分求取体质量内部的势：

$$U = \lim_{\delta \to 0} \int_{V-V_0} G \frac{\rho_g}{r} \mathrm{d}v \tag{2-52}$$

式中，ρ_g 为质量连续分布的体密度，V_0 为包含 P 点的变域，其最大线径度为 δ。同样也可以证明式(2-52)为收敛的广义积分，其值与式(2-49)相同。

总之，设在引力场中某一区域 V 内，质量分布的体密度 ρ_g 为一个连续的(或分区连续的)函数，则此质量分布的场强矢量 $\vec{F}$ 和势函数 U 可以分别由式(2-6)和式(2-49)的常义积分来表示，或由式(2-9)和式(2-52)的收敛性广义积分来表示，广义积分的值分别与常义积分的值相同，因此 $\vec{F}$ 和 U 在整个场内均为连续的函数。

需要注意的是，当质量分布为面分布时，需要将 $\rho_g \mathrm{d}v$ 过渡到 $\sigma_g \mathrm{d}s$ 并求面积分，就能得到面质量分布的势。

2.4.4　引力势的梯度与引力场强度的关系

为了进一步分析引力势的特性及其与引力场强度之间的关系，需要研究势的空间变化——梯度。由于场中自 A 点到 B 点的势的增量为：

$$U_B - U_A = \int_\infty^B \vec{F} \cdot \vec{\mathrm{d}l} - \int_\infty^A \vec{F} \cdot \vec{\mathrm{d}l} = \int_A^B \vec{F} \cdot \vec{\mathrm{d}l} \tag{2-53}$$

当 B 无限靠近 A 时，此增量可写成一微分：

$$\mathrm{d}U = \vec{F} \cdot \vec{\mathrm{d}l} = F_l\,\mathrm{d}l \tag{2-54}$$

式中，F_l 为 $\vec{F}$ 沿 $\mathrm{d}l$ 方向的分量；$\mathrm{d}l$ 为线元的长度。在直角坐标系中，将 $\vec{F} = F_x \vec{i} + F_y \vec{j} + F_z \vec{k}$ 和 $\vec{\mathrm{d}l} = \mathrm{d}x\vec{i} + \mathrm{d}y\vec{j} + \mathrm{d}z\vec{k}$ 代入上式，则有：

$$\mathrm{d}U = \vec{F} \cdot \vec{\mathrm{d}l} = (F_x \vec{i} + F_y \vec{j} + F_z \vec{k}) \cdot (\mathrm{d}x\vec{i} + \mathrm{d}y\vec{j} + \mathrm{d}z\vec{k}) = F_x\mathrm{d}x + F_y\mathrm{d}y + F_z\mathrm{d}z \tag{2-55}$$

再根据全微分定义，则有：

$$dU = \frac{\partial U}{\partial x}dx + \frac{\partial U}{\partial y}dy + \frac{\partial U}{\partial z}dz \qquad (2\text{-}56)$$

对比式（2-55）和式（2-56）可知，场强度沿坐标轴的三分量应为：

$$F_x = \frac{\partial U}{\partial x}, \quad F_y = \frac{\partial U}{\partial y}, \quad F_z = \frac{\partial U}{\partial z} \qquad (2\text{-}57)$$

根据梯度定义：

$$\text{grad}U = \nabla U = \frac{\partial U}{\partial x}\vec{i} + \frac{\partial U}{\partial y}\vec{j} + \frac{\partial U}{\partial z}\vec{k} \qquad (2\text{-}58)$$

则有：

$$\vec{F} = \text{grad}U = \nabla U \qquad (2\text{-}59)$$

即引力场中任一点的引力场强度 $\vec{F}$ 等于该点引力势 U 的梯度。

由梯度和方向导数关系可知，U 沿 $\vec{l}$ 方向的导数等于 U 的梯度 $\text{grad}U$ 沿 $\vec{l}$ 方向投影，即

$$\frac{\partial U}{\partial l} = \text{grad}U \cdot \vec{l} = \nabla U \cdot \vec{l} \qquad (2\text{-}60)$$

式中，$\vec{l}$ 为单位矢量。又因为 $\vec{F} = \text{grad}U = \nabla U$，所以：

$$F_l = \vec{F} \cdot \vec{l} = \nabla U \cdot \vec{l} = \frac{\partial U}{\partial l} \qquad (2\text{-}61)$$

这就是说，引力场强度 $\vec{F}$ 沿任意 $\vec{l}$ 方向的分量等于引力势的梯度沿该方向的投影，也就是引力势沿该方向的方向导数。特别地，引力场强度 $\vec{F}$ 沿法线 n 方向的分量等于引力势沿法向的方向导数，即

$$F_n = \frac{\partial U}{\partial n} \qquad (2\text{-}62)$$

2.4.5 等势面

所有势的值相等的点所构成的曲面称为等势面。场的势一般是空间点的坐标 (x, y, z) 的函数。如果要找出场中势相等的点，只需使 $U(x, y, z)$ 等于某常数即可。因此得到等势面的方程如下：

$$U(x, y, z) = c（常数） \qquad (2\text{-}63)$$

给常数 c 以不同的值，就得到一个等势面簇，其中每个等势面上各点势的值就等于该面对应的常数 c 值。

等势面和力线处处正交是一个很重要的特性，这一特性可直接由等势面和力线的定义求得。因为在等势面上任意两点间的势差为零，即

$$dU = 0 \qquad (2\text{-}64)$$

如果以 $\vec{dl}$ 表示任意方向的微分位移，则：

$$dU = \frac{\partial U}{\partial x}dx + \frac{\partial U}{\partial y}dy + \frac{\partial U}{\partial z}dz = \nabla U \cdot \vec{dl} \qquad (2\text{-}65)$$

设 $\vec{dl}$ 沿等势面切面方向，则从式（2-64）可知 $dU = 0$，即

$$\nabla U \cdot \vec{dl} = 0 \qquad (2\text{-}66)$$

因为 ∇U 和 $\vec{dl}$ 一般都不等于零，所以二者必须垂直。又因 ∇U 恒等于 $\vec{F}$，$\vec{dl}$ 也在平行于等势面

的切面中,所以在任意点的 $\overrightarrow{F}$ 恒与通过该点的等势面垂直,即引力线与等势面正交。

等势面和引力线都是一种形象化的办法,用于帮助理解场的分布和变化的,这些概念没有直接的物理意义,仅起到辅助性的作用。

例题 2.4 求一个点质量 m 的等势面。

解: 设点质量 m 位于直角坐标系原点 $(0,0,0)$,则它在任意点 $P(x,y,z)$ 的势为:

$$U = G\frac{m}{r} = \frac{Gm}{\sqrt{x^2 + y^2 + z^2}}$$

而等势面的方程为:

$$U = \frac{Gm}{\sqrt{x^2 + y^2 + z^2}} = c$$

即

$$x^2 + y^2 + z^2 = \left(\frac{Gm}{c}\right)^2 = c_1^2$$

式中,$c_1 = Gm/c$ 为某一常数。这是表示球心位于原点的球面方程簇。因此,点质量产生引力场的等势面为以该质点为中心的球面簇,如图 2-15 所示。

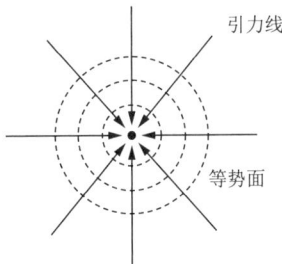

图 2-15 点质量的引力线与等势面

2.5 场强通过面分布的连续性

前面主要讨论的是点质量和体质量分布的引力场强度和引力势,下面研究面质量分布的情况,特别是面质量分布两侧的场强度和势的连续性。

2.5.1 具有面质量分布的场强和势

首先假设观测点 P 位于面质量分布面 S 以外(图 2-16)。如果设 S 面的质量面密度为 σ_g,则在 S 面以外一点 P 的引力场强度 $\overrightarrow{F}$ 和引力势 U 分别为:

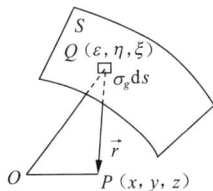

图 2-16 面质量分布

$$\overrightarrow{F} = -G\int_s \frac{\sigma_g \overrightarrow{r}}{r^3}\mathrm{d}s, \quad U = G\int_s \frac{\sigma_g \mathrm{d}s}{r} \qquad (2\text{-}67)$$

式中,$r = |QP| = \sqrt{(x-\varepsilon)^2 + (y-\eta)^2 + (z-\xi)^2}$,$\sigma_g$ 为连续(或分区连续)函数。对于 S

面以外各点有：

$$\vec{F} = \text{grad}U = \nabla U \qquad (2\text{-}68)$$

其次假设 P 点在质量分布面以内，则可以用下列广义积分来规定 P 点的势，即

$$U = \lim_{\delta \to 0} \int_{S-S_0} G \frac{\sigma_g \mathrm{d}s}{r} \qquad (2\text{-}69)$$

式中，S_0 为在 S 面上包围 P 点的变域，其最大线径度为 δ。可以证明式(2-69)的广义积分是收敛的，其值等于式(2-67)的值。因此，可以证明有面质量分布时，只要 σ_g 为一个连续函数，则 U 在任何处(面外或面内)均存在，而且为一个连续函数。

但是在 S 面以内的场强 $\vec{F}$ 就不能像式(2-9)一样可以用一个广义积分来表示。因为这样的广义积分是发散的而不是收敛的，因而不存在。因此，我们不讨论质量分布面 S 内的场强，只研究 S 面附近的场强。

2.5.2　引力场强法向分量的连续性条件

设在曲面 S 上的质量面密度为 σ_g，曲面 S 的外法线方向为 $\vec{n}$，并规定指标1和2分别表示面的内侧和外侧(内外是对法线 $\vec{n}$ 而言)。现在研究面上一个观测点附近所画出的圆柱体，它的高 $\overrightarrow{\mathrm{d}l}$ 垂直于这个质量面(图2-17)。

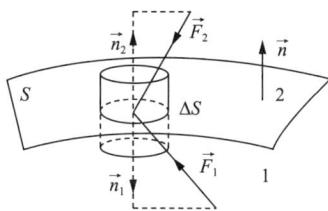

图 2-17　引力场强法向分量

设 ΔS 为 S 面被柱体切割出来的面积元，柱体的上下底都平行于 ΔS 并近似地等于 ΔS。若 ΔS 充分小，则在这个范围内可以看成常量，同时上下底各点的场强度亦可分别看成常量，设其为 $\vec{F}_2$ 及 $\vec{F}_1$。将高斯定理应用于此柱体表面上可得：

$$N = F_1 \cos(\overrightarrow{\vec{F}_1, \vec{n}_1})\Delta S + F_2 \cos(\overrightarrow{\vec{F}_2, \vec{n}_2})\Delta S + N' = -4\pi G \sigma_g \Delta S \qquad (2\text{-}70)$$

式中，$\vec{n}_1$ 和 $\vec{n}_2$ 分别表示上下底的外法线(单位矢量)；N' 表示通过柱体侧面的通量。由于法线 $\vec{n}_2$ 的方向和法线 $\vec{n}$ 的方向相同，而 $\vec{n}_1$ 的方向和 $\vec{n}_2$ 的方向正好相反，所以有：

$$F_1 \cos(\overrightarrow{\vec{F}_1, \vec{n}_1}) = F_{1n_1} = -F_{1n} \qquad (2\text{-}71)$$

$$F_2 \cos(\overrightarrow{\vec{F}_2, \vec{n}_2}) = F_{2n_2} = F_{2n} \qquad (2\text{-}72)$$

这里 F_{1n_1} 和 F_{2n_2} 分别表示 $\vec{F}_1$ 沿 $\vec{n}_1$ 和 $\vec{F}_2$ 沿 $\vec{n}_2$ 方向的投影，而 F_{1n} 和 F_{2n} 分别为沿 $\vec{n}$ 方向的投影。将式(2-71)和式(2-72)代入通量公式(2-70)中可得：

$$N = -F_{1n}\Delta S + F_{2n}\Delta S + N' = -4\pi G \sigma_g \Delta S \qquad (2\text{-}73)$$

假设 ΔS 固定而 $\mathrm{d}l \to 0$，则通过柱体侧面的通量 N' 将趋于零。于是：

$$N = (F_{2n} - F_{1n})\Delta S = -4\pi G \sigma_g \Delta S \qquad (2\text{-}74)$$

由此可得：

$$F_{2n} - F_{1n} = -4\pi G \sigma_g \qquad (2\text{-}75)$$

式(2-75)说明，在面质量两边相邻两点上的场强矢量 $\vec{F}$ 的法向分量发生突变，其值等于面质量密度 σ_g 的 $-4\pi G$ 倍。场强矢量的法向分量在曲面两侧的差值 $F_{2n} - F_{1n}$ 通常称为 $\vec{F}$ 的面散度。显然，若 S 面上某处的质量面密度 $\sigma_g = 0$，则该处场强矢量 $\vec{F}$ 的面散度等于零，即 F_n 是连续的。

对于式(2-75)还特别强调两点：第一，式中 $\vec{n}$ 的方向是由空间域1指向空间域2那一方，

否则公式的形式应改为 $F_{1n} - F_{2n} = -4\pi G\sigma_g$，第二，由于 S 面上各点的 σ_g 可以不同，所以 σ_g 和 F_{2n}，F_{1n} 均为面上各点位置的函数。例如，当 σ_g 取 A 点的值时，式中 F_{2n} 和 F_{1n} 也必取面上 A 点两侧的值。

由于 F_{2n} 和 F_{1n} 可以分别表示成面质量两侧引力势的梯度沿法线方向 $\vec{n}$ 的投影 $\dfrac{\partial U}{\partial n}$，即

$$F_{2n} = \left(\frac{\partial U}{\partial n}\right)_2, \quad F_{1n} = \left(\frac{\partial U}{\partial n}\right)_1 \tag{2-76}$$

所以式（2-75）也可以表示成下列形式：

$$\left(\frac{\partial U}{\partial n}\right)_2 - \left(\frac{\partial U}{\partial n}\right)_1 = -4\pi G\sigma_g \tag{2-77}$$

由此可见，当通过一个具有质量面密度为 σ_g 的质量面 S 时，引力势函数 U 的变化是连续的，但其梯度的法向分量 $\left(\dfrac{\partial U}{\partial n} = F_n\right)$ 发生突变，其值等于质量面密度 σ_g 的 $-4\pi G$ 倍。

2.5.3　引力场强切向分量的连续性条件

为了研究一个质量面 S 两侧的场强度切向分量的变化情况，在 S 面上任一点附近作一个矩形闭合回路 L，它的高 $\mathrm{d}\vec{l}$ 垂直于这个质量面，如图 2-18 所示。

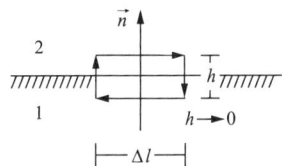

图 2-18　引力场强切向分量

设 Δl 为 S 面被矩形回路切割出来的线元；矩形回路的上下边都平行于 Δl 并近似地等于 Δl。若 Δl 充分小，则在这个范围内可以看成常量，同时上下边各点的场强度亦可分别看成常量。根据势场的性质，引力场强沿矩形闭合回路 L 的环量等于零，即

$$\vec{F}_2 \cdot \vec{\Delta l}_2 + \vec{F}_1 \cdot \vec{\Delta l}_1 + C' = 0 \tag{2-78}$$

其中 C' 为通过矩形回路左右两边的环量。由于矩形回路在 1 和 2 介质中线元方向相反，即 $\vec{\Delta l}_2 = -\vec{\Delta l}_1 = \vec{\Delta l}$。假设 Δl 固定而 $h \to 0$，则通过矩形回路左右两边的环量 C' 将趋于零，则有：

$$(F_{2t} - F_{1t})\Delta l = 0 \tag{2-79}$$

式中 F_{1t}，F_{2t} 分别表示质量面两侧邻近处的场强 $\vec{F}_1$ 和 $\vec{F}_2$ 沿 S 面切向方向的投影。由于 Δl 的选择是任意的，所以要使上式成立，只有：

$$F_{1t} = F_{2t} \tag{2-80}$$

对 S 上任一点都成立。综上所述，在任意质量曲面的两侧，引力场强度的切向分量经过曲面处是连续的。

在任意面质量两侧，引力场的连续条件为：① 引力场场强度的法向分量是不连续的，即 $F_{2n} - F_{1n} = -4\pi G\sigma_g$ 或 $\left(\dfrac{\partial U}{\partial n}\right)_2 - \left(\dfrac{\partial U}{\partial n}\right)_1 = -4\pi G\sigma_g$。② 引力场场强度的切向分量是连续的，即 $F_{2t} = F_{1t}$ 或 $\left(\dfrac{\partial U}{\partial t}\right)_2 = \left(\dfrac{\partial U}{\partial t}\right)_1$。

例题 2.5　设一个均匀圆薄板如图 2-19 所示，其质量面密度为 σ_g，半径为 a，厚度忽略不计。试求沿垂直轴上任一点 $P(0, 0, z)$ 的引力势和引力场强度。

解：将圆薄板分成许多圆环组成，则半径为 r，宽度为 $\mathrm{d}r$ 的圆环在 P 点产生的引力势为：

$$dU = \frac{G2\pi r\,dr\sigma_g}{\sqrt{r^2 + z^2}}$$

所以整个圆薄板的引力势为：

$$U(z) = \int_0^a \frac{2\pi r G\sigma_g}{\sqrt{r^2 + z^2}}dr = 2\pi G\sigma_g \left(\sqrt{r^2 + z^2}\right)\Big|_0^a$$

$$= 2\pi G\sigma_g \left(\sqrt{a^2 + z^2} - \sqrt{z^2}\right)$$

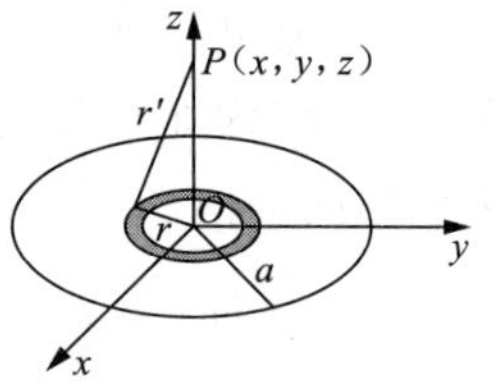

图 2-19   均匀圆薄板示意图

由于对称关系，场强度 $\vec{F}$ 沿三个坐标轴的投影 (F_x, F_y, F_z) 中，仅 F_z 分量存在，其值为：

$$F_z = \frac{\partial U}{\partial z} = 2\pi G\sigma_g \left(\frac{z}{\sqrt{a^2 + z^2}} - \frac{z}{\sqrt{z^2}}\right) = 2\pi G\sigma_g \frac{z}{|z|}\left(\sqrt{\frac{z^2}{a^2 + z^2}} - 1\right)$$

讨论：当 $z \gg a$ 时，即距圆薄板很远时，圆薄板可以视为一个点质量，因而 U 的值为 $\frac{G\sigma_g\pi a^2}{|z|}$。当距圆薄板很近时，$U$ 在圆薄板两侧保持连续（图 2-20a），其值为 $2\pi a G\sigma_g$。另一方面，场强度则发生不连续现象，在正 z 方面具有的值与负 z 方面具有的值有不同的符号（图 2-20b）。当沿正负两方向使 $z \to 0$ 时，则有：

$$F_{z+0} = -2\pi\sigma_g G, \quad F_{z-0} = 2\pi G\sigma_g$$

因此，通过一个面质量圆薄板时，引力势的变化连续，而势的梯度的法向分量则发生突变，其值为：

$$F_{z+0} - F_{z-0} = -4\pi G\sigma_g$$

该结果与式(2-75)是一致的。

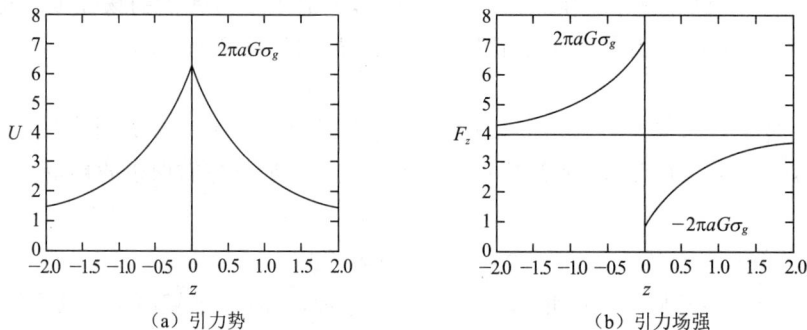

（a）引力势   （b）引力场强

图 2-20   圆薄板垂直轴上引力场强和引力势

例题 2.6   求例题 2.3 中薄球壳两侧场强度的差异。设均匀薄球壳的质量面密度为 σ_g，半径为 a。

解：由例题 2.3 可知，薄球壳引力场强为：

$$\vec{F} = \begin{cases} -G\dfrac{4\pi a^2\sigma_g}{r^3}\vec{r} & (r > a) \\ \vec{0} & (r < a) \end{cases}$$

因此，当 $z \to a^+$ 时，薄球壳外侧场强为 $F_{a+0} = -4\pi G\sigma_g$；当 $z \to a^-$ 时，薄球壳内侧场强为 $F_{a-0} = 0$，因此薄球壳两侧场强度差异为：

$$F_{a+0} - F_{a-0} = -4\pi G\sigma_g$$

该式的结果与式(2-75)也是一致的。

2.6   引力场方程及边值问题

当研究了引力场的通量和环量等基本规律后,特别是在引入势这个概念之后,可以总结出一个统一的规律,这个统一的规律就是用势表示出来的泊松方程和拉普拉斯方程。求解引力场的许多问题,都是以这些方程为基础的。

2.6.1   泊松方程和拉普拉斯方程

在引力场中研究场强度的两个方面的性质,得到引力场规律的微分形式为:

$$\begin{cases} \boldsymbol{\nabla} \cdot \overrightarrow{F} = -4\pi G\rho_g \\ \boldsymbol{\nabla} \times \overrightarrow{F} = \overrightarrow{0} \end{cases} \tag{2-81}$$

根据势的梯度与场强度的关系式:

$$\overrightarrow{F} = \boldsymbol{\nabla} U \tag{2-82}$$

将式(2-82)代入式(2-81),便得到引力势满足的泊松方程:

$$\boldsymbol{\nabla} \cdot \overrightarrow{F} = \boldsymbol{\nabla} \cdot (\boldsymbol{\nabla} U) = \boldsymbol{\nabla}^2 U = -4\pi G\rho_g \tag{2-83}$$

在直角坐标系中:

$$\boldsymbol{\nabla}^2 U = \frac{\partial^2 U}{\partial x^2} + \frac{\partial^2 U}{\partial y^2} + \frac{\partial^2 U}{\partial z^2} = -4\pi G\rho_g \tag{2-84}$$

对于场中没有体质量分布的那些区域($\rho_g = 0$),泊松方程就变成拉普拉斯方程:

$$\boldsymbol{\nabla} \cdot \overrightarrow{F} = \boldsymbol{\nabla}^2 U = 0 \tag{2-85}$$

或者,在直角坐标系中:

$$\boldsymbol{\nabla}^2 U = \frac{\partial^2 U}{\partial x^2} + \frac{\partial^2 U}{\partial y^2} + \frac{\partial^2 U}{\partial z^2} = 0 \tag{2-86}$$

根据散度和梯度的定义有:

$$\boldsymbol{\nabla}^2 U = \boldsymbol{\nabla} \cdot \boldsymbol{\nabla} U = \lim_{\Delta V \to 0} \frac{\oint_s \boldsymbol{\nabla} U \cdot \overrightarrow{n}\,\mathrm{d}s}{\Delta V} = \lim_{\Delta V \to 0} \frac{\oint_s \frac{\partial U}{\partial n}\,\mathrm{d}s}{\Delta V} = -4\pi G\rho_g \tag{2-87}$$

由此可知,泊松方程和拉普拉斯方程的意义为:引力场中的势分布满足以下规律:若在场中任一 P 点周围取一个无限小闭合面 S,其体积为 ΔV,那么势沿该面的法线方向导数 $\frac{\partial U}{\partial n}$ 的通量对 ΔV 之比的极限值,在体质量分布区以内等于 $-4\pi G\rho_g$;而在体质量分布不存在的区域,该极限值等于零。势的这种分布规律是引力场的基本特性,因此泊松方程和拉普拉斯方程是引力场的基本方程,场论中的许多问题正是对它们求解而得到的。

2.6.2   引力场的边值问题

在总结出泊松方程和拉普拉斯方程以后,场论的问题就变成下列两类问题:

（1）当知道体密度 ρ_g 和面密度 σ_g 时，可以根据边界条件对泊松方程和拉普拉斯方程求解，确定场的势（或场强度）。这叫作正演问题。

（2）当知道场的势 U 及其梯度时，可以根据泊松方程来确定场中某点的质量体密度：

$$\rho_g = -\frac{1}{4\pi G}\,\nabla^2 U \tag{2-88}$$

并根据式（2-77）来确定质量面密度：

$$\sigma_g = -\frac{1}{4\pi G}\left[\left(\frac{\partial U}{\partial n}\right)_2 - \left(\frac{\partial U}{\partial n}\right)_1\right] \tag{2-89}$$

这叫作反演问题。

引力场的基本方程（泊松方程和拉普拉斯方程）在解决反演问题时，这是一个微分过程，显然只能得到唯一的解答，但在解决正演问题的时候，这是一个积分过程，结论就不那么简单了，因为其中有未确定的积分常数出现。下面将证明，只有具备了某些边界条件，正演问题才有唯一的解。

2.6.3　引力场唯一性定理

如果在空间中某一区域 v 内，各点的质量密度 ρ_g 和 σ_g 以及这个区域的边界面 S 上各点的势或其梯度（场强度）为已知时，那么这个区域中由泊松方程解出的势（或场强度）是唯一的（或差一常数）。

现在用反证法来证明这个定理。假设满足上述边界条件的泊松方程的解在区域 v 内的函数值不是唯一的，而是有两组解 U_1 和 U_2，只要证明在 v 内 $U_1 = U_2$ 即可。

证明（反证法）：设区域 v 内解不唯一，有两组解 U_1 和 U_2，取一个函数 U' 表示两解之差，即

$$U' = U_1 - U_2 \tag{2-90}$$

因为 U_1 和 U_2 都满足泊松方程，则有：

$$\nabla^2 U_1 = -4G\pi\rho_g, \quad \nabla^2 U_2 = -4G\pi\rho_g \tag{2-91}$$

两者相减得：

$$\nabla^2 U' = 0 \tag{2-92}$$

即 U' 满足拉普拉斯方程。

为了进一步证明，需要用到格林定理。根据数学上的散度定理：

$$\int_v \nabla \cdot \vec{A}\, dv = \oint_s \vec{A} \cdot \vec{n}\, ds \tag{2-93}$$

设

$$\vec{A} = U \mathrm{grad} V = U\,\nabla V \tag{2-94}$$

式中，U 和 V 为 v 内和 S 上任意两个连续函数，其一次和二次微商也是连续存在的。则有：

$$\nabla \cdot \vec{A} = \nabla \cdot (U\,\nabla V) = U\,\nabla^2 V + \nabla U \cdot \nabla V \tag{2-95}$$

又因为：

$$\vec{A} \cdot \vec{n} = U\,\nabla V \cdot \vec{n} = U\frac{\partial V}{\partial n} \tag{2-96}$$

代入散度定理式（2-93），即得格林定理：

$$\int_v [U \nabla^2 V + \nabla U \cdot \nabla V] \mathrm{d}v = \oint_s U \frac{\partial V}{\partial n} \mathrm{d}s \tag{2-97}$$

因为 U 和 V 是任意函数，设 $U = V = U'$，这样就得到：

$$\int_v [U' \nabla^2 U' + (\nabla U')^2] \mathrm{d}v = \oint_s U' \frac{\partial U'}{\partial n} \mathrm{d}s \tag{2-98}$$

又因为 $\nabla^2 U' = 0$，则有：

$$\int_v (\nabla U')^2 \mathrm{d}v = \oint_s U' \frac{\partial U'}{\partial n} \mathrm{d}s \tag{2-99}$$

因为解正问题时，U_1 和 U_2 应该在 S 面上具有已知值，而已知值只有一个，所以在整个 S 面上 $U'|_s = (U_1 - U_2)|_s = 0$，因而：

$$\oint_s U' \frac{\partial U'}{\partial n} \mathrm{d}s = 0 \tag{2-100}$$

则有：

$$\int_v (\nabla U')^2 \mathrm{d}v = 0 \tag{2-101}$$

由于上式的被积函数是正值，积分不可能等于零，除非被积函数本身在积分域中恒等于零，即

$$\nabla U' = 0 \tag{2-102}$$

所以在整个求解区域 v 内有：

$$U' = c (常数) \tag{2-103}$$

式 (2-103) 在 v 中任意一点都成立，所以当点由任意方向趋近于此边界 S 面时，U' 恒保持 c 值，并等于边界上的 U' 值。但在边界上 U' 恒等于零，所以 $c = 0$，于是在 v 中任意点上有：

$$U' = c = U'|_s = 0 \tag{2-104}$$

即

$$U_1 = U_2 \tag{2-105}$$

由此可见，已知的两个解完全相同。这就证明了当求解正问题时，已知边界上各点势的值，可以确定 v 内各点势只有唯一的解。

若已知的不是 S 面上各点的势而是场强度，则在 S 面上：

$$\nabla U_1|_s = \nabla U_2|_s = 已知 \tag{2-106}$$

因而：

$$\nabla U'|_s = 0 \tag{2-107}$$

所以：

$$\frac{\partial U'}{\partial n}\bigg|_s = \nabla U' \cdot \vec{n}\,|_s = 0 \tag{2-108}$$

这样，由式 (2-99) 仍可得到式 (2-101)，因而也得到：

$$\Rightarrow \nabla U' = 0 \tag{2-109}$$

或

$$\nabla U_1 = \nabla U_2 \tag{2-110}$$

即

$$\vec{F}_1 = \vec{F}_2 \tag{2-111}$$

对 v 内任一点都成立。于是得出结论:当解正问题时,已知边界上各点的场强值,可以确定 v 内各点场强度只有唯一的解。然而这种情况下不能证明 v 内各点的势是否只有唯一的解,因为不能证明式(2-104)中 c 等于零,此时 c 为一个不确定的常数。这就是说,在这种情况下(即场强度在 S 面上已知),v 内的势可以是相差任意常数 c 的不同解。

唯一性定理对求解场论中的实际问题具有重要意义。首先,它明确指出唯一确定引力场的因素是什么(泊松方程和边界条件),从而为求解场论问题提供了方法。其次,它指出,无论采用何种方法,只要找到一组满足给定泊松方程及已知边界条件的解,这组解就是唯一正确的解,不可能存在另一个解满足这些条件。巧妙地利用这一点,可以使场论中一系列复杂的数学演算大为简化。

最后,讨论一下在勘探地球物理学中遇到的解的多值性问题。如前所述,在解反演问题时,必须知道场中各点的势。然而,在地球物理勘探中,实际测量到的是地面上某一区域或空中距地面某一高度上的势及其微商,而无法获得整个场域内势函数的值。因此,在解反演问题时,要唯一确定地下场源物质的分布规律是不可能的。在这种情况下,只有给予附加条件,才能得到单值的解。例如,对于一个球形矿体,只要球的位置和总质量保持不变,它在地面上产生的势总是不变的,但球的半径却可以有多种取值。对于这种原因造成的解的多值性,通常的解决办法是确定场源物质的密度。一旦知道了密度,就可以唯一地确定场源物质的分布规律(包括形状、大小和位置)。

2.6.4　引力场的边界条件

为了确定引力势方程通解中的系数,必须利用相应的边界条件以及其他定解条件。主要边界条件有:

(1)在质量面分布两侧,引力势连续,即

$$U_2 = U_1 \tag{2-112}$$

(2)在质量面分布两侧,引力势梯度的法向分量有突变,即

$$\left(\frac{\partial U}{\partial n}\right)_2 - \left(\frac{\partial U}{\partial n}\right)_1 = -4\pi G \sigma_g \tag{2-113}$$

(3)在质量面分布两侧,引力势梯度的切向分量是连续的,即

$$\left(\frac{\partial U}{\partial t}\right)_2 = \left(\frac{\partial U}{\partial t}\right)_1 \tag{2-114}$$

(4)当 $r = 0$ 时,U 为有限值;

(5)当 $r \to \infty$ 时,$U = 0$,适用于质量有限分布的情形。

例题 2.7　设有一个均匀质量球体,其质量体密度为 ρ_g,半径为 a。用泊松方程(拉普拉斯方程)求解均匀质量球体的场。

解:由于质量分布是球形对称,势只与离开 O 点的距离 r 有关,即 $U = U(r)$。引入球极坐标系,则:

$$\nabla^2 U = \frac{1}{r^2} \frac{\partial}{\partial r}\left(r^2 \frac{\partial U}{\partial r}\right)$$

因此对球内和球外两个区域(图2-21)的方程为:

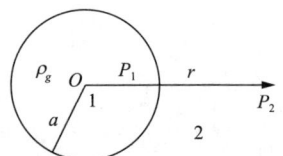

图2-21　均匀质量球

$$\begin{cases} \boldsymbol{\nabla}^2 U_1 = -4\pi G\rho_g & \text{（在球内）} \\ \boldsymbol{\nabla}^2 U_2 = 0 & \text{（在球外）} \end{cases}$$

式中，ρ_g 为球的质量体密度。上述齐次方程的解为 $U_2 = -\dfrac{C}{r} + D$，而非齐次方程的特解为

$-\dfrac{2}{3}\pi G\rho_g r^2$，因此 $U_1 = -\dfrac{A}{r} + B - \dfrac{2}{3}\pi G\rho_g r^2$。

根据下列边界条件有：

①　当 $r = 0$ 时，U_1 为有限值，$A = 0$；

②　当 $r \rightarrow \infty$ 时，$U_2 = 0$，$D = 0$；

③　当 $r = a$ 时，$U_1\big|_{r=a} = U_2\big|_{r=a}$，可求得 $B - \dfrac{2}{3}\pi a^2 G\rho_g = -\dfrac{C}{a}$；

④　当 $r = a$ 时，$\dfrac{\partial U_1}{\partial r}\Big|_{r=a} = \dfrac{\partial U_2}{\partial r}\Big|_{r=a}$，可求得 $-\dfrac{4}{3}\pi a G\rho_g = \dfrac{C}{a^2}$。

解之，得：

$$C = -\frac{4}{3}\pi a^3 G\rho_g, \quad B = 2\pi a^2 G\rho_g$$

代入即得均匀质量球体的引力势：

$$\begin{cases} U_1 = -\dfrac{2}{3}\pi G\rho_g r^2 + 2\pi G\rho_g a^2 = -G\dfrac{m}{2a^3}r^2 + G\dfrac{3m}{2a} & (r < a) \\ U_2 = \dfrac{4}{3}\pi a^3 G\dfrac{\rho_g}{r} = G\dfrac{m}{r} & (r \geqslant a) \end{cases}$$

其中 $m = \dfrac{4}{3}\pi a^3 \rho_g$。

因为场强度 $\overrightarrow{F} = \boldsymbol{\nabla} U = \dfrac{\partial U}{\partial r}\dfrac{\overrightarrow{r}}{r}$，所以均匀质量球体的引力场强度为：

$$\begin{cases} \overrightarrow{F_1} = -\dfrac{4}{3}\pi G\rho_g \overrightarrow{r} = -G\dfrac{m}{a^3}\overrightarrow{r} & (r < a) \\ \overrightarrow{F_2} = -\dfrac{4}{3}\pi a^3 G\dfrac{\rho_g}{r^3}\overrightarrow{r} = -G\dfrac{m}{r^3}\overrightarrow{r} & (r \geqslant a) \end{cases}$$

由此可见，球内某点的场强与该点至球心的距离 r 成正比，而球外某点的场强则与该点至球心的距离 r 的平方成反比（图 2-22）。

若引入球体的总质量 $m = \dfrac{4}{3}\pi a^3 \rho_g$，则 $\overrightarrow{F_2} = -G\dfrac{m}{r^3}\overrightarrow{r}$，说明一个质量球体在球外一点所产生的引力场和假定把全部质量集中在球心处的点质量所产生的场强相同。

若引入 $m_1 = \dfrac{4}{3}\pi r^3 \rho_g$，这是半径为 r 的小球内的总质量，则 $\overrightarrow{F_1} = -G\dfrac{m_1}{r^3}\overrightarrow{r}$。说明一个质量球体在球内距球心为 r 处所生的引力场强，仅与半径为 r 的小球内所包含的质量有关，与小球外的质量无关，而且场强的大小和把小球内所含的全部质量集中于球心处的点质量所产生的场强相同。

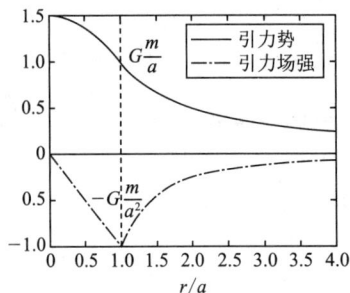

图 2-22　均匀质量球的势和场强度

2.7　平面场方程及特征

2.7.1　平面场定义

质量分布可以具有这样一种对称性，它使势函数 U 不依赖于某一个坐标，比如不依赖 z 坐标，这时场中每一点的势只需两个空间变量 (x,y) 来确定，于是拉普拉斯方程变为下面的形式：

$$\frac{\partial^2 U}{\partial x^2} + \frac{\partial^2 U}{\partial y^2} = 0 \tag{2-115}$$

在这种情况下，在任何一个平行于 Oz 轴的直线上，势 U 保持有相同的值，换句话说，在平行于 Oxy 平面的任何平面上，U 的值的分布是相同的（实际上只要考虑 Oxy 平面即可），因此这种场称为平面场（图 2-23）。

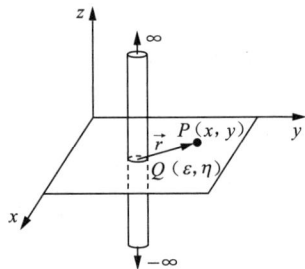

图 2-23　质量线密度分布的平面场

2.7.2　平面场的场强和势

产生平面场最简单的质量分布就是一条无限长直的均匀细线，其线密度（单位长度的质量）为 γ_g。利用高斯定理，很容易证明这种质量分布的引力场强度 $\overrightarrow{F}$ 为：

$$\overrightarrow{F} = -\frac{2\gamma_g G}{r^2} \overrightarrow{r} \tag{2-116}$$

场强度的方向与细线垂直，式中，$r = |\overrightarrow{QP}|$ 为 Q 点至 P 点的垂直距离。

这种引力场的势是一种对数势，可以根据 $\overrightarrow{F} = \nabla U$ 的关系式来求得。由于：

$$\frac{\partial U}{\partial r} = -\frac{2\gamma_g G}{r} \tag{2-117}$$

求积分后得：

$$U = -2\gamma_g G \int \frac{\mathrm{d}r}{r} = -2\gamma_g G \ln r + C = 2\gamma_g G \ln\left(\frac{1}{r}\right) + C \tag{2-118}$$

若选取 $r=1$ 处的势为零,则 $C=0$,所以,

$$U=2\gamma_g G\ln\left(\frac{1}{r}\right) \tag{2-119}$$

对数势围绕极点($r=0$)有圆对称,在极点处势变为无限大。对数势与体积势的区别是对数势在无限远处不趋于零,但在无限远处有对数奇点。

现在来计算 P 点场强度的分量:

$$\begin{cases} F_x=-2\gamma_g G\dfrac{x-\varepsilon}{r^2} \\ F_y=-2\gamma_g G\dfrac{y-\eta}{r^2} \end{cases} \tag{2-120}$$

式中,$r=\sqrt{(x-\varepsilon)^2+(y-\eta)^2}$。

若有数个质点,那么根据力场的叠加原理,各点的势应该相加;若有数条直线,沿这些直线都有质量分布,那么各条直线的势也应该相加。

若集合一束不同线质量密度的细线构成一个无限长柱体,柱体的横截面 S 上的面质量密度为 σ_g(实际上是单位长度单位面积上的质量),如图 2-24 所示。在质量分布区以外,这种质量分布的引力场强度与距离成反比,即

$$\overrightarrow{F}=-2G\int_S\frac{\sigma_g\overrightarrow{r}}{r^2}\mathrm{d}s \tag{2-121}$$

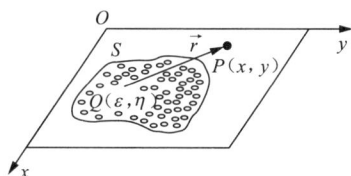

图 2-24 无限长柱体产生平面场示意图

其沿直角坐标系的两个分量为:

$$\begin{cases} F_x=-2G\displaystyle\int_S\dfrac{\sigma_g(x-\varepsilon)}{r^2}\mathrm{d}s \\ F_y=-2G\displaystyle\int_S\dfrac{\sigma_g(y-\eta)}{r^2}\mathrm{d}s \end{cases} \tag{2-122}$$

其中,$r=\sqrt{(x-\varepsilon)^2+(y-\eta)^2}$。

对于这种平面场的引力势为:

$$U=2G\int_S\sigma_g\ln\left(\frac{1}{r}\right)\mathrm{d}s \tag{2-123}$$

以上讨论是针对观测点在质量分布区以外的情况,如果 P 点在质量分布区以内,则需要再作进一步的研究。此时,可以计算 P 点的场强度和势的广义积分,并证明其极限值是存在的,且等于式(2-121)和式(2-123)中的值。

在勘探地球物理学中,有时会遇见很长的水平柱状矿体,如果矿体的埋藏深度远小于柱体的长度,则这种情况可以视为平面场来处理,它的势就是一种对数势。

2.7.3 平面场方程

1) 平面场中的高斯定理

对于平面场来说,可以证明存在类似式(2-27)的平面场通量定理存在。设在平面场中,垂直于质量柱体的 S 平面上取任意曲线 L(其实是无限长柱面与 S 平面横截面时的交线),曲线的外法线(柱面的法线)为 $\vec{n}$(单位矢量),则平面场的通量(柱面单位高度通过的通量)应该定义为场强度的法向分量沿曲线的线积分,即

$$N = \oint_L \vec{F} \cdot \vec{n}\, \mathrm{d}l \tag{2-124}$$

将式(2-121)代入式(2-124),可得:

$$N = \oint_L \vec{F} \cdot \vec{n}\, \mathrm{d}l = -2G \oint_L \int_S \frac{\sigma_g \vec{r} \cdot \vec{n}}{r^2}\, \mathrm{d}l\, \mathrm{d}s = -2G \int_S \sigma_g\, \mathrm{d}s \oint_L \frac{\vec{r} \cdot \vec{n}}{r^2}\, \mathrm{d}l \tag{2-125}$$

式中,线积分的被积函数显然为 $\mathrm{d}l$ 在 L 曲线内部某一点 Q(质量所在处)所张的平面角:

$$\frac{\vec{r} \cdot \vec{n}}{r^2}\, \mathrm{d}l = \frac{\mathrm{d}l \cos \alpha}{r^2} = \mathrm{d}\Lambda \tag{2-126}$$

对于一条闭合曲线来说,若 Q 点在线域 L 内或线域 L 外,则有:

$$\oint_L \mathrm{d}\Lambda = \begin{cases} 2\pi & (Q \text{ 点在线域 } L \text{ 内}) \\ 0 & (Q \text{ 点在线域 } L \text{ 外}) \end{cases} \tag{2-127}$$

因此:

$$\oint_L \vec{F} \cdot \vec{n}\, \mathrm{d}l = -4\pi G \int_S \sigma_g\, \mathrm{d}s \tag{2-128}$$

对于任意闭合曲线 L,平面场的通量等于 $-4\pi G$ 倍于线域 L 内所包含的总质量(图 2-25)。显然域外质量的通量等于零,因而式(2-128)中的 σ_g 应该理解为域内质量柱体单位高度单位面积的质量。

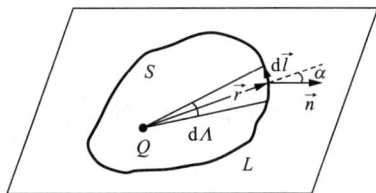

图 2-25 平面场中的高斯定理

2) 平面场中的泊松方程

设 U 和 V 为两个变量 (x, y) 的函数,连同它们的一次导数,在平面域内是连续的,其二次导数存在,域的边缘为一条光滑曲线 L,则有平面格林公式:

$$\int_S (U\, \nabla^2 V - V\, \nabla^2 U)\, \mathrm{d}s = \oint_L \left(U \frac{\partial V}{\partial n} - V \frac{\partial U}{\partial n} \right) \mathrm{d}l \tag{2-129}$$

假设在式(2-129)中,选取 $V = 1$,U 为平面场的势函数,则有:

$$\int_S \nabla^2 U\, \mathrm{d}s = \oint_L \frac{\partial U}{\partial n}\, \mathrm{d}l \tag{2-130}$$

由于 $\vec{F} = \nabla U$,$\vec{F} \cdot \vec{n} = \frac{\partial U}{\partial n}$,所以由式(2-128)可知:

$$\int_S \nabla^2 U\, \mathrm{d}s = \oint_L \vec{F} \cdot \vec{n}\, \mathrm{d}l = -4\pi G \int_S \sigma_g\, \mathrm{d}s \tag{2-131}$$

或

$$\int_S (\nabla^2 U + 4\pi G\sigma_g) \mathrm{d}s = 0 \tag{2-132}$$

因为式(2-132)对任何面积 S 都成立,所以:

$$\nabla^2 U = -4\pi G\sigma_g \tag{2-133}$$

或

$$\frac{\partial^2 U}{\partial x^2} + \frac{\partial^2 U}{\partial y^2} = -4\pi G\sigma_g \tag{2-134}$$

说明在平面场中,对数势满足两个坐标变量的泊松方程。如果在所研究区域内 $\sigma_g = 0$,则对数势满足拉普拉斯方程:

$$\nabla^2 U = 0 \tag{2-135}$$

或

$$\frac{\partial^2 U}{\partial x^2} + \frac{\partial^2 U}{\partial y^2} = 0 \tag{2-136}$$

2.8　重力场与重力勘探

以上研究了静止物体的引力场,本节将要研究地球的重力场。因为地球不仅围绕太阳公转,还围绕地轴自转,所以它不是一个静止物体,因此不能仅研究它的引力场,还需要研究随地球自转运动的观测者所体验的离心力场。重力场就是指这两种场的总和。

2.8.1　重力及重力场的概念

地球的重力就是把一切物体拉向地心附近的作用力。设将一个试探质量 m_0 放在地球表面附近空间任意一点 P 上,则 m_0 受到一个拉向地心的作用力 $\vec{f}$,这个力的大小与 m_0 及该处重力加速度 $\vec{g}$ 之积相等,其方向与 $\vec{g}$ 的方向相同(图 2-26),即

图 2-26　地球重力

$$\vec{f} = \vec{F} + \vec{C} = m_0\vec{g} \tag{2-137}$$

这个力就是重力。在国际单位制中,$\vec{f}$ 的单位为 N,$\vec{g}$ 的单位为 $\mathrm{m/s^2}$,m_0 的单位为 kg。规定 $10^{-6}\,\mathrm{m/s^2}$ 为国际通用重力单位(gravity unit),简写为"g. u. ",即

$$1\ \mathrm{g.\,u.} = 10^{-6}\,\mathrm{m/s^2} \tag{2-138}$$

在重力测量学中,为了纪念首先研究重力现象的意大利科学家伽利略,将 $\mathrm{cm/s^2}$ 这一单位命名为"伽",用"Gal"表示。在实际工作中,有时伽的单位太大,不便于利用,因而采用千分之一伽为实用单位,命名为毫伽(mGal),即

$$1\ \mathrm{Gal(伽)} = 1\ \mathrm{cm/s^2} \text{ 或 } 1\ \mathrm{mGal(毫伽)} = 10^{-3}\,\mathrm{cm/s^2} \tag{2-139}$$

并有下列关系:

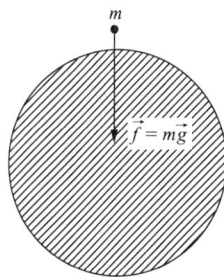

$$\begin{cases} 1 \ \text{Gal(伽)} = 10^4 \ \text{g. u.} = 10^{-2} \ \text{m/s}^2 \\ 1 \ \text{mGal(毫伽)} = 10^{-3} \ \text{Gal} = 10 \ \text{g. u.} = 10^{-5} \ \text{m/s}^2 \\ 1 \ \mu\text{Gal(微伽)} = 10^{-6} \ \text{Gal} = 10^{-2} \ \text{g. u.} = 10^{-8} \ \text{m/s}^2 \end{cases} \tag{2-140}$$

从场理论的概念来看,如果一个质点放在空间内任何一点上都受到力的作用,则空间内就有力场存在。在地球周围空间存在的力场,其场强度$\vec{G}$等于重力$\vec{f}$与试探质量m_0之比,方向与重力相同,即

$$\vec{G} = \lim_{m_0 \to 0} \frac{\vec{f}}{m_0} = \vec{g} \tag{2-141}$$

这种场称为重力场。

从式(2-141)可以看出,重力场的场强度矢量$\vec{G}$,实际上就是重力加速度$\vec{g}$,它是单位质量所受的力。由于重力$\vec{f}$与试探质量m_0有关,不易体现场的本质,同时讨论起来也不很方便,所以在重力测量学中,总是研究场强度$\vec{g}$而不再提$\vec{f}$了。并且为了方便起见,常常直接把$\vec{g}$称为"重力"。但必须注意,这里所指"重力"不是真正的重力,其单位虽然是加速度的单位,其含义仍然是单位质量所受的力。

地球的重力主要是由地球内部质量的万有引力和因地球自转所引起的离心力二者所决定,即

$$\vec{G} = \vec{g} = \vec{F} + \vec{C} \tag{2-142}$$

式中,$\vec{F}$表示地球内部质量的引力场场强度,$\vec{C}$表示地球自转所引起的离心力场场强度。二者的空间分布状态如图2-27所示。图中的椭圆表示地球的某一子午圈,中间半虚线椭圆表示地球的赤道,O为地心,SN为地球自转轴。由图2-27可知,地表任意P点的引力场$\vec{F}$大致指向地心,但不一定通过O点;离心力场$\vec{C}$则永远保持与SN垂直,且方向向外。至于$\vec{C}$与$\vec{F}$二者数值之比,其值在赤道处最大约为1/300。由此可知,无论g值的大小和方向,基本上都与地球内部引力场$\vec{F}$相接近。图中为了醒目,离心力的大小有显著的夸大。

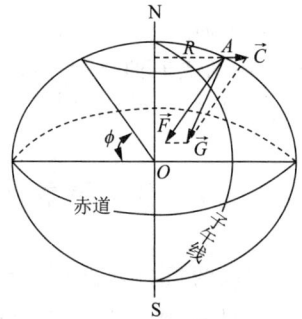

图 2-27 万有引力和离心力

地球自转在P点所引起的离心力场$\vec{C}$可以表示为:

$$\vec{C} = \omega^2 \vec{R} \tag{2-143}$$

式中,ω为地球自转的角速度,$\vec{R}$为从转动轴到P点的垂直矢径,其距离大小为$R = \sqrt{x^2 + y^2}$。所以离心力的作用方向是沿转动轴垂直向外的方向,其相应的方向余弦为$\frac{x}{R}$,$\frac{y}{R}$,0。因而$\vec{C}$在相应坐标轴上的分量为:

$$\begin{cases} C_x = \omega^2 R \cdot \dfrac{x}{R} = \omega^2 x \\ C_y = \omega^2 R \cdot \dfrac{y}{R} = \omega^2 y \\ C_z = \omega^2 R \cdot 0 = 0 \end{cases} \tag{2-144}$$

将表示引力场场强度分量的式(2-8)与表示离心力场场强度分量的式(2-144)分别相加,得出重力沿直角坐标系三坐标轴的相应分量:

$$\begin{cases} g_x = -G\displaystyle\int_V \frac{\rho_g(x-\varepsilon)}{r^3}\mathrm{d}v + \omega^2 x \\[2mm] g_y = -G\displaystyle\int_V \frac{\rho_g(y-\eta)}{r^3}\mathrm{d}v + \omega^2 y \\[2mm] g_z = -G\displaystyle\int_V \frac{\rho_g(z-\xi)}{r^3}\mathrm{d}v \end{cases} \tag{2-145}$$

因此 P 点的重力 $\vec{g}$ 的数值显然为:

$$g = \sqrt{g_x^2 + g_y^2 + g_z^2} \tag{2-146}$$

由于引力场场强度和离心力场场强度是处处连续而有限的,所以重力场场强度也是处处连续而有限的。

若将地球当成质量 $M = 5.976\times10^{24}$ kg,半径 $R = 6\ 371$ km 的正球体,可以估算其引力值为 9.8 m/s^2。在赤道上惯性离心力最大,约为 0.033 9 m/s^2,故惯性离心力约为引力的 1/300。因此,地球质量的引力是重力的主要部分。

地球的重力值大致为 9.8×10^6 g. u.(980 Gal 或 980 000 mGal)左右。但实际测量结果和理论计算都说明,重力的大小和方向随观察位置的变化而变化,同时也随时间而略微改变。因此,重力场强度的变化可以分为在空间上的变化和在时间上的变化。重力在空间上的变化主要表现为:

(1)地球不是一个正球体,而是一个近似于两极压缩的扁球体,且地表起伏不平,这将引起约 6×10^4 g. u. 的重力场强度变化(两极引力大,赤道引力小);

(2)地球的自转也能使重力产生 3.4×10^4 g. u. 的变化(两极离心力小,赤道离心力大);

(3)地下物质密度分布不均匀可产生较大的重力变化。重力勘探正是利用地下物质分布不均匀这一因素所引起的重力变化,来研究地质构造和达到勘探矿产资源的目的。

重力在时间上的变化可以分为短周期变化和长周期变化两种。

(1)短周期变化主要指重力日变。地面上某一点受到太阳和月亮的引力作用,由于地球自转,地表各点与日月的相对位置不断变化,导致日月引力对这些点的作用也随之变化。这种变化不仅会引起海洋潮汐,还会导致地壳形变,即所谓的"固体潮"。固体潮会使大地水准面发生位移,进而引起重力变化。这两种变化的周期均为一天,其总和称为重力日变。重力日变的幅度一般在 2～3 g. u.,在高精度重力测量中不可忽视,必须进行相应的日变校正。

(2)长周期变化与地壳内部物质变动及构造运动有关,也可以认为是非周期性的。这种变化在短时期内十分微弱,在重力勘探中可以忽略不计。

2.8.2　重力势及其特征

1)重力势

利用偏导数求原函数的方法,可以发现式(2-145)中表示 g_x,g_y,g_z 的三个不同公式恰恰是下列函数：

$$W(x,y,z) = G\int_v \frac{\rho_g \mathrm{d}v}{r} + \frac{1}{2}\omega^2(x^2+y^2) \tag{2-147}$$

对 x,y,z 的偏导数，亦即

$$\frac{\partial W}{\partial x} = g_x, \quad \frac{\partial W}{\partial y} = g_y, \quad \frac{\partial W}{\partial z} = g_z \tag{2-148}$$

或

$$\vec{g} = \mathrm{grad}W = \mathbf{\nabla}W \tag{2-149}$$

因此函数 $W(x,y,z)$ 就是重力场的势函数，简称重力势。这个势函数的存在说明重力场是一个势场，即场力做功与路径无关，这意味着场强度的环量积分等于零。

设 U 和 V 分别表示式(2-147)右端的第一项和第二项，并联立式(2-144)和式(2-145)，则有

$$\begin{cases} \dfrac{\partial U}{\partial x} = F_x, \quad \dfrac{\partial U}{\partial y} = F_y, \quad \dfrac{\partial U}{\partial z} = F_z \\[2mm] \dfrac{\partial V}{\partial x} = C_x, \quad \dfrac{\partial V}{\partial y} = C_y, \quad \dfrac{\partial V}{\partial z} = C_z \end{cases} \tag{2-150}$$

式中，F_x,F_y,F_z 分别表示式(2-145)中右端第一项，即引力场场强度；C_x,C_y,C_z 分别表示式(2-145)中右端第二项，即惯性离心力场的场强度。由此可知，U 和 V 两函数对三个坐标轴的偏导数，分别等于引力场及离心力场的场强度在相应坐标轴上的三个分量，所以 U 和 V 分别表示引力势和离心力势，因而式(2-147)可写为：

$$W = U + V \tag{2-151}$$

即重力势等于引力势和离心力势的和。

由于引力势和离心力势是处处连续而有限的，所以重力势也是处处连续而有限的，显然其一次导数也是处处连续而有限的。

2）等 势 面

由式(2-148)可知，重力势沿任意方向 $\vec{s}$ 的方向导数就等于重力在该方向的分量，即

$$\frac{\partial W}{\partial s} = g_s = g\cos(\vec{g},\vec{s}) \tag{2-152}$$

式中，$(\vec{g},\vec{s})$ 为 $\vec{g}$ 与 $\vec{s}$ 之间的夹角。

首先假设 $\vec{s}$ 和 $\vec{g}$ 垂直，则有 $\dfrac{\partial W}{\partial s}=0$，所以：

$$W = 常数 \tag{2-153}$$

或

$$W(x,y,z) = c（常数） \tag{2-154}$$

若将式(2-154)解出 z，可得一个曲面方程：

$$z = f(x,y,c) \tag{2-155}$$

在上式的右端，若给以不同的常数 c，就得到一簇曲面，称为重力等势面，或水准面。如果海洋面完全是平静的，那么海洋面就是一个重力等势面，这个水准面称为大地水准面。在研究地球形状的大地测量学中，就把这个水准面作为地球的形状，并把这个面延伸到各个大陆下

方,形成一个完整的封闭面。因此,研究地球形状的问题,实质上就是研究重力等势面之一的大地水准面的形状问题。由上面讨论可知,重力等势面与重力方向是互相垂直的。

其次,假设 $\vec{s}$ 和 $\vec{g}$ 平行时,即

$$\frac{\partial W}{\partial s} = -\frac{\partial W}{\partial n} = g \qquad (2\text{-}156)$$

式中,∂n 表示等势面沿外法线方向的位移。此式表明,等势面上各点的重力值等于等势面在该点沿内法线方向的梯度(或沿外法线方向的负梯度),这是等势面的另一特性。从这个特性可以看出,等势面上各点的重力值并不一定相等。若将上式换成有限量,则得:

$$\vec{g} \cdot \Delta n = -\Delta W \qquad (2\text{-}157)$$

取两个相邻的等势面,则两个面上的重力势之差是一个常数,即 $\Delta W =$ 常数,所以:

$$\vec{g} \cdot \Delta n = 常数 \qquad (2\text{-}158)$$

式(2-158)说明,两个水准面间的距离 Δn 与面上的重力值 g 成反比。若等势面一点的重力值大,则该点附近两个相邻等势面的法向间距就小;反之,若重力值小,则相邻等势面的法向间距就大。又因为水准面上的 g 值并非处处相等,所以两相邻水准面间的距离并不是处处相等的,也就是水准面并不处处平行。由于各点的 g 值都是有限值,所以 Δn 永远不等于零,即两水准面无论相隔多么近,总是不能交叉或相切,而是一个单值的函数。

3) 泊松方程和拉普拉斯方程

引力势在质量分布区以内满足泊松方程 $\mathbf{\nabla}^2 U = -4\pi G \rho_g$;在质量分布区以外,它满足拉普拉斯方程 $\mathbf{\nabla}^2 U = 0$。由于离心力势的二次偏导数为:

$$\frac{\partial^2 V}{\partial x^2} = \omega^2, \quad \frac{\partial^2 V}{\partial y^2} = \omega^2, \quad \frac{\partial^2 V}{\partial z^2} = 0 \qquad (2\text{-}159)$$

所以它满足下列关系式:

$$\mathbf{\nabla}^2 V = 2\omega^2 \qquad (2\text{-}160)$$

由此可知,重力势满足下列方程式:

$$\begin{cases} \mathbf{\nabla}^2 W = \mathbf{\nabla}^2 U + \mathbf{\nabla}^2 V = 2\omega^2 & (对于外部各点) \\ \mathbf{\nabla}^2 W = -4\pi G \rho_g + 2\omega^2 & (对于内部各点) \end{cases} \qquad (2\text{-}161)$$

由此可见,重力势及其一次导数(重力)虽然是处处连续的,但其二次导数是不连续的,在外部各点等于常数 $2\omega^2$,在内部各点等于 $-4\pi G \rho_g + 2\omega^2$。

注意以上各式与坐标系选择有关,即把地球自转轴取为 z 坐标轴。

2.8.3　重力势的导数

假设空间一点 P 处的重力势为 W。设自 $P(x,y,z)$ 点作一位移 ΔS 至 $P'(x+\Delta x, y+\Delta y, z+\Delta z)$ 点,重力势变为 $W + \Delta W$,则根据多元函数的泰勒展开式,可以求出重力势函数的增量 ΔW 的表达式如下:

$$\Delta W = \frac{\partial W}{\partial x} \Delta x + \frac{\partial W}{\partial y} \Delta y + \frac{\partial W}{\partial z} \Delta z$$

$$+ \frac{1}{2!} \left(\frac{\partial^2 W}{\partial x^2} \Delta x^2 + \frac{\partial^2 W}{\partial y^2} \Delta y^2 + \frac{\partial^2 W}{\partial z^2} \Delta z^2 + 2 \frac{\partial^2 W}{\partial x \partial y} \Delta x \Delta y + 2 \frac{\partial^2 W}{\partial y \partial z} \Delta y \Delta z + 2 \frac{\partial^2 W}{\partial z \partial x} \Delta z \Delta x \right)$$

$$+ \frac{1}{3!} \left(\frac{\partial^3 W}{\partial x^3} \Delta x^3 + \cdots \right)$$

(2-162)

式中，$\frac{\partial W}{\partial x}$，$\frac{\partial^2 W}{\partial x \partial y}$，$\frac{\partial^3 W}{\partial x^3}$ 分别为重力势函数对相应坐标的一次、二次和三次导数（或称微商），通常用 W_x，W_{xy}，W_{xxx} 来表示：

$$\begin{cases} W_x = \dfrac{\partial W}{\partial x} = g_x \\[2mm] W_{xy} = \dfrac{\partial^2 W}{\partial x \partial y} = \dfrac{\partial}{\partial x} \left(\dfrac{\partial W}{\partial y} \right) = \dfrac{\partial g_y}{\partial x} = \dfrac{\partial g_x}{\partial y} \\[2mm] W_{xxx} = \dfrac{\partial^3 W}{\partial x^3} = \dfrac{\partial}{\partial x} \left(\dfrac{\partial^2 W}{\partial x^2} \right) \end{cases}$$

(2-163)

由此可知，在用级数展开式求相邻两点的势差时，就需要计算势的一次、二次或高次微商，因而研究势的微商的性质是非常重要的。

重力势的一次导数共有三个：W_x，W_y，W_z，由下列公式表示：

$$\begin{cases} \dfrac{\partial W}{\partial x} = G \displaystyle\int_V \rho_g \dfrac{\partial}{\partial x} \left(\dfrac{1}{r} \right) \mathrm{d}v + \omega^2 x = -G \displaystyle\int_V \dfrac{\rho_g (x - \varepsilon)}{r^3} \mathrm{d}v + \omega^2 x \\[3mm] \dfrac{\partial W}{\partial y} = G \displaystyle\int_V \rho_g \dfrac{\partial}{\partial y} \left(\dfrac{1}{r} \right) \mathrm{d}v + \omega^2 y = -G \displaystyle\int_V \dfrac{\rho_g (y - \eta)}{r^3} \mathrm{d}v + \omega^2 y \\[3mm] \dfrac{\partial W}{\partial z} = G \displaystyle\int_V \rho_g \dfrac{\partial}{\partial z} \left(\dfrac{1}{r} \right) \mathrm{d}v + \omega^2 z = -G \displaystyle\int_V \dfrac{\rho_g (z - \xi)}{r^3} \mathrm{d}v + \omega^2 z \end{cases}$$

(2-164)

其物理意义为重力场在相应坐标轴上的分量 g_x，g_y，g_z，这个结论无论观测点 P 在或不在质量分布区都是正确的。

重力势的二次导数一共有六个：W_{xx}，W_{yy}，W_{zz}，$W_{xy} = W_{yx}$，$W_{yz} = W_{zy}$，$W_{zx} = W_{xz}$，其物理意义为 g_x 在 x 方向的空间变化率，g_y 在 y 方向的空间变化率等等。

2.8.4 重力勘探

重力勘探是根据地球重力场研究地球构造及寻找矿产资源的一门地球物理学科或地球物理方法。地球表面的任何物体都受到地球重力的作用，这种重力是地球引力和地球自转产生的惯性离心力的合力。地球表面的重力随地点而变化。重力的变化与地下物质密度分布不均匀有关，而物质密度的分布又与地质构造及矿产分布有密切的联系。因此，研究地下物质密度分布不均匀引起的重力变化（称为重力异常），可以了解和推断地球的结构、地壳的构造，以及勘探矿产资源等。这些都是重力勘探所涉及的课题。

根据已知异常源（地质体）的形状、大小、深度、产状和物性，运用数学物理方法研究其引起的重力异常分布规律、幅度大小和形态特征等，称为重力异常的正演问题，简称正问题。

在解决正演问题时,通常将自然界中的地质体简化为简单的几何形体(例如将等轴状地质体近似为球体,将垂直断层近似为垂直台阶等),这种简化是为了便于研究。当遇到形状和密度分布较为复杂的地质体时,可根据场的叠加原理将其划分为若干简单形态的地质体,分别计算每个部分的重力异常后进行叠加。这样,简单几何形体的正演问题也就构成了复杂形体正演问题的基础。此外,通常将密度大致均匀的介质宏观上视为均匀介质进行研究。需要注意的是,当使用简单形体的物理模型代替真实地质体时,必然会产生一定误差,但这种误差通常不会影响重力勘探的实际需求。

根据重力异常的形态、幅度大小和分布规律等特征,确定异常源的形状、大小、位置和产状等参数的过程,称为重力异常的反演问题,简称反问题。

1) 正常重力值

当已知地球形状及其内部物质密度分布时,可利用重力势函数式(2-147)计算地面上任一点的重力势。然而,由于地球表面的形状十分复杂,且内部密度分布未知,因此无法直接利用式(2-147)计算地球重力势。为此,引入一个与大地水准面形状相近的正常椭球体来代替实际地球。假设该椭球体表面光滑,内部密度分布均匀或呈层状分布(各层密度均匀,界面为共焦点旋转椭球面),则可根据其形状、大小、质量、密度、自转角速度及各点位置等参数计算出椭球体表面各点的重力势。在这种条件下得到的重力势称为正常重力势,相应的重力值称为正常重力值。

确定正常重力势的方法主要有以下两种。

① 拉普拉斯方法:将地球引力势按球谐函数展开,取前几项之和,再加上惯性离心力势得到。该方法中的正常椭球面是一个旋转扁球面。

② 斯托克斯方法:根据地球总质量 M、地球旋转角速度 ω、地球椭球长半轴 a 和地球扁率 ε 等参数确定椭球面及其外部的重力势。该方法中的正常椭球面是一个严格的旋转椭球面。

2) 重力异常

地下物质密度分布的不均匀性导致重力场随空间位置发生变化。在重力勘探中,将由于地下岩石、矿物密度分布不均匀引起的重力变化,或地质体与围岩密度差异引起的重力变化,称为重力异常。重力异常可以从不同角度进行定义。

在实际观测中,测得的重力值包含两个部分:正常重力值和重力异常值。将实测重力值减去该点的正常重力值,即可得到重力异常。因此,重力异常也可定义为某点的实测重力值与由正常重力公式计算得到的正常重力值之差,即

$$\Delta g = g - g_0 \tag{2-165}$$

式中,g 为测点上的实测重力值;g_0 为该点的正常重力值,由于测点不一定在正常椭球面上,因此不一定正好是上一节所说的正常重力值。

在重力勘探中不是根据一个点上的重力异常值的大小(也不可能只根据一个点的值),而是根据一条测线上或一定区域内的重力异常进行研究。当重力异常变化值为零时,通常认为没有重力异常。在一条测线或一定区域内以某一点的重力值作为正常值,而以其他测点的重力值与之比较得到的差值称为相对重力异常。

若在大地水准面上的 A 点进行观测,令地下岩石的密度均匀分布且都为 ρ_0 时,其正常重力为 $\vec{g_\varphi}$。当 A 点附近的地下有一个密度为 ρ_g 的地质体存在,且其体积为 V 时,这个地质体相对于四周围岩便有一个剩余密度 $\Delta\rho$(图 2-28),其大小为 $\Delta\rho = \rho_g - \rho_0$。

该地质体相对于围岩的剩余质量为 $\Delta\rho V$。当 $\rho_g > \rho_0$ 时,则剩余密度 $\Delta\rho$ 为正,或称地质体是"密度过剩"的,并引起正的重力异常;当 $\rho_g < \rho_0$ 时,则剩余密度 $\Delta\rho$ 为负,或称地质体是"密度亏损"的,引起负的重力异常。若令这个地质体在 A 点引起的引力为 $\vec{F}$,则在 A 点的重力 $\vec{g}$ 应为 $\vec{g_\varphi}$ 与 $\vec{F}$ 之和。由图 2-28 可以看出,由于 $\vec{g_\varphi}$ 的值达 10^7 g.u. 的量级,而 $\vec{F}$ 的值最大仅达 10^3 g.u. 量级,所以 $\vec{g}$ 与 $\vec{g_\varphi}$ 两者的方向相差甚微,因而在 A 点重力异常的大小为:

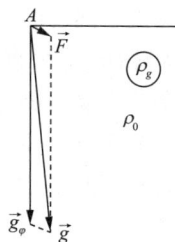

图 2-28 重力异常与剩余质量引力的关系

$$\Delta g = g - g_\varphi = F\cos\theta \tag{2-166}$$

式中,θ 为地质体剩余质量所引起的引力 $\vec{F}$ 与重力 $\vec{g}$ 之间的夹角。

可见,在重力勘探中所称的由某个地质体引起的重力异常,就是地质体的剩余质量所产生的引力在重力方向或者铅垂方向的分量。因此,重力异常实质上就是引力异常。如果有多个地质体存在,在一个测点处的重力异常就是各个地质体在这个测点引起的引力异常在铅垂方向的叠加。

3)计算重力异常的基本公式

计算某个地质体所引起的重力异常,可以首先根据牛顿万有引力公式计算地质体的剩余质量所引起的引力势,然后再求出引力势沿重力方向的导数,便能得到重力异常。

以地面上某一点 O 作为坐标原点,z 轴铅垂向下,即沿重力方向,x,y 轴在水平面内,如图 2-29 所示。

若地质体与围岩的密度差(即剩余密度)为 $\Delta\rho$,地质体内某一体积元 $\mathrm{d}v = \mathrm{d}\varepsilon\mathrm{d}\eta\mathrm{d}\xi$,其坐标为 (ε,η,ξ),它的剩余质量为 $\mathrm{d}m$,则:

$$\mathrm{d}m = \Delta\rho\mathrm{d}v = \Delta\rho\mathrm{d}\varepsilon\mathrm{d}\eta\mathrm{d}\xi \tag{2-167}$$

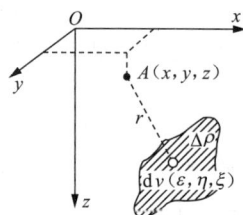

图 2-29 地质体重力异常的计算

令计算点 A 的坐标为 (x,y,z),剩余质量元到 A 点的距离为:

$$r = \sqrt{(x-\varepsilon)^2 + (y-\eta)^2 + (z-\xi)^2} \tag{2-168}$$

则根据式(2-49),地质体的剩余质量对 A 点的单位质量所产生的引力势为:

$$U = G\int_V \frac{\Delta\rho\mathrm{d}\varepsilon\mathrm{d}\eta\mathrm{d}\xi}{\sqrt{(x-\varepsilon)^2 + (y-\eta)^2 + (z-\xi)^2}} \tag{2-169}$$

式中,V 为地质体的体积。

因为 z 方向就是重力的方向,所以重力异常就是剩余质量的引力势沿 z 方向的导数,即

$$\Delta g = \frac{\partial U}{\partial z} = -G\int_V \frac{\Delta\rho(z-\xi)\mathrm{d}\varepsilon\mathrm{d}\eta\mathrm{d}\xi}{[(x-\varepsilon)^2 + (y-\eta)^2 + (z-\xi)^2]^{3/2}} \tag{2-170}$$

如果地质体的形状和埋藏深度沿某个水平方向均无变化,且沿该方向是无限延伸的,这样的

地质体称为二度地质体。如将式(2-170)中的 y 轴方向选为二度地质体的延伸方向, η 的积分限由 $-\infty$ 到 $+\infty$, 并令 $y=0$, 就可得到在沿 x 方向剖面上计算二度地质体重力异常的基本公式。当剩余密度是均匀的时候, 则可提到积分符号之外, 即有:

$$\Delta g = \frac{\partial U}{\partial z} = -2G\Delta\rho \int_S \frac{(z-\xi)\mathrm{d}\varepsilon\,\mathrm{d}\xi}{(x-\varepsilon)^2+(z-\xi)^2} \tag{2-171}$$

式中, S 为二度地质体的横截面积。

还可以推导出计算重力异常垂向梯度(或称重力垂向梯度异常)的基本公式为:

$$\frac{\partial \Delta g}{\partial z} = U_{zz} = G\Delta\rho \int_V \frac{2(z-\xi)^2-(x-\varepsilon)^2-(y-\eta)^2}{[(x-\varepsilon)^2+(y-\eta)^2+(z-\xi)^2]^{5/2}}\mathrm{d}\varepsilon\,\mathrm{d}\eta\,\mathrm{d}\xi \tag{2-172}$$

计算重力异常水平梯度(或称重力水平梯度异常)的基本公式为:

$$\frac{\partial \Delta g}{\partial x} = U_{xz} = 3G\Delta\rho \int_V \frac{(z-\xi)(x-\varepsilon)}{[(x-\varepsilon)^2+(y-\eta)^2+(z-\xi)^2]^{5/2}}\mathrm{d}\varepsilon\,\mathrm{d}\eta\,\mathrm{d}\xi \tag{2-173}$$

$$\frac{\partial \Delta g}{\partial y} = U_{yz} = 3G\Delta\rho \int_V \frac{(z-\xi)(y-\eta)}{[(x-\varepsilon)^2+(y-\eta)^2+(z-\xi)^2]^{5/2}}\mathrm{d}\varepsilon\,\mathrm{d}\eta\,\mathrm{d}\xi \tag{2-174}$$

计算重力异常垂向二次导数(或称重力垂向二次导数异常)的基本公式为:

$$\frac{\partial^2 \Delta g}{\partial z^2} = U_{zzz} = -3G\Delta\rho \int_V \frac{(z-\xi)[2(z-\xi)^2-3(x-\varepsilon)^2-3(y-\eta)^2]}{[(x-\varepsilon)^2+(y-\eta)^2+(z-\xi)^2]^{7/2}}\mathrm{d}\varepsilon\,\mathrm{d}\eta\,\mathrm{d}\xi \tag{2-175}$$

4) 重力勘探的应用

重力勘探通过观测和研究天然地球重力场来获取地质信息, 引起重力场变化的因素包括从地表附近到地球深部物质密度分布的不均匀性。由于野外测量中使用的重力仪具有轻便、操作简单、数据采集方便等特点, 重力勘探方法具有经济高效、勘探深度大、能快速获取区域信息等优势, 因此在实践中得到了广泛应用。

目前, 重力勘探主要能够解决以下几类地质问题:

(1) 研究地球深部构造。例如, 地壳厚度变化(莫霍面起伏)、深大断裂的位置及延伸特征、上地幔密度不均匀性, 以及地壳均衡状态等。

(2) 研究大地及区域地质构造, 划分构造单元; 分析结晶基底起伏及其内部成分和构造, 圈定沉积盆地范围, 以及研究沉积岩系各密度界面的起伏和内部构造。

(3) 探测和圈定与围岩存在明显密度差异的隐伏岩体或岩层, 追索两侧岩石密度差异显著的断裂带, 开展覆盖区基岩地质和构造填图工作。

(4) 结合区域地质、构造及矿产分布规律, 为划分成矿远景区提供重力场信息支持。

(5) 寻找具有油气或煤炭勘探前景的盆地; 在已圈定的盆地内研究沉积层厚度及内部构造, 寻找有利于油气或煤炭储集的局部构造, 在条件有利时, 可研究非构造油气藏(如岩性变化、地层推覆及生物礁块储油等), 并直接探测与储油气层相关的低密度体。

(6) 与其他地球物理方法配合, 可圈定成矿带; 在条件有利时, 可探测和描述成矿构造, 或圈定成矿岩体; 也可直接发现埋藏较浅、规模较大的矿体, 或对已知矿体进行追踪。

(7) 水文及工程地质应用, 可以研究浮土下基岩面的起伏和隐伏断裂、空洞, 为厂房、大坝等工程提供安全保障; 寻找地下水源, 如储水溶洞、破碎带、地下河道等; 进行危岩、滑坡体监测;开展地面沉降研究;在地热田勘测开发中,识别热源岩体,监测地下水位变化及水蒸气补给情况,为地热资源的合理开发提供依据。

(8) 在天然地震方面,通过观测重力随时间的变化,为地震预测研究提供重要依据。

例题 2.8 设球心的埋藏深度为 D,球的半径为 R,剩余密度为 $\Delta\rho$,剩余质量为 $\Delta M = \frac{4}{3}\pi R^3 \Delta\rho$,求它的重力异常并分析其特征。

解:对于均匀球体来说,它与将其全部剩余质量集中于球心处的点质量所引起的异常完全一样。将坐标原点 O 选在球心在地面的投影处,因球的对称性,只需研究通过 O 点的任意水平剖面上异常的分布即可。设该剖面与 X 轴重合,令 $\varepsilon = \eta = y = z = 0, \xi = D, \int_V \Delta\rho\, \mathrm{d}\varepsilon\, \mathrm{d}\eta\, \mathrm{d}\xi = \Delta M$,则在剖面上任一点 $P(x,0,0)$ 处的重力异常为:

$$\Delta g = \frac{G\Delta M D}{(x^2 + D^2)^{3/2}}$$

分析上式,可以获得沿该中心剖面上异常分布的基本特征如下:

(1) $x = 0$(即原点)处,异常取得极大值为:

$$\Delta g_{\max} = \frac{G\Delta M}{D^2}$$

(2) 因含 x^2 项,故异常相对原点对称分布。当 $x \to \infty$ 时,异常趋近于零。异常形态如图 2-30(a)所示。在平面图上,异常等值线为以球心在地面的投影点为圆心的不等间距的同心圆,如图 2-30(b)所示。

(3) 当某点的异常值为极大值的 $1/n$ 时,对应的该点横坐标以 $x_{1/n}$ 表示,则由关系式:

$$\frac{G\Delta M}{nD^2} = \frac{G\Delta M D}{(x^2 + D^2)^{3/2}}$$

可得:

$$x_{1/n} = \pm D\sqrt{n^{3/2} - 1}$$

例如,取 $n = 2$,得 $x_{1/2} = 0.766D$(X 正半轴)和 $x_{1/2} = -0.766D$(X 负半轴),说明异常半极值点的横坐标为球心埋藏深度的 0.766 倍,利用这个关系求 D 十分方便。

(4) 当 D 不变,使 ΔM 加大 m 倍时,异常也同样加大 m 倍;而当 ΔM 不变,D 增大 m 倍时,异常极大值减为原值的 $\frac{1}{m^2}$,而 $x_{1/n}$ 值将增大为原值的 m 倍。因此,随着 D 的增大,异常迅速衰减,曲线明显变缓。

采用同样的方法,可以得到计算 X 剖面上点 $P(x,0,0)$ 处的重力高次导数 U_{xz}, U_{zz} 和 U_{zzz} 的公式,它们分别是:

$$\begin{cases} U_{xz} = -3G\Delta M \dfrac{Dx}{(x^2 + D^2)^{5/2}} \\[2mm] U_{zz} = G\Delta M \dfrac{2D^2 - x^2}{(x^2 + D^2)^{5/2}} \\[2mm] U_{zzz} = 3G\Delta M \dfrac{D(2D^2 - 3x^2)}{(x^2 + D^2)^{7/2}} \end{cases}$$

它们的理论曲线分别如图 2-30(c) 和图 2-30(d) 所示。

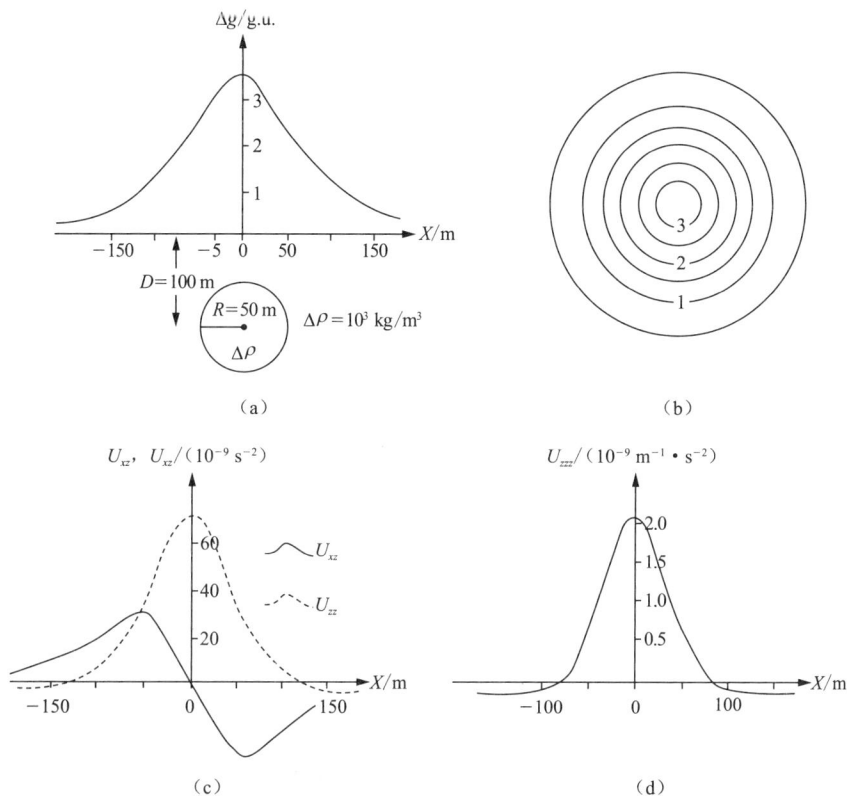

（a）　　　　　　（b）

（c）　　　　　　（d）

图 2-30　均匀球体的理论异常

例题 2.9　将地球等效为一个四层的球体,层内是均匀的,由内至外分别为内核、外核、地幔、地壳,各层的密度分别为 $\rho_1,\rho_2,\rho_3,\rho_4$,各层对应的外径为 R_1,R_2,R_3,R_4,如图 2-31 所示。模型参数见表 2-1。求空间任一点引力场强度和引力势分布。

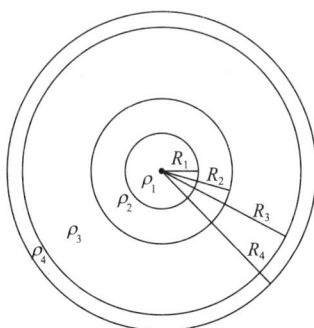

图 2-31　地球近似模型

表 2-1　模型参数

区域	1	2	3	4
$R/10^3$ m^3	1 271	3 471	6 338	6 371
$\rho/(10^3$ kg $\cdot$ m$^{-3})$	12.9	10.5	4.59	2.8

55

解： 由对称性可利用高斯定理求解。选择一个球心与薄球壳球心重合的闭合球面 S，球面 S 上的引力场强度沿径向方向且只与半径 r 有关，因此由高斯定理可知：

$$\oint_S \vec{F} \cdot \vec{n} \mathrm{d}s = F_r \cdot 4\pi r^2 = -4\pi GM$$

当 $r \geqslant R_4$ 时，闭合球面 S 包含球体全部质量，则有：

$$F_r \cdot 4\pi r^2 = -4\pi G\left[\frac{4}{3}\pi R_1^3 \rho_1 + \frac{4}{3}\pi(R_2^3 - R_1^3)\rho_2 + \frac{4}{3}\pi(R_3^3 - R_2^3)\rho_3 + \frac{4}{3}\pi(R_4^3 - R_3^3)\rho_4\right]$$

整理可得：

$$F = -\frac{4}{3}\pi G\left[R_1^3\rho_1 + (R_2^3 - R_1^3)\rho_2 + (R_3^3 - R_2^3)\rho_3 + (R_4^3 - R_3^3)\rho_4\right]\frac{1}{r^2}$$

用相同的方法可以求得空间中任一点的引力场强度为：

$$\vec{F} = \begin{cases} -\dfrac{4}{3}\pi G\rho_1 \vec{r} & (r \leqslant R_1) \\[3mm] -\dfrac{4}{3}\pi G(R_1^3\rho_1 - R_1^3\rho_2)\dfrac{1}{r^3}\vec{r} - \dfrac{4}{3}\pi G\rho_2\vec{r} & (R_1 \leqslant r \leqslant R_2) \\[3mm] -\dfrac{4}{3}\pi G\left[R_1^3\rho_1 + (R_2^3 - R_1^3)\rho_2 - R_2^3\rho_3\right]\dfrac{1}{r^3}\vec{r} - \dfrac{4}{3}\pi G\rho_3\vec{r} & (R_2 \leqslant r \leqslant R_3) \\[3mm] -\dfrac{4}{3}\pi G\left[R_1^3\rho_1 + (R_2^3 - R_1^3)\rho_2 + (R_3^3 - R_2^3)\rho_3 - R_3^3\rho_4\right]\dfrac{1}{r^3}\vec{r} - \dfrac{4}{3}\pi G\rho_4\vec{r} & (R_3 \leqslant r \leqslant R_4) \\[3mm] -\dfrac{4}{3}\pi G\left[R_1^3\rho_1 + (R_2^3 - R_1^3)\rho_2 + (R_3^3 - R_2^3)\rho_3 + (R_4^3 - R_3^3)\rho_4\right]\dfrac{1}{r^3}\vec{r} & (r > R_4) \end{cases}$$

根据 $U = \int_{\infty}^{r} \vec{F} \cdot \overrightarrow{\mathrm{d}l}$，可以由引力场强求解引力势。当 $r \geqslant R_4$ 时，

$$U = \int_{\infty}^{r} \vec{F} \cdot \overrightarrow{\mathrm{d}l}$$

$$= \int_{\infty}^{r}\left\{-\frac{4}{3}\pi G\left[R_1^3\rho_1 + (R_2^3 - R_1^3)\rho_2 + (R_3^3 - R_2^3)\rho_3 + (R_4^3 - R_3^3)\rho_4\right]\frac{1}{r^3}\vec{r} \cdot \overrightarrow{\mathrm{d}r}\right\}$$

$$= \frac{4}{3}\pi G\left[R_1^3\rho_1 + (R_2^3 - R_1^3)\rho_2 + (R_3^3 - R_2^3)\rho_3 + (R_4^3 - R_3^3)\rho_4\right]\frac{1}{r}$$

用相同的方法可以求得空间中任一点的引力势为：

$$U = \begin{cases} -\dfrac{2}{3}\pi G\rho_1 r^2 + 2\pi G\left[R_1^2\rho_1 + (R_2^2 - R_1^2)\rho_2 + (R_3^2 - R_2^2)\rho_3 + (R_4^2 - R_3^2)\rho_4\right] & (r \leqslant R_1) \\[3mm] \dfrac{4}{3}\pi G(R_1^3\rho_1 - R_1^3\rho_2)\dfrac{1}{r} - \dfrac{2}{3}\pi G\rho_2 r^2 + 2\pi G\left[R_2^2\rho_2 + (R_3^2 - R_2^2)\rho_3 + (R_4^2 - R_3^2)\rho_4\right] & (R_1 \leqslant r \leqslant R_2) \\[3mm] \dfrac{4}{3}\pi G\left[R_1^3\rho_1 + (R_2^3 - R_1^3)\rho_2 - R_2^3\rho_3\right]\dfrac{1}{r} - \dfrac{2}{3}\pi G\rho_3 r^2 + 2\pi G\left[R_3^2\rho_3 + (R_4^2 - R_3^2)\rho_4\right] & (R_2 \leqslant r \leqslant R_3) \\[3mm] \dfrac{4}{3}\pi G\left[R_1^3\rho_1 + (R_2^3 - R_1^3)\rho_2 + (R_3^3 - R_2^3)\rho_3 - R_3^3\rho_4\right]\dfrac{1}{r} - \dfrac{2}{3}\pi G\rho_4 r^2 + 2\pi GR_4^2\rho_4 & (R_3 \leqslant r \leqslant R_4) \\[3mm] \dfrac{4}{3}\pi G\left[R_1^3\rho_1 + (R_2^3 - R_1^3)\rho_2 + (R_3^3 - R_2^3)\rho_3 + (R_4^3 - R_3^3)\rho_4\right]\dfrac{1}{r} & (r > R_4) \end{cases}$$

计算结果如图 2-32 所示。当 $r \geqslant R_4$ 时，近似模型的引力场强度和引力势与全部质量集中在球心的点质量产生的结果一致。

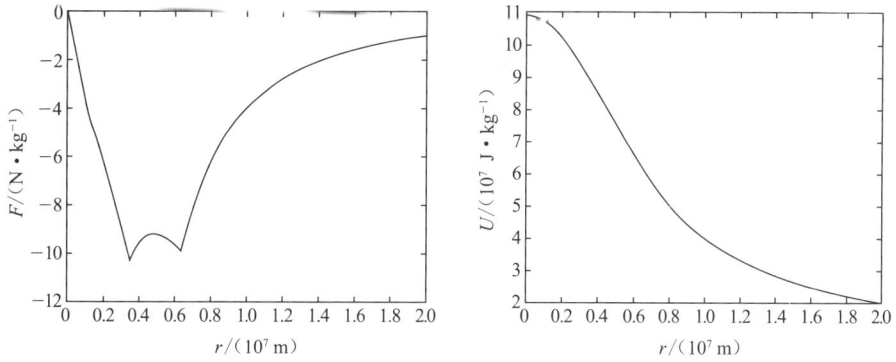

图 2-32　地球近似模型的引力场强度和引力势

图 2-33 给出了青藏高原及周边地域海拔和重力异常。从图中可以看到,重力异常存在明显的区域变化,反映了地球不同区域内部物质密度分布不均匀性。

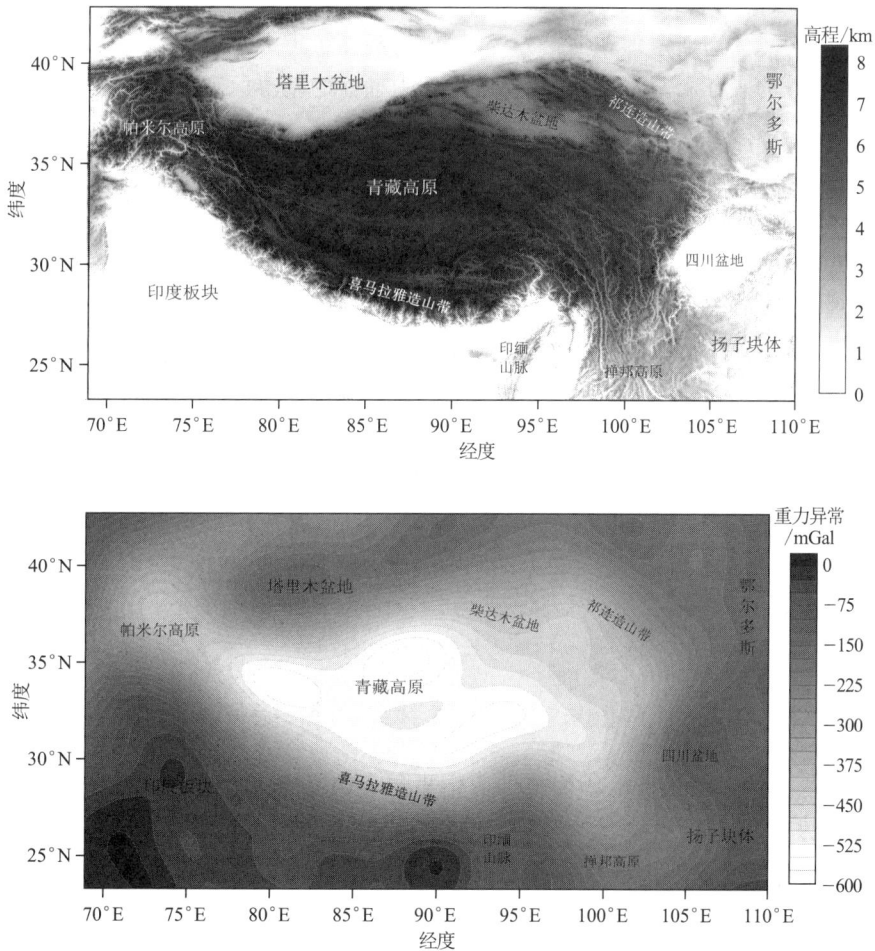

图 2-33　青藏高原及周边地域海拔及重力异常

2.9 本章小结

本章从万有引力定律出发,首先引入引力场强度 $\vec{F}$ 的定义,并给出不同质量密度分布物体的场强度计算公式。通过研究引力场强度关于通量和环量的两个基本定理,推导出描述引力场散度和旋度的基本方程,证明引力场是一个无旋场且具有散度,产生引力场的源是质量。其次,从功的角度引入描述引力场特性的另一个重要物理量——引力势 U,给出不同质量密度分布物体的引力势计算公式,并证明引力场中任一点的场强度等于该点引力势的梯度。再次,讨论了在任意面质量两侧引力场的连续性条件:引力场场强度的法向分量在界面处不连续,而切向分量是连续的。在此基础上,将引力场的两个基本定理总结为用引力势表示的泊松方程和拉普拉斯方程,证明了解的唯一性定理,并介绍了泊松方程(拉普拉斯方程)的求解方法。此外,本章还介绍了平面场的定义,研究了平面场的场强特性及其对数势,推导了适用于平面场的高斯定理和泊松方程。最后,阐述了重力及重力场的基本概念,分析了重力势及其导数的表征和基本特征,并探讨了重力勘探的基本原理及其应用。

习题二

1. 试计算在一个圆环轴上任意一点的引力场强度。设圆环每单位长度的质量为 γ_g,其半径为 a(图 2-34)。

2. 试求一个无限薄板前任一点的引力场强度,设薄板每单位面积上的质量为 σ_g。

3. 试求一个均匀质量球体外部和内部某一点上的引力场强度。设球体的质量密度为 ρ_g,半径为 a,总质量为 $M = \dfrac{4}{3}\pi\rho_g a^3$(图 2-35)。

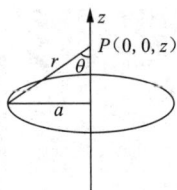

图 2-34 习题二第 1 题图示

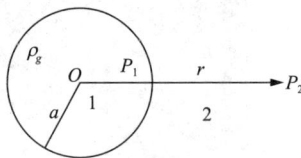

图 2-35 习题二第 3 题图示

4. 试求一个均匀垂直圆柱体的轴上柱外某一 P 点的场强度,设柱体的总质量为 M,高度为 h,半径为 a。

5. (1) 试求一个球壳内部和外部某一点的势。设球壳每单位面积上的质量为 σ_g,半径为 a。

(2) 若球壳为有限厚度,其内半径为 b,外半径为 a。质量体密度为 ρ_g,试求球壳内部、中间和外部的势(图 2-36)。

6. 试用直接积分法求一个均匀质量球体外部和内部的势。设球体的质量体密度为 ρ_g,半径为 a。

7. 试求一个水平柱状矿体在 Ox 轴上一点的引力势。设柱长为 $2l$，单位长度的质量为 γ_g，其中心线位于 Oz 轴（垂直向下）上 h 深处，并与 Oy 轴平行（图 2-37）。

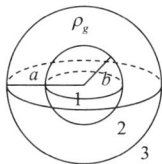

图 2-36　习题二第 5(2) 题图示

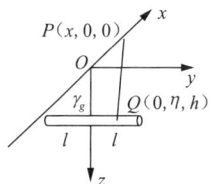

图 2-37　习题二第 7 题图示

8. 试求上述棒状矿体的场强度，并由此求得棒为无限长时的场强度。

9. 试求一个垂直棒状矿体在 x 轴上一点的场强度。设棒垂直向下沿 Oz 轴方向，一端距地面为 ξ_1，另一端距地面为 ξ_2，且 $\xi_2 > \xi_1$，矿体质量线密度为 γ_g（图 2-38）。

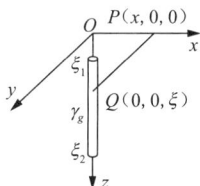

图 2-38　习题二第 9 题图示

10. 试求一个无限薄的水平带状或垂直带状矿体沿 Oz 轴方向的引力场强度的 F_z 分量。矿体的质量面密度为 σ_g，矿体的宽度为 $2l$，坐标原点位于矿体中心上方，二者距离为 h。取 Oz 轴垂直向下，通过矿体中心，且矿体的中心线与 Oy 轴平行。

第3章　稳定电场

稳定电场是指不随时间变化的电场,包括静电场和稳恒电流场。静电场研究真空和电介质中的稳定电场,而稳恒电流场则研究导电介质中的稳定电场。与引力场仅存在单一场源(质量)不同,静电场中存在两种场源(正电荷和负电荷),同时存在引力和斥力作用。然而,这种差异并不改变场与场源之间的本质联系。此外,引力场中不存在引力介质,而在电场中则存在电介质和导电介质,这会导致介质极化和导体感应等附加电场的产生。

稳定电场的基本问题与引力场类似,主要研究场与场源电荷之间的关系。具体而言,可以根据已知的电荷分布求解场的分布(正演问题),或者根据已知的电场分布反推电荷分布(反演问题)。

3.1　真空中的静电场

当场中没有介质干扰存在时,这种场称为真空中的场。这是一种理想化的情形,情况简单,更易于理解场的本质。

3.1.1　库仑定律和电荷分布

库仑定律为:

$$\vec{f} = k\frac{q_1 q_2}{r^3}\vec{r} = \frac{q_1 q_2}{4\pi\varepsilon_0 r^3}\vec{r} \tag{3-1}$$

式中,q_1 和 q_2 是两个点电荷的电量,r 是它们之间的距离,ε_0 为真空的介电常数,它的值为 $\frac{10^{-9}}{36\pi} \approx 8.842 \times 10^{-12}$(F/m)。库仑定律表明,真空中两个静止点电荷间的作用力大小与两点电荷电量之积成正比,与距离平方成反比,力的方向沿着它们的连线。同号电荷之间是斥力,异号电荷之间是引力。

两个点电荷之间的作用力符合牛顿第三定律。

库仑定律只能直接用于点电荷。所谓点电荷,是指当带电体的尺度远小于它们之间的距离时,将其电荷集中于一点的理想化模型。

施力电荷静止,受力电荷运动,它们间的作用仍满足库仑定律。

对于实际的带电体,其所带的电荷一般分布在一定的区域内,这类电荷称为分布电荷。用电荷密度来定量描述电荷的空间分布情况。

1) 电荷体密度

在电荷分布区域内,取体积元 Δv,若其中的电量为 Δq,则电荷体密度为:

$$\rho_q = \lim_{\Delta v \to 0} \frac{\Delta q}{\Delta v} = \frac{\mathrm{d}q}{\mathrm{d}v} \tag{3-2}$$

电荷体密度单位是库 / 米^3(C/m^3)。式中,Δv 趋于零,是指相对于宏观尺度而言很小的体积,以便能精确地描述电荷的空间变化情况。但是相对于微观尺度,该体积元足够大,它包含了大量的带电粒子,这样才可以将电荷分布看作空间的连续函数。

2) 电荷面密度

如果电荷分布在宏观尺度 h 很小的薄层内,则可认为电荷分布在一个几何曲面上,用面密度描述其分布。若面积元 Δs 内的电量为 Δq,则面密度为:

$$\sigma_q = \lim_{\Delta s \to 0} \frac{\Delta q}{\Delta s} = \frac{\mathrm{d}q}{\mathrm{d}s} \tag{3-3}$$

3) 电荷线密度

对于分布在一条细线上的电荷用线密度描述其分布情况。若线元 Δl 内的电量为 Δq,则线密度为:

$$\gamma_q = \lim_{\Delta l \to 0} \frac{\Delta q}{\Delta l} = \frac{\mathrm{d}q}{\mathrm{d}l} \tag{3-4}$$

3.1.2 电场强度

如果在场中放置电荷,则场将以力作用在电荷上。场强度这个概念,就是以这种力来描述场的特征的,它的定义就是作用在单位正电荷上的力。用公式表示就是:

$$\vec{E} = \lim_{q_0 \to 0} \frac{\vec{f}}{q_0} \tag{3-5}$$

式中,$\vec{f}$ 是作用在试探电荷 q_0 上的力。q_0 是几何尺度很小,电量也很少(以免影响场中的电荷分布)的正电荷。

为了求得场强度和场源电荷之间的关系,应用库仑定律:

$$\vec{f} = \frac{1}{4\pi\varepsilon_0} \frac{q q_0}{r^3} \vec{r} \tag{3-6}$$

式中,$\vec{f}$ 是电荷 q 作用在电荷 q_0 上的力,$\vec{r}$ 是由 q 至 q_0 的矢径(图 3-1a)。由此可以求得一个点电荷 q(位于 Q 点)在某一观察点 P 的电场强度 $\vec{E}$(图 3-1b)为:

$$\vec{E} = \frac{1}{4\pi\varepsilon_0} \frac{q}{r^3} \vec{r} \tag{3-7}$$

式中,$r = |\vec{r}| = |QP| = \sqrt{(x-\varepsilon)^2 + (y-\eta)^2 + (z-\xi)^2}$。当 q 为正电荷时,$\vec{E}$ 与 $\vec{r}$ 同方向,

当 q 为负电荷时，$\vec{E}$ 与 $\vec{r}$ 反方向。

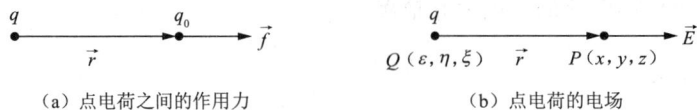

（a）点电荷之间的作用力　　　　（b）点电荷的电场

图 3-1　点电荷电场

基于叠加原理，可以得到复杂电荷分布情况下的电场强度表达式。

（1）多个离散点电荷产生的电场强度为：

$$\vec{E} = \frac{1}{4\pi\varepsilon_0} \sum_{i=1}^{n} \frac{q_i}{r_i^3} \vec{r_i} \tag{3-8}$$

式中 $\vec{r_i}$ 是第 i 个点电荷至观测点的矢径。

（2）体分布电荷产生的电场强度为：

$$\vec{E} = \frac{1}{4\pi\varepsilon_0} \int_V \frac{\rho_q \vec{r}}{r^3} dv \tag{3-9}$$

式中，ρ_q 为电荷体密度，$\vec{r}$ 为场源分布点到观察点 P 的矢径。

（3）面分布电荷产生的电场强度为：

$$\vec{E} = \frac{1}{4\pi\varepsilon_0} \int_s \frac{\sigma_q \vec{r}}{r^3} ds \tag{3-10}$$

式中，σ_q 为电荷面密度，$\vec{r}$ 为场源分布点到观察点 P 的矢径。

（4）线分布电荷产生的电场强度为：

$$\vec{E} = \frac{1}{4\pi\varepsilon_0} \int_L \frac{\gamma_q \vec{r}}{r^3} dl \tag{3-11}$$

式中，γ_q 为电荷线密度，$\vec{r}$ 为场源分布点到观察点 P 的矢径。

3.1.3　静电场的通量和散度

在点电荷场中，对场中任意闭合面求场强度的通量：

$$\Phi = \oint_s \vec{E} \cdot \vec{n} ds = \oint_s \frac{1}{4\pi\varepsilon_0} \frac{q}{r^3} \vec{r} \cdot \vec{n} ds = \frac{q}{4\pi\varepsilon_0} \oint_s \frac{\cos\theta}{r^2} ds = \frac{q}{4\pi\varepsilon_0} \oint_s d\Omega = \frac{q}{\varepsilon_0} \tag{3-12}$$

式中，q 为闭合面 S 内包含的电荷。这就是静电场中的高斯定理。对于体分布来说：

$$\oint_s \vec{E} \cdot \vec{n} ds = \int_V \frac{\rho_q}{\varepsilon_0} dv \tag{3-13}$$

式中，V 为 S 面所包含的体积，因而上式右边的体积分表示 S 面内的总电荷。

根据散度定理 $\int_V \nabla \cdot \vec{E} dv = \oint_s \vec{E} \cdot \vec{n} ds$，可得：

$$\nabla \cdot \vec{E} = \frac{\rho_q}{\varepsilon_0} \tag{3-14}$$

式（3-14）表示的物理意义非常明确，反映了静电场的有源性。但要注意，在静电场中电荷有正负之分。因而，当 $\rho_q > 0$ 时，通量和散度均为正值；当 $\rho_q < 0$ 时，它们都是负值。取正值时，表示场强度的法向分量向外发散；取负值时，表示场强度的法向分量向内汇聚。如果

发散和会聚作用正好抵消，则通量和散度均等于零。这表示无场源区的特性。

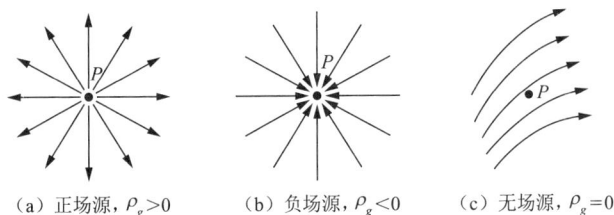

（a）正场源，$\rho_g > 0$　　（b）负场源，$\rho_g < 0$　　（c）无场源，$\rho_g = 0$

图 3-2　静电场的散度

从图 3-2 所示的矢量图中，可以看出由正场源、负场源和无场源所引起的一般性质。场强矢量经过包围场源点 P 的无穷小闭合面上每单位体积的通量即为散度的值。因此，场中某一点的 $\nabla \cdot \vec{E}$ 表示场强度 $\vec{E}$ 从该点发散或向该点汇聚的程度。

3.1.4　静电场的环量和旋度

静电场是一个守恒力场，场力做功与路径无关，或者说，绕一个闭合回路时，场力做功恒等于零。因此，场强度沿任意闭合回路 L 的环量为：

$$\oint_L \vec{E} \cdot \vec{\mathrm{d}l} = 0 \tag{3-15}$$

利用斯托克斯定理，有：

$$\int_S (\nabla \times \vec{E}) \cdot \vec{\mathrm{d}s} = \oint_L \vec{E} \cdot \vec{\mathrm{d}l} = 0 \tag{3-16}$$

由于 L 是任意闭合回路，S 是由它所围成的曲面，因此上述积分成立的条件是：

$$\nabla \times \vec{E} = \vec{0} \tag{3-17}$$

式（3-15）和式（3-17）分别以积分形式和微分形式表明静电场为无旋场。

3.1.5　静电场的势

静电场中某点的电势定义为将单位正电荷由该点移至参考点时电场力做的功。因此，电势是相对的，取决于不同的参考点。

由于场做功与路径无关的特征，将单位正电荷由场中某一 P 点移至 P_0 点时，场力所做的功为：

$$U(P) - U(P_0) = \int_P^{P_0} \vec{E} \cdot \vec{\mathrm{d}l} \tag{3-18}$$

由此可得 P 点的势：

$$U(P) = \int_P^{P_0} \vec{E} \cdot \vec{\mathrm{d}l} + U(P_0) \tag{3-19}$$

通常取 P_0 点在无限远处作为电势零点，即 $U(\infty) = 0$，则有：

$$U(P) = \int_P^{P_0} \vec{E} \cdot \vec{\mathrm{d}l} = \int_P^{\infty} \frac{1}{4\pi\varepsilon_0} \frac{q}{r^3} \vec{r} \cdot \vec{\mathrm{d}l} = \int_P^{\infty} \frac{1}{4\pi\varepsilon_0} \frac{q}{r^2} \mathrm{d}r = \frac{1}{4\pi\varepsilon_0} \frac{q}{r} \tag{3-20}$$

对于体电荷分布，ρ_q 为电荷体密度，则场中某点的电势 U 为：

$$U = \frac{1}{4\pi\varepsilon_0} \int_V \frac{\rho_q \, \mathrm{d}v}{r} \tag{3-21}$$

考虑到电荷分布的多样性,电势零点的选取有以下原则:

(1) 当电荷分布在有限区域时,选择离该区域无限远处作为电势零点。

(2) 在均匀无限的电场中,如无限大均匀带电平面,通常选取通过坐标原点并垂直电场强度方向的平面作为电势零点。

(3) 对于具有轴对称性的电场,如无限长带电直圆柱体产生的电场,可取距中心轴线为单位长度的圆柱面为电势零点。

在场中取两点 A 和 B,可以得到两点之间的电势差 $U_B - U_A$ 为:

$$U_B - U_A = \int_B^\infty \vec{E} \cdot \vec{\mathrm{d}l} - \int_A^\infty \vec{E} \cdot \vec{\mathrm{d}l} = \int_B^A \vec{E} \cdot \vec{\mathrm{d}l} \tag{3-22}$$

当 B 无限靠近 A 时,可得两点之间的电势差为:

$$U_B - U_A = \mathrm{d}U = \int_B^A \vec{E} \cdot \vec{\mathrm{d}l} = -\vec{E} \cdot \vec{\mathrm{d}l} \tag{3-23}$$

根据全微分定义可得:

$$\mathrm{d}U = \frac{\partial U}{\partial x}\mathrm{d}x + \frac{\partial U}{\partial y}\mathrm{d}y + \frac{\partial U}{\partial z}\mathrm{d}z \tag{3-24}$$

而

$$-\vec{E} \cdot \vec{\mathrm{d}l} = -(E_x \vec{i} + E_y \vec{j} + E_z \vec{k}) \cdot (\mathrm{d}x \vec{i} + \mathrm{d}y \vec{j} + \mathrm{d}z \vec{k}) = -(E_x \mathrm{d}x + E_y \mathrm{d}y + E_z \mathrm{d}z) \tag{3-25}$$

因此可以得到:

$$E_x = -\frac{\partial U}{\partial x}, \quad E_y = -\frac{\partial U}{\partial y}, \quad E_z = -\frac{\partial U}{\partial z} \tag{3-26}$$

式中,E_x, E_y, E_z 为 $\vec{E}$ 沿坐标轴的三个分量。因此有:

$$\vec{E} = -\mathrm{grad}U = -\nabla U \tag{3-27}$$

静电场中任意一点的场强度等于该点势的负梯度。因为势的梯度指向势增加最快的方向,而其数值等于沿该方向的空间变化率,所以可以说静电场的场强度等于势降落最快的方向的空间变化率。注意这里的结果和引力场的结果有一个负号的差异。

3.1.6 静电场方程

基于上述得到的电场方程 $\nabla \cdot \vec{E} = \frac{\rho_q}{\varepsilon_0}$ 和 $\vec{E} = -\nabla U$,可进一步得到:

$$\nabla \cdot \vec{E} = \nabla \cdot (-\nabla U) = -\nabla^2 U = \frac{\rho_q}{\varepsilon_0} \tag{3-28}$$

可将电场的两个基本方程归纳为一个泊松方程:

$$\nabla^2 U = -\frac{\rho_q}{\varepsilon_0} \tag{3-29}$$

对电荷分布不存在的区域,泊松方程变为拉普拉斯方程:

$$\nabla^2 U = 0 \tag{3-30}$$

泊松方程是静电场最基本的方程。它表示静电势的二阶微分和电荷密度之间的关系。一般静电问题的解答就是以这个方程为基础的。

以上讨论主要基于真空中的场而言,实际中会有介质存在,因此必须进一步去研究介质中的场,如电介质中的场。

3.2   偶极子场及其特征

两个等量异号的点电荷,当它们之间的距离远小于它们的中心到观测点的距离时,称这一对等量异号电荷为电偶极子。研究电偶极子场在电学和磁学中都是十分重要的。

3.2.1   偶极子的场

设有一对等量异号的电荷 $+q$ 和 $-q$,它们之间的距离为 $\vec{l}$,$\vec{l}$ 的方向是从负电荷指向正电荷(图 3-3)。

在偶极子场中任意 P 点的势 U 为:

$$U = \frac{q}{4\pi\varepsilon_0}\left(\frac{1}{r_1} - \frac{1}{r_2}\right) \tag{3-31}$$

考虑偶极子的定义,$l \ll r$,因此可以近似地得到:

$$r_1 \approx r - \frac{l}{2}\cos\theta, \quad r_2 \approx r + \frac{l}{2}\cos\theta \tag{3-32}$$

图 3-3   偶极子示意图

式中,r 为偶极子中心至 P 点的距离,θ 为 $\vec{r}$ 与 $\vec{l}$ 之间的夹角。因此:

$$U = \frac{q}{4\pi\varepsilon_0}\left(\frac{1}{r_1} - \frac{1}{r_2}\right) = \frac{q}{4\pi\varepsilon_0}\frac{l\cos\theta}{r^2} = \frac{1}{4\pi\varepsilon_0}\frac{q\vec{l}\cdot\vec{r}}{r^3} \tag{3-33}$$

引入一个矢量:

$$\vec{p} = q\vec{l} \tag{3-34}$$

称为偶极子的偶极矩,则:

$$U = \frac{1}{4\pi\varepsilon_0}\frac{\vec{p}\cdot\vec{r}}{r^3} = -\frac{1}{4\pi\varepsilon_0}\vec{p}\cdot\nabla\left(\frac{1}{r}\right) \tag{3-35}$$

式中梯度是对场点的坐标来求取的。由此可知,偶极子场的势与偶极矩成正比,与距离的平方成反比。

若对上式求负梯度,即得偶极子场的场强度:

$$\vec{E} = -\nabla U = -\nabla\left(\frac{1}{4\pi\varepsilon_0}\frac{\vec{p}\cdot\vec{r}}{r^3}\right) = \frac{1}{4\pi\varepsilon_0}\left(\frac{3\vec{p}\cdot\vec{r}}{r^5}\vec{r} - \frac{\vec{p}}{r^3}\right) \tag{3-36}$$

在求梯度时,$\vec{p}$ 为常矢量。

3.2.2   偶层的场

偶层是两个十分靠近、彼此平行的带电面,上面带有数量相等,符号相反的电荷。实际

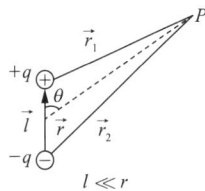

上偶层可以看成无数偶极子沿层排列而成。

假设层面的面荷密度为 σ_q，层厚为 $\vec{l}$，$\vec{l}$ 的方向是由负荷面至正荷面(图 3-4)，并引入一个矢量：

$$\vec{\tau} = \sigma_q \vec{l} \qquad (3\text{-}37)$$

称为偶层的极矩(简称偶层矩)。它的方向沿层面的正法线方向 $\vec{n}$(即 $\vec{l}$ 的方向)。

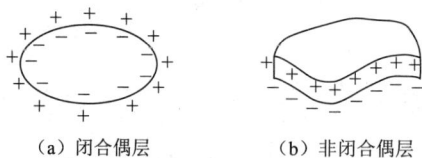

图 3-4　偶层

偶层的势为：

$$U = \frac{1}{4\pi\varepsilon_0}\int_S \sigma_q\left(\frac{1}{r_1} - \frac{1}{r_2}\right)\mathrm{d}s = \frac{1}{4\pi\varepsilon_0}\int_S \frac{\vec{\tau}\cdot\vec{r}}{r^3}\mathrm{d}s \qquad (3\text{-}38)$$

式中，r 为从正负电荷中间一点至 P 点的矢径。由于

$$\frac{\vec{\tau}\cdot\vec{r}}{r^3}\mathrm{d}s = \frac{\tau\cos\theta}{r^2}\mathrm{d}s = \tau\mathrm{d}\Omega \qquad (3\text{-}39)$$

式中，θ 为 $\vec{r}$ 与 $\vec{n}$ 之间的夹角，$\mathrm{d}\Omega$ 是偶层面元 $\mathrm{d}s$ 对 P 点所张的立体角。因为 $\vec{r}$ 的方向是从面积元 $\mathrm{d}s$ 到 P 点，因此如果从 P 点看到偶层面元 $\mathrm{d}s$ 的正面，$\cos\theta$ 是正的，反之则是负的。所以规定：若从 P 点看到偶层面元 $\mathrm{d}s$ 的正面，立体角 $\mathrm{d}\Omega$ 为正，反之为负。这样，式(3-38)可以写成下列形式：

$$U = \frac{1}{4\pi\varepsilon_0}\int_S \tau\mathrm{d}\Omega \qquad (3\text{-}40)$$

当偶层的极矩 $\vec{\tau}$ 为一个常数时，则：

$$U = \frac{1}{4\pi\varepsilon_0}\tau\int_S \mathrm{d}\Omega = \frac{\tau}{4\pi\varepsilon_0}\Omega \qquad (3\text{-}41)$$

式中，Ω 为偶层的面积元对 P 点所张立体角的代数和。均匀偶层在 P 点的势值等于 $\dfrac{\tau}{4\pi\varepsilon_0}$ 和偶层边缘对 P 点所张的立体角(注意正负号)的乘积。

证明任一偶层(闭合或不闭合均可)的势，当经过层面时，发生 $\dfrac{\tau}{\varepsilon_0}$ 的突变。

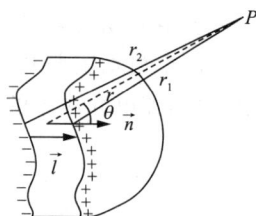

(a) 闭合偶层　　　　(b) 非闭合偶层

图 3-5　偶层示意图

证明：

(1) 闭合偶层(图 3-5a)。

根据立体角的概念可知偶层在某点产生的势等于立体角和 $\dfrac{\tau}{4\pi\varepsilon_0}$ 的乘积。闭合偶层内部一点的势 $U_1 = \dfrac{\tau}{4\pi\varepsilon_0}\cdot\Omega = \dfrac{\tau}{4\pi\varepsilon_0}\cdot(-4\pi)$，外部一点的势 $U_2 = \dfrac{\tau}{4\pi\varepsilon_0}\cdot\Omega = \dfrac{\tau}{4\pi\varepsilon_0}\cdot 0 = 0$，所以：

$$U_2 - U_1 = \frac{\tau}{\varepsilon_0}$$

(2) 非闭合偶层(图 3-5b)。

根据立体角的概念可知偶层在某点产生的势等于立体角和 $\frac{\tau}{4\pi\varepsilon_0}$ 的乘积。非闭合偶层从下方无限接近负电荷层面的某点的电势 $U_1 = \frac{\tau}{4\pi\varepsilon_0} \cdot \Omega = \frac{\tau}{4\pi\varepsilon_0} \cdot (-2\pi)$，从上方无限接近正电荷层面的某点的电势 $U_2 = \frac{\tau}{4\pi\varepsilon_0} \cdot \Omega = \frac{\tau}{4\pi\varepsilon_0} \cdot 2\pi$，所以：

$$U_2 - U_1 = \frac{\tau}{\varepsilon_0}$$

当通过一个偶层矩为 $\vec{\tau}$ 的偶层时，势发生 $\frac{\tau}{\varepsilon_0}$ 的突变，而势的微商 $\frac{\partial U}{\partial n} = -E_n$ 仍然是连续的。

例题 3.1　设有一个均匀圆薄板，厚度为 l，板的两侧带等量异号的电荷 $+\sigma_q$ 和 $-\sigma_q$（图 3-6），求该均匀圆薄板（偶层）轴上一点 $P(z)$ 的场强度和势。

解： 在轴上一点 $P(z)$，由于 $+\sigma_q$ 所产生的势为 $U'(z)$，而由于 $-\sigma_q$ 所产生的势为 $-U'(z+l)$，所以正负电荷（偶层）产生的总势为二者之和，即

$$U = U'(z) - U'(z+l) = -\left[U'(z+l) - U'(z) \right]$$

假设 l 对于 z 来说是很小的，根据函数求增量的概念，有：

图 3-6　圆薄板电场的计算

$$\frac{U}{l} = \frac{U'(z) - U'(z+l)}{l} = -\frac{\mathrm{d}U'(z)}{\mathrm{d}z}$$

考虑 $+\sigma_q$ 面上 r 处宽 $\mathrm{d}r$ 的圆环产生的电势为 $\mathrm{d}U' = \frac{1}{4\pi\varepsilon_0} \frac{\sigma_q 2\pi r \,\mathrm{d}r}{\sqrt{r^2 + z^2}}$

则有：

$$U' = \int \mathrm{d}U' = \int_0^a \frac{1}{4\pi\varepsilon_0} \frac{\sigma_q 2\pi r}{\sqrt{r^2 + z^2}} \mathrm{d}r = \frac{1}{4\pi\varepsilon_0} 2\pi\sigma_q (\sqrt{a^2 + z^2} - \sqrt{z^2})$$

$$U = -l \frac{\mathrm{d}U'}{\mathrm{d}z} = \frac{\sigma_q l}{2\varepsilon_0} \left(\frac{z}{\sqrt{z^2}} - \frac{z}{\sqrt{a^2 + z^2}} \right)$$

并且场强度为：

$$E_z = -\frac{\partial U}{\partial z} = \frac{\sigma_q l}{2\varepsilon_0} \frac{a^2}{(a^2 + z^2)^{3/2}}$$

式中，$\sigma_q l$ 按定义为偶层的极矩 τ。设 σ_q 趋于无限大，l 趋于零，而 $\tau = \sigma_q l$ 仍为有限值。

由上式可知，当沿正负两方面使 $z \to 0$ 时，则有：

$$U_{z+0} = \frac{\tau}{2\varepsilon_0}, \quad U_{z-0} = -\frac{\tau}{2\varepsilon_0}$$

因此当通过此偶层薄板时，场强度变化连续 $\left(E_z = \frac{\tau}{2\varepsilon_0} \cdot \frac{1}{a} \right)$，而势则发生突变：

$$U_{z+0} - U_{z-0} = \frac{\tau}{\varepsilon_0}$$

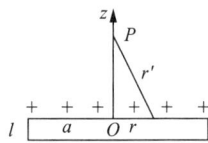

3.3　电介质中的静电场

3.3.1　电介质的定义

在静电场中放置某些物体时,物体内部可能会发生类似电荷分布的现象,产生附加电场,从而改变原来的电场分布,这种现象称为物质极化。因此,电介质被定义为在外加电场中能够发生极化的物质。

电介质由分子组成,而分子又由带正负电荷的粒子(电子和原子核)构成。分子可分为有极分子和无极分子两大类。有极分子指分子的正负电荷中心在无外加电场时不重合,分子存在固有电偶极矩。无极分子指分子的正负电荷中心在无外加电场时重合,不存在固有电偶极矩。

在没有外加电场的情况下,由于分子的不规则运动,有极分子偶极矩取不同的方向,体积内所有分子的偶极矩的矢量和为零,无极分子由于正负电荷中心重合,都处于不带电状态。

3.3.2　介质的极化

介质中的电荷是不会自由运动的,这些电荷称为束缚电荷。当存在外电场作用时,电荷会沿电场方向产生位移,产生极化。

对于有极分子来说,在外电场作用下,偶极矩将不同程度地转向外电场方向,称为取向极化;对于无极分子来说,在外电场作用下,正负电荷中心不再重合,出现了偶极矩,称为位移极化。因此,在外电场作用下,无论是有极分子,还是无极分子,都显示出一定程度的带电性质,称为电介质的极化。极化后电介质产生了一个附加电场,和原来的外电场叠加,而且外电场愈强,附加电场也愈大。

由此可知,极化介质可以视为无数偶极子的组合,极化状态完全由极矩来决定。把单位体积介质内的极矩称为介质的极化强度$\vec{P}$。若介质的极化是不均匀的,那么各点的极化强度不同。在某一点上的极化强度显然应定义为该点上某一体积ΔV内的极矩$\sum \vec{p_i}$和体积元ΔV之比的极限值,即

$$\vec{P} = \lim_{\Delta V \to 0} \frac{\sum \vec{p_i}}{\Delta V} \tag{3-42}$$

在静电场中存在着电介质时,要研究电场的分布,必须将场源电荷分为两类,即自由电荷和束缚电荷。自由电荷就是在电场的影响下能够移动一段宏观距离的电荷(金属和真空中的电子,气体和电解液中的离子等)。束缚电荷就是在电场的作用下不能自由移动,仅能维系在分子内振动,移动微观距离。

3.3.3 极化介质的电势及电位移矢量

设极化介质的体积为 V,表面积是 S,极化强度为 $\vec{P}$,先取一个体积元 $\mathrm{d}v$,可视为偶极子体元,其偶极矩为 $\vec{P}\mathrm{d}v$,它在 r 处产生的电势为:

$$\mathrm{d}U = \frac{1}{4\pi\varepsilon_0} \frac{\vec{P}\mathrm{d}v \cdot \vec{r}}{r^3} \tag{3-43}$$

整个极化介质产生的电势为:

$$U = \int_V \frac{1}{4\pi\varepsilon_0} \frac{\vec{P}\cdot\vec{r}}{r^3} \mathrm{d}v \tag{3-44}$$

上式主要是对源点积分,因为 $\boldsymbol{\nabla}\left(\dfrac{1}{r}\right)\Big|_{\text{源}} = \dfrac{\vec{r}}{r^3}$,所以:

$$U = \int_V \frac{1}{4\pi\varepsilon_0} \vec{P} \cdot \boldsymbol{\nabla}\left(\frac{1}{r}\right) \mathrm{d}v \tag{3-45}$$

根据矢量恒等式 $\boldsymbol{\nabla}\cdot(u\vec{A}) = u\,\boldsymbol{\nabla}\cdot\vec{A} + \boldsymbol{\nabla}u\cdot\vec{A}$,令 $u = \dfrac{1}{r}$,$\vec{A} = \vec{P}$,则上式可进一步写为:

$$U = \frac{1}{4\pi\varepsilon_0}\int_V \boldsymbol{\nabla}\cdot\left[\frac{\vec{P}}{r}\right]\mathrm{d}v + \frac{1}{4\pi\varepsilon_0}\int_V \frac{-\boldsymbol{\nabla}\cdot\vec{P}}{r}\mathrm{d}v$$

$$= \frac{1}{4\pi\varepsilon_0}\oint_S \frac{\vec{P}\cdot\vec{n}}{r}\mathrm{d}s + \frac{1}{4\pi\varepsilon_0}\int_V \frac{-\boldsymbol{\nabla}\cdot\vec{P}}{r}\mathrm{d}v \tag{3-46}$$

与自由电荷产生的电势公式 $U = \dfrac{1}{4\pi\varepsilon_0}\oint_S \dfrac{\sigma_q}{r}\mathrm{d}s + \dfrac{1}{4\pi\varepsilon_0}\int_V \dfrac{\rho_q}{r}\mathrm{d}v$ 相比较,可以看到,其中 $-\boldsymbol{\nabla}\cdot\vec{P}$ 与自由电荷体密度等效,而 $\vec{P}\cdot\vec{n}$ 与自由电荷面密度等效,因此有:

$$\begin{cases} \rho_p = -\boldsymbol{\nabla}\cdot\vec{P} \\ \sigma_p = \vec{P}\cdot\vec{n} \end{cases} \tag{3-47}$$

式中,ρ_p 称为极化电荷体密度,σ_p 称为极化电荷面密度。

在场中存在电介质时,静电场的势显然等于自由电荷产生的势 U_0 和介质中极化电荷(束缚电荷)所产生的势 U' 的和:

$$U = U_0 + U' \tag{3-48}$$

自由电荷产生的势可以用自由电荷的体密度 ρ_q 和面密度 σ_q 来表示,即

$$U_0 = \frac{1}{4\pi\varepsilon_0}\int_V \frac{\rho_q\mathrm{d}v}{r} + \frac{1}{4\pi\varepsilon_0}\int_S \frac{\sigma_q\mathrm{d}s}{r} \tag{3-49}$$

极化电荷(束缚电荷)产生的势由电介质的极化强度 $\vec{P}$ 唯一地确定:

$$U' = \frac{1}{4\pi\varepsilon_0}\int_V \frac{\rho_p\mathrm{d}v}{r} + \frac{1}{4\pi\varepsilon_0}\int_S \frac{\sigma_p\mathrm{d}s}{r} \tag{3-50}$$

式中,$\rho_p = -\boldsymbol{\nabla}\cdot\vec{P}$,$\sigma_p = \vec{P}\cdot\vec{n}$。

总场的势为:

$$U = U_0 + U' = \frac{1}{4\pi\varepsilon_0}\int_V \frac{(\rho_q + \rho_p)\mathrm{d}v}{r} + \frac{1}{4\pi\varepsilon_0}\int_S \frac{(\sigma_q + \sigma_p)\mathrm{d}s}{r} \tag{3-51}$$

势所满足的泊松方程变为:

$$\mathbf{\nabla}^2 U = -\frac{1}{\varepsilon_0}(\rho_q + \rho_p) \tag{3-52}$$

由于

$$\begin{cases} \vec{E} = -\mathbf{\nabla}U \\ \mathbf{\nabla}\cdot\vec{E} = -\mathbf{\nabla}^2 U \end{cases} \tag{3-53}$$

所以:

$$\mathbf{\nabla}\cdot\vec{E} = \frac{1}{\varepsilon_0}\rho_q - \frac{1}{\varepsilon_0}\mathbf{\nabla}\cdot\vec{P} \tag{3-54}$$

即

$$\mathbf{\nabla}\cdot(\varepsilon_0\vec{E} + \vec{P}) = \rho_q \tag{3-55}$$

引入一个新的物理量:

$$\vec{D} = \varepsilon_0\vec{E} + \vec{P} \tag{3-56}$$

则:

$$\mathbf{\nabla}\cdot\vec{D} = \rho_q \tag{3-57}$$

这个矢量 $\vec{D}$ 称为电感应矢量或电位移矢量。电位移矢量不代表一种具体的物理过程（$\vec{E}$ 和 $\vec{P}$ 则与具体的物理过程相联系），引入它的目的主要是为了体现场的散度与自由电荷密度之间的联系。这种联系既不是 $\vec{E}$ 单独所有,也不是 $\vec{P}$ 单独所有,而是 $\varepsilon_0\vec{E} + \vec{P}$ 的整体所有。另外,引入这个矢量能使电介质场的研究大为简化。

显然,电位移矢量 $\vec{D}$ 的源头(指散度)为自由电荷,而极化场 $\vec{P}$ 的源头为极化电荷(束缚电荷)ρ_p。只有 $\vec{E}$ 的源头才与两种电荷有关:

$$\mathbf{\nabla}\cdot\vec{E} = \frac{1}{\varepsilon_0}(\rho_q + \rho_p) \tag{3-58}$$

实验证明,极化强度依赖于电场强度,在大多数情形中,当 $\vec{E} = 0$ 时,$\vec{P} = 0$。在一般情形下,极化强度和电场强度成正比,即

$$\vec{P} = \kappa\varepsilon_0\vec{E} \tag{3-59}$$

式中,κ 为一个大于零的常数,表示介质的特性,叫作介质的电极化率。这样 $\vec{D}$ 和 $\vec{E}$ 的关系变为:

$$\vec{D} = \varepsilon_0\vec{E} + \vec{P} = (1+\kappa)\varepsilon_0\vec{E} \tag{3-60}$$

令 $\varepsilon_r = 1 + \kappa$, $\varepsilon = \varepsilon_r\varepsilon_0$,则式(3-60)变为:

$$\vec{D} = \varepsilon\vec{E} \tag{3-61}$$

ε_r 称为相对介电常数,真空的 ε_r 值取为1。ε 称为介电常数,它的单位与 ε_0 相同。极化强度 $\vec{P}$ 和电场强度 $\vec{E}$ 间的关系变为:

$$\vec{P} = (\varepsilon - \varepsilon_0)\vec{E} \tag{3-62}$$

在各向同性介质中极化率 κ 为一个常数。在各向异性介质中,矢量 $\vec{P}$ 的绝对值,不仅依赖于场强度 $\vec{E}$ 的绝对值,而且还和矢量 $\vec{E}$ 对于介质的晶轴方向有关,因此在各向异性介质中,$\vec{P}$ 和 $\vec{E}$ 间的关系式变为下列形式:

$$\begin{cases} \Gamma_x = \kappa_{11}\varepsilon_0 E_x + \kappa_{12}\varepsilon_0 E_y + \kappa_{13}\varepsilon_0 E_z \\ P_y = \kappa_{21}\varepsilon_0 E_x + \kappa_{22}\varepsilon_0 E_y + \kappa_{23}\varepsilon_0 E_z \\ P_z = \kappa_{31}\varepsilon_0 E_x + \kappa_{32}\varepsilon_0 E_y + \kappa_{33}\varepsilon_0 E_z \end{cases} \tag{3-63}$$

式中，κ_{ij} 为介质的极化率，其值依赖于坐标 x,y,z 轴对于介质晶轴的取向。对于一些具有永久电偶极矩的物质来说，线性关系并不成立。线性关系只是一种简单情况，并非普遍情形。

3.4　电介质场的连续性条件及场方程

3.4.1　电位移矢量的连续性条件

电介质场的基本规律之一是：

$$\boldsymbol{\nabla} \cdot \vec{D} = \rho_q \tag{3-64}$$

基于散度定理 $\displaystyle\int_V \boldsymbol{\nabla} \cdot \vec{A}\, \mathrm{d}v = \oint_S \vec{A} \cdot \vec{\mathrm{d}s}$ 可得：

$$\oint_S \vec{D} \cdot \vec{\mathrm{d}s} = q \tag{3-65}$$

上式是真空静电场的高斯定理在电介质场中的推广，它说明介质场中的一种表里联系，即沿任意闭合面上 $\vec{D}$ 的通量与面内自由电荷的总量相等。注意这里联系的物理量是 $\vec{D}$ 而不是 $\vec{E}$，是自由电荷而不是极化电荷。

为了确定 $\vec{D}$ 在边界面上的连续性，取一个轴向与法向平行，上下两底面无限接近并平行界面的圆柱面（图 3-7），求沿此闭合圆柱面的通量，可得：

$$\int_S \vec{D} \cdot \vec{\mathrm{d}s} = \vec{D}_2 \cdot \vec{n}\Delta s + (-\vec{D}_1 \cdot \vec{n})\Delta s + N_{\text{侧}} = q = \sigma_q \Delta s \tag{3-66}$$

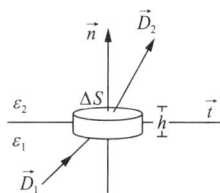

图 3-7　法向分量

式中，σ_q 为面上自由电荷面密度，$N_{\text{侧}}$ 为通过闭合面侧面的通量，当侧面积趋近于零时，$N_{\text{侧}} \to 0$。因此：

$$D_{2n} - D_{1n} = \sigma_q \tag{3-67}$$

当界面上有自由面荷时，$\vec{D}$ 的法向分量是不连续的。

在特殊情况下，如果 $\sigma_q = 0$，即界面上没有自由面荷存在时，则：

$$D_{2n} = D_{1n} \text{ 或 } \varepsilon_2 E_{2n} = \varepsilon_1 E_{1n} \tag{3-68}$$

这就是说，在两种不同介质（$\varepsilon_2 \neq \varepsilon_1$）的不带自由电荷的分界面上，电位移矢量的法向分量是连续的，而电场强度的法向分量却有突变。

上述边界条件也可以用电势的法向导数来表示：

$$\begin{cases} \varepsilon_1 \dfrac{\partial U_1}{\partial n} - \varepsilon_2 \dfrac{\partial U_2}{\partial n} = \sigma_q \quad (\sigma_q \neq 0) \\[2mm] \varepsilon_1 \dfrac{\partial U_1}{\partial n} = \varepsilon_2 \dfrac{\partial U_2}{\partial n} \quad (\sigma_q = 0) \end{cases} \tag{3-69}$$

3.4.2 电场强度的连续性条件

为了确定 $\vec{E}$ 在边界面的连续性,可取一个扁形回路(图 3-8),并计算电场沿此闭合回路的环量,可得:

$$\oint_l \vec{E} \cdot \vec{dl} = (E_{2t} - E_{1t})\Delta l = 0 \tag{3-70}$$

因此:

$$E_{1t} = E_{2t} \text{ 或 } \frac{D_{1t}}{\varepsilon_1} = \frac{D_{2t}}{\varepsilon_2} \tag{3-71}$$

在两种介质的界面上电场强度的切向分量总是连续的,而电位移矢量的切向分量有一突变。

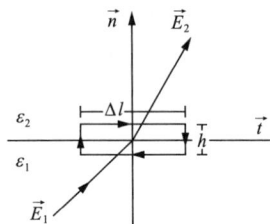

图 3-8 切向分量

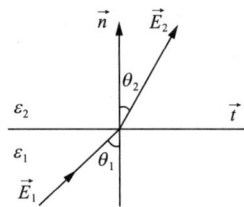

图 3-9 静电场折射定律

3.4.3 静电场折射定律

如图 3-9 所示,设区域 1 和区域 2 内电场线与法向的夹角分别为 θ_1,θ_2,在 $\sigma_q = 0$ 时,由电位移矢量法向分量和场强的切向分量的连续性条件有:

$$\tan \theta_1 = \frac{E_{1t}}{E_{1n}}, \quad \tan \theta_2 = \frac{E_{2t}}{E_{2n}} \tag{3-72}$$

所以:

$$\frac{\tan \theta_1}{\tan \theta_2} = \frac{E_{1t}}{E_{1n}} \frac{E_{2n}}{E_{2t}} = \frac{E_{2n}}{E_{1n}} = \frac{D_{2n}}{\varepsilon_2} \frac{\varepsilon_1}{D_{1n}} = \frac{\varepsilon_1}{\varepsilon_2} \tag{3-73}$$

即

$$\frac{\tan \theta_1}{\tan \theta_2} = \frac{\varepsilon_1}{\varepsilon_2} \tag{3-74}$$

式(3-74)称为分界面处的折射定律,表明电场线在分界面上通常要改变方向。

讨论:导体表面电位移矢量的连续性条件。

在静电平衡的情形下,导体内部的电场强度 $\vec{E}$ 等于零,因而 $\vec{D}$ 也等于零。由上述边界条件可知:在导体的外表面上电场强度 $\vec{E}$(因而 $\vec{D}$ 也是一样)总是和表面垂直的,因此在导体表面上,

$$\vec{D}_2 = \varepsilon_2 \vec{E}_2 = \sigma_q \vec{n} \tag{3-75}$$

式中,$\vec{n}$ 是导体表面的外法线,而 ε_2 是导体表面以外的电介质的介电常数。

3.4.4　电介质的场方程

综合电介质场中的基本方程,可得到方程式组:

$$\begin{cases} \nabla \cdot \vec{D} = \rho_q, & D_{2n} - D_{1n} = \sigma_q \\ \vec{E} = -\nabla U, & E_{2t} - E_{1t} = 0 \\ \vec{D} = \varepsilon\vec{E} \end{cases} \tag{3-76}$$

对于均匀电介质,即整个场中被均匀介质充满时,所满足的泊松方程为:

$$\nabla^2 U = -\frac{\rho_q}{\varepsilon} \tag{3-77}$$

3.4.5　静电场的唯一性定理

式(3-76)可以看出,如果已知电荷密度 ρ_q 和 σ_q 的值及空间每一点的介质常数 ε,并且当 $r \to \infty$ 时,$\vec{E}$ 和 U 均趋于零,就能唯一地确定空间各点的电势 U,从而也能唯一地确定空间各点的 $\vec{E}$ 和 $\vec{D}$ 的值(正演问题)。

现在来证明正演问题有唯一的解。假设对于已给定的 $\varepsilon, \rho_q, \sigma_q$,方程组(3-76)有两个解 $\vec{E}_1, \vec{D}_1, U_1$ 和 $\vec{E}_2, \vec{D}_2, U_2$,将两个解代入式(3-76)中,然后从一组方程减去另一组方程可得:

$$\begin{cases} \vec{E}' = -\nabla U', & \vec{D}' = \varepsilon\vec{E}' \\ \nabla \cdot \vec{D}' = 0, & D'_{2n} - D'_{1n} = 0 \end{cases} \tag{3-78}$$

式中

$$\vec{E}' = \vec{E}_1 - \vec{E}_2, \quad \vec{D}' = \vec{D}_1 - \vec{D}_2, \quad U' = U_1 - U_2 \tag{3-79}$$

因为从式(3-78)可得:

$$\varepsilon\vec{E}'^2 = \vec{D}' \cdot \vec{E}' = \vec{D}' \cdot (-\nabla U') = -\nabla \cdot (\vec{D}'U') + U'\nabla \cdot \vec{D}' = -\nabla \cdot (\vec{D}'U') \tag{3-80}$$

所以对 S 面所包含的任意体积求积分而得:

$$\int_V \varepsilon\vec{E}'^2 \mathrm{d}v = -\int_V \nabla \cdot (\vec{D}'U')\mathrm{d}v = -\oint_S (\vec{D}'U') \cdot \mathrm{d}\vec{s} \tag{3-81}$$

式中面积分是对分界面 S 来求的,因为在整个场中 U' 始终是连续的。现在如果将积分遍及于整个场的体积,$r \to \infty$,则电势趋于零,那么,沿 S 面的积分变为零。因而:

$$\int_V \varepsilon\vec{E}'^2 \mathrm{d}v = 0 \tag{3-82}$$

由此可见,$\vec{E}'$ 必等于零,也就是 $\vec{E}_1 = \vec{E}_2$,这就是证明了方程组(3-76)的解的唯一性。

泊松方程(3-77)和真空中的泊松方程比较相差一个相对介电常数 ε_r。这就是说,在自由电荷分布已给定时,均匀介质场中的电势和电场强度是真空中的电势和电场强度的 $1/\varepsilon_r$。

由此可知,在均匀介质中点电荷的电势和电场强度是:

$$U = \frac{1}{4\pi\varepsilon}\frac{q}{r}, \quad \vec{E} = \frac{1}{4\pi\varepsilon}\frac{q}{r^3}\vec{r} \tag{3-83}$$

这就是所谓推广的库仑定律。平行板电容器充满均匀电介质时,就是一个均匀电介质场的例子。

在均匀介质中,电位移矢量 $\vec{D}$ 为:

$$\vec{D} = \varepsilon\vec{E} = \frac{1}{4\pi}\frac{q}{r^3}\vec{r} \tag{3-84}$$

在均匀介质中,电位移矢量与介电常数无关,完全决定于自由电荷的分布情况。

注意,以上所列均匀介质中的公式,不能应用到非均匀介质的情形中去。非均匀介质中场分布相对复杂。

3.5 静电场的能量

若有一个带电体带有电量 Q,可以设想这一带电状态是通过不断地将微小电量从无限远处移到该物体上来建立的,直到带电体带有电量 Q 为止。在这一过程中,外力不断地克服电场力而做功。按能量守恒定律,外力所做的功转化为带电体的电能。

3.5.1 点电荷系的能量

首先研究两个点电荷组成的电荷系的能量(图 3-10)。假定先把点电荷 q_1 置于 A 点,不论 q_1 从何处移来,移动过程中没有受到电场力作用(不考虑其他外力),不需要对其做功。然后将点电荷 q_2 从无穷远处移至场内 B 点,距 q_1 的距离为 r,这时外力为克服 q_1 场力做的功为:

$$W_{e2} = -\int_{\infty}^{r} q_2\vec{E_1} \cdot \vec{\mathrm{d}l} = \int_{r}^{\infty} q_2 E_1 \cdot \mathrm{d}r = \int_{r}^{\infty} q_2\frac{q_1}{r^2} \cdot \mathrm{d}r = q_2\frac{q_1}{r} = q_2 U_2 \tag{3-85}$$

相反,如果先把点电荷 q_2 置于 B 点,将点电荷 q_1 从无穷远处移动到场内 A 点。在这个过程中,外力为克服 q_2 场力做的功为:

$$W_{e1} = -\int_{\infty}^{r} q_1\vec{E_2} \cdot \vec{\mathrm{d}l} = \int_{r}^{\infty} q_1 E_2 \cdot \mathrm{d}r = \int_{r}^{\infty} q_1\frac{q_2}{r^2} \cdot \mathrm{d}r = q_1\frac{q_2}{r} = q_1 U_1 \tag{3-86}$$

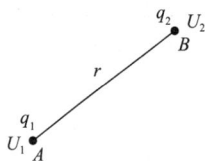

图 3-10 两个点电荷系能量

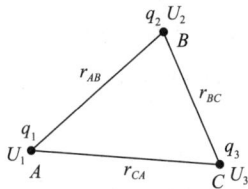

图 3-11 三个点电荷系能量

这说明当 q_1 和 q_2 相距 r 时,该系统的能量可以表示为:

$$W_e = W_{e1} = W_{e2} = \frac{1}{2}q_1\frac{q_2}{r} + \frac{1}{2}q_2\frac{q_1}{r} = \frac{1}{2}q_1 U_1 + \frac{1}{2}q_2 U_2 = \frac{1}{2}W_{e1} + \frac{1}{2}W_{e2} \tag{3-87}$$

式中,U_1 为 q_2 在 q_1 所在点处产生的电势,U_2 为 q_1 在 q_2 所在点处产生的电势。

考虑多点电荷系统(图 3-11),先把点电荷 q_1 置于 A 点,然后将点电荷 q_2 从无穷远处移至场内 B 点,再将点电荷 q_3 从无穷远处移至场内 C 点,该系统的能量可以表示为:

$$W_e = q_2 \frac{q_1}{r_{AB}} + q_3 \left(\frac{q_1}{r_{CA}} + \frac{q_2}{r_{BC}} \right)$$

$$= \frac{1}{2} \left[q_1 \left(\frac{q_2}{r_{AB}} + \frac{q_3}{r_{CA}} \right) + q_2 \left(\frac{q_1}{r_{AB}} + \frac{q_3}{r_{BC}} \right) + q_3 \left(\frac{q_1}{r_{CA}} + \frac{q_2}{r_{BC}} \right) \right]$$

$$= \frac{1}{2} \left[q_1 U_1 + q_2 U_2 + q_3 U_3 \right] \tag{3-88}$$

由此类推，对于有 n 个点电荷的系统，其系统的电场能为：

$$W_e = \sum_{i=1}^{n} \left(\frac{1}{2} q_i U_i \right) \tag{3-89}$$

式中，U_i 表示其他电荷在 q_i 所在处的电势。

如果电荷连续分布，则采用微元法求和得到电荷连续分布的带电体的电场能为：

$$W_e = \frac{1}{2} \int_V U \rho_q \, dv \tag{3-90}$$

如果电荷是面分布的，则其电场能为：

$$W_e = \frac{1}{2} \int_S U \sigma_q \, ds \tag{3-91}$$

如果电荷是线分布的，则其电场能为：

$$W_e = \frac{1}{2} \int_L U \gamma_q \, dl \tag{3-92}$$

从上式可以看出，电荷是静电能的携带者，静电能本质上是电荷之间相互作用的能量。上式的积分域虽然局限于自由电荷分布的空间，但如果将其理解为静电能仅存在于有电荷分布的区域，这是错误的。电荷系一旦形成，电场也随之产生。电场是物质的一种特殊形式，它不仅具有动量，还具有能量。因此，电场能并不局限于电荷系内部，而是分布在整个存在电场的空间中。

3.5.2　静电场的能量和能量密度

为了更好地理解电场能分布在整个存在电场的空间，需要进一步探讨静电场能量的另一个表达式。

考虑到 $\nabla \cdot \vec{D} = \rho_q$，代入式 (3-90) 可得：

$$W_e = \frac{1}{2} \int_V U \rho_q \, dv = \frac{1}{2} \int_V U \, \nabla \cdot \vec{D} \, dv \tag{3-93}$$

根据矢量恒等式 $\nabla \cdot (U\vec{D}) = U \, \nabla \cdot \vec{D} + \vec{D} \cdot \nabla U$，上式可进一步写为：

$$W_e = \frac{1}{2} \int_V \left(\nabla \cdot (U\vec{D}) - \vec{D} \cdot \nabla U \right) dv$$

$$= \frac{1}{2} \int_V \nabla \cdot (U\vec{D}) \, dv - \frac{1}{2} \int_V \vec{D} \cdot \nabla U \, dv \tag{3-94}$$

$$= \frac{1}{2} \oint_S U\vec{D} \cdot \vec{n} \, ds + \frac{1}{2} \int_V \varepsilon \vec{E} \cdot \vec{E} \, dv$$

假设研究整个空间的场，对有限分布的电荷系来说，无限远处 ($r \rightarrow \infty$) 曲面 S 上的电势为零，式 (3-94) 可写为：

$$W_e = \frac{1}{2} \int_V \varepsilon \vec{E} \cdot \vec{E} \, \mathrm{d}v = \int_V \frac{\varepsilon E^2}{2} \, \mathrm{d}v \qquad (3\text{-}95)$$

上式为普遍情况下静电场能量表达式,揭示了静电场的能量分布于电场存在的空间。
单位体积的能量即能量体密度为:

$$w_e = \frac{\varepsilon E^2}{2} = \frac{1}{2} \vec{D} \cdot \vec{E} \qquad (3\text{-}96)$$

例题 3.2 一个均匀带电 Q 的球体,半径为 R,试求其电场储存的能量(图 3-12)。

解: 方法 1:基于 $W_e = \frac{1}{2} \int_V U \rho_q \mathrm{d}v$

当 $r < R$ 时,$E = \dfrac{Qr}{4\pi\varepsilon R^3}$,$U = \dfrac{Q}{4\pi R}\left[\dfrac{1}{2\varepsilon}\left(1 - \dfrac{r^2}{R^2}\right) + \dfrac{1}{\varepsilon_0}\right]$

当 $r \geqslant R$ 时,$E = \dfrac{Q}{4\pi\varepsilon_0 r^2}$,$U = \dfrac{Q}{4\pi\varepsilon_0 r}$

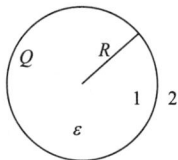

图 3-12 均匀带电球体

$$\begin{aligned} W_e &= \int_V \frac{1}{2} U \rho_q \mathrm{d}v = \int_0^R \frac{1}{2} \frac{Q}{4\pi R}\left[\frac{1}{2\varepsilon}\left(1 - \frac{r^2}{R^2}\right) + \frac{1}{\varepsilon_0}\right] \rho_q \mathrm{d}v \\ &= \int_0^R \frac{Q}{16\pi\varepsilon R} \rho_q \mathrm{d}v - \int_0^R \frac{Qr^2}{16\pi\varepsilon R^3} \rho_q \mathrm{d}v + \int_0^R \frac{Q}{8\pi\varepsilon_0 R} \rho_q \mathrm{d}v \\ &= \int_0^R \frac{Q}{16\pi\varepsilon R} \cdot \rho_q \cdot 4\pi r^2 \mathrm{d}r - \int_0^R \frac{Qr^2}{16\pi\varepsilon R^3} \cdot \rho_q \cdot 4\pi r^2 \mathrm{d}r + \int_0^R \frac{Q}{8\pi\varepsilon_0 R} \cdot \rho_q \cdot 4\pi r^2 \mathrm{d}r \\ &= \frac{Q^2}{16\pi\varepsilon R} - \frac{3Q^2}{80\pi\varepsilon R} + \frac{Q^2}{8\pi\varepsilon_0 R} \\ &= \frac{Q^2}{8\pi R}\left(\frac{1}{5\varepsilon} + \frac{1}{\varepsilon_0}\right) \end{aligned}$$

方法 2:基于 $W_e = \int_V \dfrac{\varepsilon E^2}{2} \mathrm{d}v$

球体内部 $\qquad W_{e1} = \int_V \dfrac{\varepsilon E^2}{2} \mathrm{d}v = \int_0^R \dfrac{\varepsilon}{2}\left(\dfrac{Qr}{4\pi\varepsilon R^3}\right)^2 \cdot 4\pi r^2 \mathrm{d}r = \dfrac{Q^2}{40\pi\varepsilon R}$

球体外部 $\qquad W_{e2} = \int_V \dfrac{\varepsilon E^2}{2} \mathrm{d}v = \int_R^{\boldsymbol{\nabla}} \dfrac{\varepsilon_0}{2}\left(\dfrac{Q}{4\pi\varepsilon_0 r^2}\right)^2 \cdot 4\pi r^2 \mathrm{d}r = \dfrac{Q^2}{8\pi\varepsilon_0 R}$

总静电能 $\qquad W_e = W_{e1} + W_{e2} = \dfrac{Q^2}{40\pi\varepsilon R} + \dfrac{Q^2}{8\pi\varepsilon_0 R} = \dfrac{Q^2}{8\pi R}\left(\dfrac{1}{5\varepsilon} + \dfrac{1}{\varepsilon_0}\right)$

3.6 稳定电流场

上述各节讨论了真空中和电介质中的静电场。如果电荷在电场的作用下作宏观运动,会形成电流。接下来研究稳定电流场的基本规律和电流稳定的条件等问题。

3.6.1 电流密度与电场之间的关系

在导电介质中,带电粒子(自由电子或电解液中离子等)在电场的作用下,作定向宏观运动而形成电流。通常用电流密度和电流强度来描述电流的性质(图 3-13)。

电流密度$\vec{j}$定义为:单位时间通过与该点电场强度方向垂直的单位面积的电流。电流密度方向与该点电场强度方向相同。

$$\vec{j} = \frac{\mathrm{d}I}{\mathrm{d}s}\vec{n} = \frac{\mathrm{d}I}{\mathrm{d}s\cos\alpha}\vec{n} \tag{3-97}$$

电流强度 I 定义为:单位时间通过导体上任一横截面的电荷量。

$$I = \frac{\mathrm{d}q}{\mathrm{d}t} = \int_s \vec{j} \cdot \vec{\mathrm{d}s} \tag{3-98}$$

稳定电流的基本定律之一是欧姆定律,它是实验的结果。对于一根细长导线来说,电流通过一段导线(图 3-14)的欧姆定律为:

$$IR = U_1 - U_2 = \int_1^2 \vec{E} \cdot \vec{\mathrm{d}l} \tag{3-99}$$

式中,I 是导线中的电流强度,即导线截面上单位时间内通过的电量;R 是这一段导线的电阻;U_1 和 U_2 是这一区段始端 1 和末端 2 的电势($U_1 > U_2$);$\vec{E}$ 是导线中的电场强度。因为导线很细,可以假定$\vec{E}$在导线横截面内为一个常量。

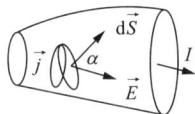

图 3-13　电流密度和电流强度

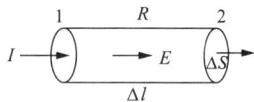

图 3-14　欧姆定律

小圆柱体两端面电势差 $\Delta U = \Delta I \cdot R = E \cdot \Delta l$,电流强度 $\Delta I = j\,\Delta s$,电阻为 $R = \rho\dfrac{\Delta l}{\Delta s}$,$\rho$ 为电阻率,$\sigma = 1/\rho$ 为电导率。综合可得:

$$j = \sigma E \quad (\sigma = 1/\rho) \tag{3-100}$$

写成矢量形式:

$$\vec{j} = \sigma\vec{E} = \frac{1}{\rho}\vec{E} \tag{3-101}$$

式(3-101)为欧姆定律的微分形式,适用于任何形状的不均匀导电体。它表明在导电介质中电场强度的存在是形成电流的原因,并且任一点的电流密度值正比于该点的电场强度值。如果介质是均匀各向同性的,电导率 σ 为常数,电流密度和电场强度方向一致。

3.6.2　电流连续性方程

在电流场中沿闭合面 S 的积分 $\oint_s \vec{j} \cdot \vec{\mathrm{d}s}$ 应该等于通过该面的各个面元 $\vec{\mathrm{d}s}$ 的电流强度的代数和,也应该等于单位时间从 S 面所包含的体积 V 中流出的电量($\vec{n}$ 是 S 的外法线)。按照电量守恒定律,电荷既不能无中生有,也不能凭空消失,它只能在空间中移动或重新分配。因此,每秒流出体积 V 的电量应该等于 $-\dfrac{\mathrm{d}q}{\mathrm{d}t}$,也等于在同一时间中这一体积内部电荷 q 的减少量。由此可以得到:

$$\oint_s \vec{j} \cdot \vec{\mathrm{d}s} = -\frac{\mathrm{d}q}{\mathrm{d}t} \tag{3-102}$$

这个方程叫作连续性方程,它是电量守恒的表示式。

为了求得连续性方程的微分式,应用高斯定理将式(3-102)作如下变换:

$$\oint_s \overrightarrow{j} \cdot \overrightarrow{ds} = \int_V \mathbf{\nabla} \cdot \overrightarrow{j} \, dv \tag{3-103}$$

这里假设 S 面所包围的体积 V 中,既没有面电荷,也没有电流密度 $\overrightarrow{j}$ 的突变面(如不同介质的分界面),并且面内总电荷 q 为:

$$q = \int_V \rho_q \, dv \tag{3-104}$$

式中,ρ_q 为电荷的体密度。所以代入式(3-102)即有:

$$\int_V \mathbf{\nabla} \cdot \overrightarrow{j} \, dv = \oint_s \overrightarrow{j} \cdot \overrightarrow{ds} = -\frac{d}{dt} \int_V \rho_q \, dv \tag{3-105}$$

因时间自变量 t 与空间自变量 x,y,z 等各为独立变量,所以上式右端对 t 的微分运算和对空间变量的积分运算可以调换次序,因此:

$$\int_V \mathbf{\nabla} \cdot \overrightarrow{j} \, dv = \int_V \left(-\frac{d\rho_q}{dt} \right) dv \tag{3-106}$$

上式对空间的任一部分域都是成立的,而且 V 是任意的,因而两个被积函数必在空间内所有点都相等,即

$$\mathbf{\nabla} \cdot \overrightarrow{j} = -\frac{d\rho_q}{dt} \tag{3-107}$$

这就是连续性方程的微分形式,它的意义是:在电流密度连续的区域内,任何一点的电流密度的体散度等于该点电荷密度随时间减少的变化率。

如果导体中的电流是稳定的,即电流密度 $\overrightarrow{j}$ 不随时间变化,那么导体中各点的电场强度 $\overrightarrow{E}$ 也必须保持不随时间变化。然而,只有当空间(包括导电介质内部)的电荷分布不随时间变化时,电场才是稳定的。因此,电流场稳定的条件是空间各点的电荷密度与时间无关,即在任何点:

$$\frac{d\rho_q}{dt} = 0 \tag{3-108}$$

显然在某一区域的电荷总和也是不随时间改变的,即 $\dfrac{dq}{dt} = 0$。

根据上述稳定条件,连续性方程变为:

$$\oint_s \overrightarrow{j} \cdot \overrightarrow{ds} = 0 \tag{3-109}$$

及其微分式为:

$$\mathbf{\nabla} \cdot \overrightarrow{j} = 0 \tag{3-110}$$

在稳定电流的情况下,空间任意点的电流密度的散度恒等于零,或者说,通过任意闭合面的电流密度的通量等于零。这意味着,在稳定情况下,电流密度 $\overrightarrow{j}$ 这个矢量场是一个无源场。由此可以得出一个重要结论:稳定电流是闭合的,即电流线既没有起点,也没有终点。如果电流线存在起点或终点,那么在该点就会不断积累正电荷或负电荷,从而导致电荷分布随时间变化,电场也不再稳定。

3.6.3　稳定电流场的势及场方程

在稳定电流场中,电荷在空间的分布必须保持稳定,即不随时间变化。因为如果电荷分布发生任何变化,电场强度也会不可避免地发生相应变化,从而导致电流不再稳定。如果电荷分布保持稳定不变,那么它们产生的电场应该类似于静电场。尽管由于电流的存在,空间中某一点的电荷会被其他电荷动态替代,但由于电荷密度保持不变(有电源不断补充能量),这种动态平衡不会导致电场强度的改变。因此,稳定电流场与静电场一样,也是一个势场。所以:

$$\vec{E} = -\operatorname{grad}U = -\nabla U \tag{3-111}$$

在均匀导电介质的稳定电流场中,电导率 σ 为常数,

$$\nabla \cdot \vec{j} = \nabla \cdot (\sigma \vec{E}) = \sigma \nabla \cdot \vec{E} = 0 \tag{3-112}$$

所以:

$$\nabla \cdot \vec{E} = 0 \tag{3-113}$$

则:

$$\nabla \cdot \vec{E} = \nabla \cdot (-\nabla U) = 0 \Rightarrow \nabla^2 U = 0 \tag{3-114}$$

结论:在均匀导电介质中,稳定电流场中的势满足拉普拉斯方程,均匀导电体内部无电荷密度分布。

在非均匀导电介质中,电导率 σ 为变量,

$$\nabla \cdot \vec{j} = \nabla \cdot (\sigma \vec{E}) = 0 \tag{3-115}$$

则:

$$\nabla \cdot (\sigma \vec{E}) = \sigma \nabla \cdot \vec{E} + \vec{E} \cdot \nabla \sigma = 0 \tag{3-116}$$

所以:

$$\nabla \cdot \vec{E} = -\frac{1}{\sigma} \vec{E} \cdot \nabla \sigma = -\frac{1}{\sigma^2} \vec{j} \cdot \nabla \sigma = \vec{j} \cdot \nabla\left(\frac{1}{\sigma}\right) \tag{3-117}$$

式(3-117)表明在稳定电流场中,电场强度矢量是有源场,其源在 $\nabla\left(\frac{1}{\sigma}\right) \neq 0$ 的地方,即在不均匀的导电介质内部以及不同电导率介质的分界面处。这主要是由于在外部电场的作用下,导体内部产生的电荷分布发生变化,导致导体内部或分界面出现"电荷积累"的现象。通常称这些"源"为"感应电荷"。

将式(3-117)和静电场场强度(忽略导电介质的极化作用)的散度公式 $\nabla \cdot \vec{E} = \frac{\rho_q}{\varepsilon_0}$ 比较,可得:

$$\frac{1}{\varepsilon_0}\rho_{in} = \vec{j} \cdot \nabla\left(\frac{1}{\sigma}\right) \tag{3-118}$$

所以感应电荷的体电荷密度 ρ_{in} 为:

$$\rho_{in} = \varepsilon_0 \vec{j} \cdot \nabla\left(\frac{1}{\sigma}\right) \tag{3-119}$$

由此可见,在稳定电流经过的不均匀导电介质中,其内部有体电荷密度存在。同时可以看出在均匀导电介质中,即电导率 σ 等于常量时,$\rho_{in} = 0$。

3.7　电流场中的连续条件

在静电场中,利用场的连续性条件可以确定静电问题解答的唯一性。同样,在研究导电介质中的电流场时,也需要借助场的连续性条件来确定电流场问题解答的唯一性。因此,研究电流场中的连续性条件是非常重要的。

3.7.1　电流密度的连续性条件

在两种电导率不同的导电介质的分界面 S 附近作一条法线 $\vec{n}$,其方向自第一介质指向第二介质(图 3-15),可以证明,电流密度矢量 $\vec{j}$,当经过界面时其法向分量的连续性方程为:

$$j_{2n} - j_{1n} = -\frac{\partial \sigma_q}{\partial t} \qquad (3\text{-}120)$$

式中,σ_q 为 S 面上的面荷密度,j_{1n} 为 S 面一侧附近点的电流密度 $\vec{j_1}$ 沿 $\vec{n}$ 方向的分量,j_{2n} 为 S 面二侧附近点的电流密度 $\vec{j_2}$ 沿 $\vec{n}$ 方向的分量。

为了证明上式,在 S 面上作一个小圆柱封闭面,使其底与 S 面上元面积 Δs 平行,柱面的高度为 Δl。然后将连续性方程运用到这个圆柱闭合面上。因 Δs 可取得充分小,使圆柱底面范围内 $\vec{j}$ 的变化不大,可以看成常量,因而由连续性方程有:

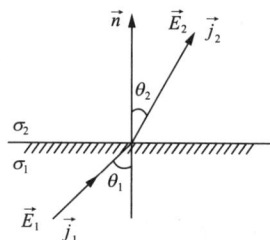

図 3-15　电流法向连续性

$$\oint_S \vec{j} \cdot \vec{\mathrm{d}s} = (j_{2n} - j_{1n})\Delta s + N' = -\frac{\partial \sigma_q}{\partial t}\Delta s \qquad (3\text{-}121)$$

式中,N' 表示通过圆柱侧面的电流密度通量。显然当 $\Delta l \to 0$(也就是侧面积趋于零)时,$N' \to 0$,因而:

$$j_{2n} - j_{1n} = -\frac{\partial \sigma_q}{\partial t} \qquad (3\text{-}122)$$

显然,在稳定电流的情况下,由于 $\frac{\partial \sigma_q}{\partial t} = 0$,所以:

$$j_{2n} = j_{1n} \qquad (3\text{-}123)$$

即在界面的两侧,稳定电流密度的法向分量是连续的。

3.7.2　电流场中的界面感应电荷

由电流密度与场强度之间的关系可知:

$$j_{1n} = \sigma_1 E_{1n}, \quad j_{2n} = \sigma_2 E_{2n} \qquad (3\text{-}124)$$

其中 σ_1 和 σ_2 分别为分界面两侧的电导率,代入式(3-123)就会得到:

$$\sigma_1 E_{1n} = \sigma_2 E_{2n} \qquad (3\text{-}125)$$

由于

$$E_{1n} = -\left(\frac{\partial U}{\partial n}\right)_1, \quad E_{2n} = -\left(\frac{\partial U}{\partial n}\right)_2 \tag{3-126}$$

所以上式可写成下列形式：

$$\sigma_1\left(\frac{\partial U}{\partial n}\right)_1 = \sigma_2\left(\frac{\partial U}{\partial n}\right)_2 \tag{3-127}$$

上式表明，在电导率不同的两种介质分界面处，场强的法向分量（势的法向微分）具有不连续性。由于稳定的电流场是由稳定的电荷分布产生的，因此在这种稳定情况下，E_n 的不连续性必然是由某种电荷分布引起的。根据静电场中电场法向分量的连续性 $E_{2n} - E_{1n} = \frac{\sigma_q}{\varepsilon_0}$ 可知，这种不连续性表现为在介质界面上出现"面电荷积累"现象，其感应电荷面密度为：

$$\sigma_{in} = \varepsilon_0(E_{2n} - E_{1n}) \tag{3-128}$$

将 $E_{2n} = \frac{j_{2n}}{\sigma_2}$ 和 $E_{1n} = \frac{j_{1n}}{\sigma_1}$ 代入，并运用 $j_{2n} = j_{1n}$，即得：

$$\sigma_{in} = \varepsilon_0 j_n\left(\frac{1}{\sigma_2} - \frac{1}{\sigma_1}\right) = \varepsilon_0 j_n(\rho_2 - \rho_1) \tag{3-129}$$

在稳定情况下，不同导电介质界面处的面电荷分布密度与界面两侧导电介质的电导率 σ 的倒数（即电阻率 ρ）的差成正比，同时也与电流密度的法向分量成正比。

3.7.3　电流线的折射定律

通过界面时，场强的法向分量虽然不连续，但是场强的切向分量则有和静电场一样的连续性，即

$$E_{1t} = E_{2t} \tag{3-130}$$

若将式（3-125）和式（3-130）两式相除，即得电流跨过不同导电介质的界面时的折射定律：

$$\frac{\tan\theta_1}{\tan\theta_2} = \frac{\sigma_1}{\sigma_2} \tag{3-131}$$

式中，θ_1 和 θ_2 分别为第一介质和第二介质中电流线与分界面法线 $\vec{n}$ 之间的夹角（图3-15）。由此可见，导电介质的电导率越大，电流线的折射角就越大，因此电流线会远离界面的法线。在导体与绝缘体的分界面上，由于绝缘体一侧 j_n 等于零，由 j_n 的连续性可知，在导体的一面 j_n 也应该等于零。这意味着，在这种分界面上，如果导体中存在电流，那么电流只能沿着导体表面流动。

3.8　势场的特性及连续性条件

静电场和稳定电流场都是势场。一般来说，只要知道场中每一点的电荷分布和极化状态，就可以计算出场中任意一点的势。但是，实际情况并非如此简单。通常，我们并不知道每一点的电荷分布，而是知道某些边界值，如导体表面的势或总电荷，和无限远处的条件。通过这些边界条件，可以求得问题的全部解答，甚至导体表面的电荷分布和电介质极化情况

都可由满足不连续表面的边界条件来确定,因此势场问题又被称为边值问题。

总结一下电势 U 所具有的特征和必须满足的连续性(边界)条件。假设介质为各向同性并且分区均匀(仅在不连续的界面上呈现出不均匀性)。

(1)在电荷不存在的区域,势满足拉普拉斯方程:

$$\mathbf{\nabla}^2 U = 0 \tag{3-132}$$

(2)势处处连续(甚至在导体和电介质表面),但在通过偶层时具有 $\dfrac{\tau}{\varepsilon_0}$ 的突变。

$$U_{+\text{侧}} - U_{-\text{侧}} = \frac{\tau}{\varepsilon_0} \tag{3-133}$$

(3)势处处有限(作为场源的点电荷处除外)。

(4)在电介质分界面上(正法线 $\vec{n}$ 从 1 至 2):

$$D_{2n} - D_{1n} = \sigma_q \tag{3-134}$$

即

$$\left(-\varepsilon_2 \frac{\partial U_2}{\partial n}\right) - \left(-\varepsilon_1 \frac{\partial U_1}{\partial n}\right) = \sigma_q \tag{3-135}$$

如果电介质分界面无自由面荷($\sigma_q = 0$),则:

$$\varepsilon_1 \frac{\partial U_1}{\partial n} - \varepsilon_2 \frac{\partial U_2}{\partial n} = 0 \tag{3-136}$$

(5)在导体与电介质分界面上(正法线 $\vec{n}$ 从导体指向电介质):

$$\varepsilon \frac{\partial U}{\partial n} = -\sigma_q \tag{3-137}$$

(6)在导体表面上,势为一个已知常数 U 或总电荷为已知常数 q。

(7)对于均匀电介质,存在自由电荷分布,则:

$$\int_s \varepsilon \frac{\partial U}{\partial n} \mathrm{d}s = -q \tag{3-138}$$

(8)距场源无限远处:

$$U = 0 \tag{3-139}$$

静电场和稳定电流场的解答,就是寻求拉普拉斯方程的所有可能解。

可以证明,在满足某些边界条件的情况下,势场的解具有唯一性。唯一性定理表述如下:如果在所研究的区域内,自由电荷的分布已确定,并且边界 S 面上的电势或其法线微分为已知,则在该区域内满足泊松方程或拉普拉斯方程求解得到的势是唯一的(或相差一个常数)。

3.9　势场的求解方法

3.9.1　电像法

电像法是一种将场中某种极化电荷或感应电荷替代为和它满足同一拉普拉斯方程(在空间某一区域内)以及同样边界条件的点电荷(这种虚构电荷称为电像)的方法,然后通过计算这些点电荷产生的场来求解问题。根据唯一性定理，满足同一拉普拉斯方程并具有相同边界条件的势函数（以及场强）具有唯一解。因此，用这些虚构点电荷计算出的场，与它们所替代的极化电荷或感应电荷实际产生的势在满足上述边界条件的区域内是完全一致的。

例如，当一个导体处于点电荷的电场中时，由于静电感应，导体表面会产生感应电荷。无论这些感应电荷如何分布，导体表面的电势都是处处相等的。导体表面作为场中的一个边界，其电势值是决定势函数的重要条件。我们可以利用某些电势的等势面来代替导体面，并将导体上的感应面电荷替换为虚构的电荷。替换后，导体表面所在的位置成为原电荷与虚构电荷共同产生的电场的等势面，其电势值与导体表面的电势相等，从而满足相同的边界条件。这样，原本需要计算点电荷与导体表面感应电荷的电势和电场的问题，就转化为计算点电荷与电像电荷产生的电势和电场的问题。

这种方法之所以称为电像法，是因为导体（或电介质）表面就像一面镜子，电像电荷相当于原电荷的像。这种方法的可行性基于拉普拉斯方程和泊松方程在相同边界条件下解的唯一性。在导体（或电介质）以外的空间中，电势和电场在替换前后满足的边界条件相同，因此其解也必然相同。

应用电像法时，需要解决以下问题：像电荷应设置在何处？需要设置多少个像电荷？每个像电荷的大小和符号如何确定？因此，在应用电像法时，需要注意以下几个原则：

（1）像电荷必须设置在研究区域之外，这样才不会改变原电场所满足的微分方程。

（2）像电荷的位置、数量和大小应以满足原边界条件为准则。

（3）设置像电荷后，计算区域视为均匀全空间的一部分，其电场由区域内的实际电荷和区域外的像电荷共同产生。

例题 3.3　　一个无限大接地平面导体放于介电常数为 ε 的电介质中，在导体上方，距导体面为 h 处放有一个点电荷 q（图 3-16）。试求此电荷和导体平面上感应电荷所产生的场的势的分布及面上的电荷密度。

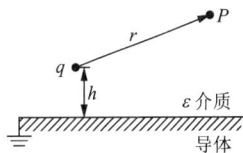

图 3-16　点电荷和无限大导体平面

解：导体平面上方的电场是由点电荷 q 和导体表面的感应电荷共同产生。但感应电荷分布非均匀，且未知，所以直接求解困难。

在上半空间（$z > 0$），除 q 点外各处都没有电荷分布，所以除该点外其他各点的电势 U 都满足拉普拉斯方程，并且由于导体平面接地，所以 U 在导体面上，即在 $z = 0$ 平面上的值为零，因此有：

在导体上方，$\nabla^2 U = 0$（除点电荷所在位置）；在导体表面处，$U|_{z=0} = 0$。

现在用电像法来解决这个问题。由于 q 的存在使导体平面上出现感应电荷，上半空间的电场就是由这个点电荷和感应电荷共同产生的。设在导体下方与点电荷对称的位置处有一点电荷 q'（像电荷），用该像电荷代替导体上的感应电荷，即引入 q' 后，就像把导体平面抽走一样，用两点电荷的场叠加计算。因此用一个处于镜像位置的点电荷 q' 代替边界的影响，使整个空间变成均匀的介电常数为 ε 的空间，则空间任一点 P 的电势由 q 及 q' 共同产生（图 3-17），即

$$U = \frac{1}{4\pi\varepsilon}\frac{q}{r} + \frac{1}{4\pi\varepsilon}\frac{q'}{r'}$$

式中，$r = \sqrt{x^2 + y^2 + (z-h)^2}$，$r' = \sqrt{x^2 + y^2 + (z+h)^2}$（$z > 0$）。

显然要使这个势满足上述边界条件,即在 $z=0$ 平面上(或 $r=r'$),U 的值等于 0,即

$$U\mid_{z=0}=\frac{1}{4\pi\varepsilon}\frac{q}{r}+\frac{1}{4\pi\varepsilon}\frac{q'}{r'}=0$$

求解可得:

$$q'=-q$$

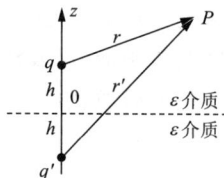

图 3-17 原点电荷和像电荷示意图

该解说明像电荷 q' 与原点电荷 q 电量相等,但电性相反;q' 的作用代替了导体上的感应电荷。

于是求得了上半空间($z>0$)的势为:

$$U=\frac{q}{4\pi\varepsilon}\left(\frac{1}{r}-\frac{1}{r'}\right)$$

现在于 $z=0$ 平面处放一无限大的导体平面,并把它接地,使它的电势等于 0。然后把电像的电荷 $-q$ 转移至导体平面上,则平面下半空间的场消失,而上半空间的场保持不变。这是因为在上半空间中,场的边界条件和两点电荷 q 和 $-q$ 在同一区域内所产生的场的边界条件是完全相同的。

根据场强与电势关系 $\vec{E}=-\nabla U$,求得上半空间场强为:

$$E_x=\frac{qx}{4\pi\varepsilon}\left(\frac{1}{r^3}-\frac{1}{r'^3}\right),\quad E_y=\frac{qy}{4\pi\varepsilon}\left(\frac{1}{r^3}-\frac{1}{r'^3}\right),\quad E_z=\frac{q}{4\pi\varepsilon}\left(\frac{z-h}{r^3}-\frac{z+h}{r'^3}\right)$$

由电场强度与导体表面的电荷面密度关系:

$$\sigma_{in}=\varepsilon E_z\mid_{z=0}$$

可得导体表面的感应电荷面密度:

$$\sigma_{in}=-\frac{1}{2\pi}\frac{qh}{(x^2+y^2+h^2)^{3/2}}$$

导体表面总的感应电荷为:

$$q_{in}\mid_{z=0}=\int\sigma_{in}\mathrm{d}S=-\frac{qh}{2\pi}\int_0^\infty\frac{2\pi r\,\mathrm{d}r}{(r^2+h^2)^{3/2}}=-\frac{qh}{2\pi}\left(-\frac{2\pi}{\sqrt{r^2+h^2}}\right)\Bigg|_0^\infty=-q$$

感应电荷 σ_{in} 的分布如图 3-18 所示,从感应电荷面密度可以直接计算导体平面上的总感应电荷等于 $-q$,与像电荷的电量完全相同。

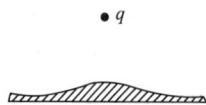

图 3-18 感应电荷分布

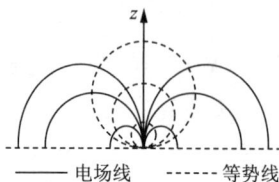

—— 电场线 ----- 等势线

图 3-19 电场线和等势线

电场线与等势面的分布特性与本章第二节所述的电偶极子的上半部分完全相同。由此可见,电场线处处垂直于导体平面,而零电势面与导体表面吻合。

例题 3.4 设两种介电常数分别为 ε_1 和 ε_2 的介质充填于 $z<0$ 及 $z>0$ 的空间中,在介质 2 空间中坐标 $(0,0,h)$ 处有一个点电荷 q,如图 3-20 所示,求空间各点的电势。

分析:在求解下半空间的电势 U_1 时,可以设想将上半空间的介质(ε_2)替换为与下半空

间相同的介质(ε_1),并用一个想象的电荷(电像)q''来代替电荷q和S面上的束缚电荷对下半空间电场的影响(图 3-21b)。现在的问题是,能否找到一个合适的电像q'',使得它在下半空间内产生的电场与原来的电荷q以及S面上的束缚电荷在同一空间内产生的电场相同。换句话说,能否找到这样一个q,使得它在下半空间内计算出的电势满足拉普拉斯方程和边界条件。

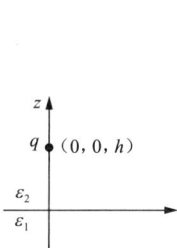

图 3-20　点电荷在双层介质中

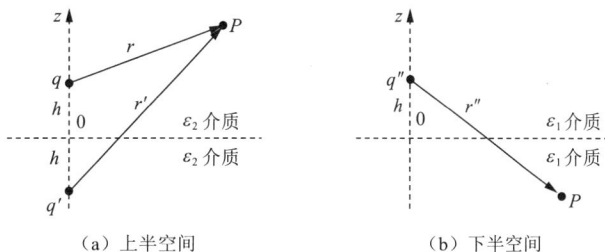

（a）上半空间　　　　　（b）下半空间

图 3-21　像电荷分布

在求上半空间的势U_2时,设想将下半空间的介质(ε_1)换成和上半空间的介质(ε_2),而以想象的电荷q'(电像)来代替S面上的束缚电荷对上半空间的影响(图 3-21a)。现在的问题是:能否找到这样一个适当的电像q',使得它在上半空间内产生的电场和原来S面上的束缚电荷在上半空间内产生的电场相同。也就是说,能否找到这样一个q',使得由它和q在上半空间计算出来的势函数U_2满足拉普拉斯方程和边界条件。

如果这两个问题能够解决,并且能够计算出预期的q''和q',那么就可以分别计算出下半空间和上半空间的势函数。

因此,为了求解上半空间的场可用镜像电荷q'等效边界上束缚电荷的作用,将整个空间变为介电常数为ε_2的均匀空间。对于下半空间,可用位于原点电荷处的q''等效原来的点电荷q与边界上束缚电荷的共同作用,将整个空间变为介电常数为ε_1的均匀空间。

解:对于上半空间,可用镜像电荷等效边界上束缚电荷的作用,则上半空间电势为:

$$U_2 = \frac{1}{4\pi\varepsilon_2}\left(\frac{q}{r} + \frac{q'}{r'}\right)$$

其中:$r = \sqrt{x^2 + y^2 + (z-h)^2}$,$r' = \sqrt{x^2 + y^2 + (z+h)^2}$ $(z \geqslant 0)$

对于下半空间,可用位于原点电荷处的q''等效原来的点电荷q与边界上束缚电荷的共同作用,则下半空间电势为:

$$U_1 = \frac{1}{4\pi\varepsilon_1}\frac{q''}{r''}$$

其中:$r'' = \sqrt{x^2 + y^2 + (z-h)^2}$ $(z \leqslant 0)$

考虑边界条件

① 当$r, r'' \to \infty$时,$U_1 = 0, U_2 = 0$,自然满足

② 当$z = 0$时,$U_1|_{z=0} = U_2|_{z=0}$,可以推出$\dfrac{q''}{\varepsilon_1} = \dfrac{q}{\varepsilon_2} + \dfrac{q'}{\varepsilon_2}$

③ 当$z = 0$时,$D_{2n}|_{z=0} - D_{1n}|_{z=0} = \sigma_q = 0$,则有:

$$\varepsilon_1\left(-\frac{\partial U_1}{\partial z}\right)\bigg|_{z=0} = \varepsilon_2\left(-\frac{\partial U_2}{\partial z}\right)\bigg|_{z=0}$$

解得$q'' = q - q'$。结合边界条件②,求解可得:

$$q' = \frac{\varepsilon_2 - \varepsilon_1}{\varepsilon_2 + \varepsilon_1} q, \quad q'' = \frac{2\varepsilon_1}{\varepsilon_2 + \varepsilon_1} q = \left(1 - \frac{\varepsilon_2 - \varepsilon_1}{\varepsilon_2 + \varepsilon_1}\right) q$$

令

$$k_{21} = \frac{\varepsilon_2 - \varepsilon_1}{\varepsilon_2 + \varepsilon_1}$$

称为介质的反射系数,其绝对值小于1。反射系数的大小表明点电荷的电像与它的大小之间的关系,其值由两半空间的介电常数的值来确定。

则像电荷可表示为:

$$q' = k_{21} q, \quad q'' = (1 - k_{21}) q$$

所以最终整个空间的电势为:

$$\begin{cases} U_1 = \frac{1}{4\pi\varepsilon_1} \frac{(1 - k_{21}) q}{r''} & (z \leqslant 0) \\ U_2 = \frac{1}{4\pi\varepsilon_2} \left(\frac{q}{r} + \frac{k_{21} q}{r'}\right) & (z \geqslant 0) \end{cases}$$

又因为 $\vec{E} = -\nabla U = -\frac{\partial U}{\partial R} \vec{R}^0$,所以空间中场强为:

$$\begin{cases} \vec{E}_1 = -\nabla U_1 = \frac{1}{4\pi\varepsilon_1} \frac{(1 - k_{21}) q}{r''^3} \vec{r''} & (z \leqslant 0) \\ \vec{E}_2 = -\nabla U_2 = \frac{1}{4\pi\varepsilon_2} \left(\frac{q}{r^3} \vec{r} + \frac{k_{21} q}{r'^3} \vec{r''}\right) & (z \geqslant 0) \end{cases}$$

其场强分布如图 3-22 所示。

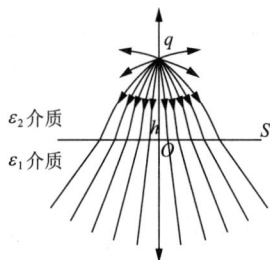

图 3-22 场强分布

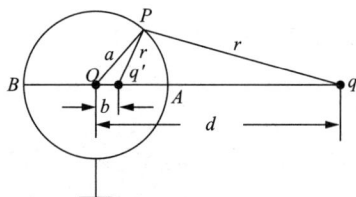

图 3-23 接地导体球

例题 3.5 如图 3-23 所示,一个半径为 a 的接地导体球,一个点电荷 q 位于距球心 d 处 $(d > a)$,求球外任一点的电势。

分析: 先试探用一个镜像电荷 q' 等效球面上的感应面电荷在球外产生的电势和电场。从对称性考虑,镜像电荷 q' 应置于球心与电荷 q 的连线上,设 q' 离球心距离为 $b(b < a)$,球外任一点的电势是由电荷 q 与镜像电荷 q' 产生电势的叠加。

解: 设所求势函数为 U,其满足的定解条件为:

$$\begin{cases} \nabla^2 U = 0 & (\text{球面外}, q \text{ 点除外}) \\ U|_{r=a} = 0 & (\text{导体球接地}) \end{cases}$$

虚构一个电荷 q',使其与电荷 q 共同产生的场满足上述定解条件。设 q' 离球心的距离为 b,则 q 和 q' 在球面上一点 Q 处所产生的电势为:

$$U_0 = \frac{1}{4\pi\varepsilon_0}\left(\frac{q}{r_1} + \frac{q'}{r_1'}\right) = \frac{1}{4\pi\varepsilon_0}\left(\frac{q}{\sqrt{d^2 + a^2 - 2ad\cos\alpha}} + \frac{q'}{\sqrt{b^2 + a^2 - 2ab\cos\alpha}}\right) = 0$$

则可进一步得到：

$$\frac{q^2}{q'^2} = \frac{d^2 + a^2 - 2ad\cos\alpha}{b^2 + a^2 - 2ab\cos\alpha} = \frac{d}{b} \cdot \frac{d + \dfrac{a^2}{d} - 2a\cos\alpha}{b + \dfrac{a^2}{b} - 2a\cos\alpha}$$

上式成立的条件为：

$$\frac{q^2}{q'^2} = \frac{d}{b}, \quad d + \frac{a^2}{d} = b + \frac{a^2}{b}$$

通过计算可得：

$$b = \frac{a^2}{d}, \quad q' = -\frac{a}{d}q$$

球外任一点 P 的电势为：

$$U = \frac{1}{4\pi\varepsilon_0}\left(\frac{q}{r_1} + \frac{q'}{r_1'}\right) = \frac{q}{4\pi\varepsilon_0}\left(\frac{1}{r} - \frac{a}{d}\frac{1}{r'}\right)$$

$$r = \sqrt{R^2 + d^2 - 2Rd\cos\theta}, \quad r' = \sqrt{R^2 + \frac{a^4}{d^2} - 2R\frac{a^2}{d}\cos\theta}$$

导体球面感应电荷密度为：

$$\sigma_{in} = -\varepsilon_0\left(\frac{\partial U}{\partial R}\right)_{R=a} = -\frac{q}{4\pi a}\frac{d^2 - a^2}{(d^2 + a^2 - 2ad\cos\theta)^{3/2}}$$

3.9.2　解稳定电流场的静电类比法

为了求得稳定电场问题的解法,首先来研究一下静电场和稳定电流场的相似性,特别是势函数所满足的微分方程和边界条件(表 3-1、表 3-2)。

表 3-1　静电场与稳定电流场对比

场的分类	本构关系	点　源	通　量
静电场	$\vec{D} = \varepsilon\vec{E}$	$\vec{E} = \frac{1}{4\pi\varepsilon}\frac{q}{r^3}\vec{r}$	$\oint_s \vec{D}\cdot\vec{n}\mathrm{d}s = q$
稳定电流场	$\vec{j} = \sigma\vec{E}$	$\vec{E} = \frac{1}{4\pi\sigma}\frac{I}{r^3}\vec{r}$	$\oint_s \vec{j}\cdot\vec{n}\mathrm{d}s = I$

表 3-2　均匀介质无源区域情况下静电场与稳定电流场对比

场的分类	散　度	环　流	旋　度	势与场强关系	拉普拉斯方程	法向边界条件	切向边界条件
静电场	$\nabla\cdot\vec{D} = 0$	$\oint_L \vec{E}\cdot\vec{dl} = 0$	$\nabla\times\vec{E} = \vec{0}$	$\vec{E} = -\nabla U$	$\nabla^2 U = 0$	$D_{2n} - D_{1n} = 0$	$E_{2t} - E_{1t} = 0$
稳定电流场	$\nabla\cdot\vec{j} = 0$	$\oint_L \vec{E}\cdot\vec{dl} = 0$	$\nabla\times\vec{E} = \vec{0}$	$\vec{E} = -\nabla U$	$\nabla^2 U = 0$	$j_{2n} - j_{1n} = 0$	$E_{2t} - E_{1t} = 0$

由此可见,稳定电流场的电势与静电场的电势满足相同的微分方程,且势函数在界面上的连续性条件也相似。根据唯一性定理,任何满足同一拉普拉斯方程和相同边界条件的场,其解是唯一的。因此,在求解稳定电流场时,可以采用与静电场对比的方法,这种方法称为静电类比法。静电类比法的解题原则是:对于一个给定的稳定电流场,尝试找到一个与之相似的静电场,将电流源替换为适当的点电荷,使得静电场的电荷量与稳定电流场的电流强度满足一定的对应关系,并确保两种场的边界条件相同。这样,就可以按照静电场的电荷分布来计算电势。根据唯一性定理,计算得到的电势就是该稳定电流场的电势。

从表 3-1 和表 3-2 可以看出,如果将介电常数 ε 用电导率 σ 来代替,电量 q 用电流 I 来代替,即令:

$$\varepsilon \leftrightarrow \sigma \qquad (3\text{-}140)$$
$$q \leftrightarrow I$$

则完全可以用左边一套静电场方程计算出来的结果当作右边电流场方程式的结果,反过来说也是对的。

上述两个代换式也可以变成下列形式:

$$\frac{q}{\varepsilon} \leftrightarrow \frac{I}{\sigma} \leftrightarrow I\rho \qquad (3\text{-}141)$$

式中,$\rho = \dfrac{1}{\sigma}$ 为介质的电阻率,这个公式就是静电量换成动电量的关系式。

可以用一个点电流源的例子来说明这关系式的正确性。这个点电流源是放在一个均匀的、各向同性的、电阻率为 ρ 的无限导电介质中(图 3-24)。从静电学知道,离点电荷 q 相距为 r 的 P 点上所产生的势 U 和场强 $\vec{E}$ 可以用下列公式来计算:

$$U = \frac{1}{4\pi\varepsilon}\frac{q}{r}, \quad \vec{E} = \frac{1}{4\pi\varepsilon}\frac{q}{r^3}\vec{r} \qquad (3\text{-}142)$$

现在求解离点电流源 I 相距为 r 的 P 点的电势。基于所设条件,点源周围介质是均匀的、各向同性的,电流线自点电源呈辐射状分布,而 P 点的电流密度 $\vec{j}$ 等于:

$$\vec{j} = \frac{I}{4\pi r^3}\vec{r} \qquad (3\text{-}143)$$

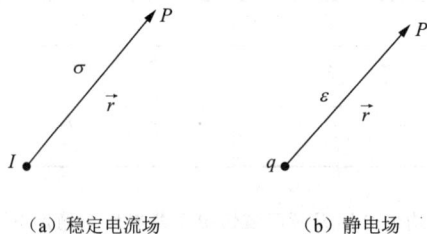

（a）稳定电流场　　　（b）静电场

图 3-24　点电流场

由于

$$\vec{j} = \sigma\vec{E} = -\sigma\,\nabla U \qquad (3\text{-}144)$$

因此,∇U 可表示为:

$$\nabla U = -\frac{I}{4\pi\sigma r^3}\vec{r} = \nabla\left(\frac{I}{4\pi\sigma}\frac{1}{r}\right) \qquad (3\text{-}145)$$

求得 U 为：

$$U = \frac{I}{4\pi\sigma}\frac{1}{r} = \frac{I\rho}{4\pi r} \tag{3-146}$$

同理，场强为：

$$\vec{E} = \frac{I}{4\pi\sigma r^3}\vec{r} = \frac{1}{4\pi\sigma}\frac{I}{r^3}\vec{r} = \frac{\rho I}{4\pi r^3}\vec{r} \tag{3-147}$$

将此结果与静电公式(3-142)对比，即可求得静电类比关系式(3-141)。

点电流源在地面(半均匀空间)的场(图 3-25)也可用类似方法求取，其类比于电量为 $2q$ 的点电荷在地面(半均匀空间)的场，其电势为：

$$U = \frac{1}{4\pi\varepsilon}\frac{2q}{r} \tag{3-148}$$

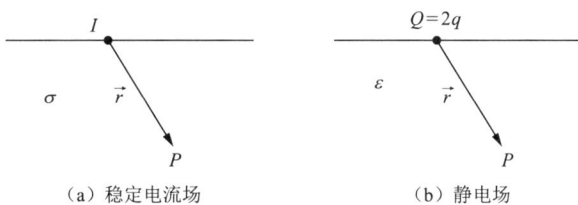

(a) 稳定电流场　　　　(b) 静电场

图 3-25　点电流源在地面(半均匀空间)的场

利用静电类比法，点电流源在地面(半均匀空间)的电势为：

$$U = \frac{1}{4\pi\sigma}\frac{2I}{r} = \frac{\rho I}{2\pi r} \tag{3-149}$$

场强为：

$$\vec{E} = -\frac{\partial U}{\partial r}\vec{r} = \frac{\rho I}{2\pi r^3}\vec{r} \tag{3-150}$$

电流密度为：

$$\vec{j} = \frac{I}{2\pi r^3}\vec{r} \tag{3-151}$$

例题 3.6　如图 3-26(a)所示，为两个接地电极 A 和 B 在半无限空间导电均匀介质中形成的电场。设介质的电导率为 σ，电阻率为 ρ，电源的电流强度为 I，A 和 B 间距为 $2L$，试求下半空间中电势和电流密度的分布。

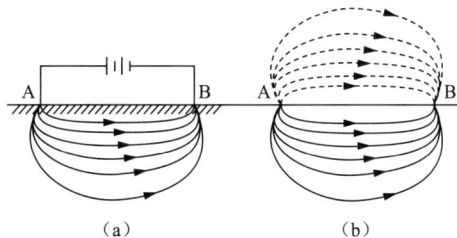

(a)　　　　　(b)

图 3-26　两个接地电极 A 和 B 产生的电场

解：如果在全无限空间介质中同样放有两电极 A 和 B，但其电流强度为 $2I$(图 3-26b)，则由图可知，下半空间的电场和势与原来的半无限空间的分布一样，而且在 AB 面上的电流密

度的法向分量 j_n 在两种情形中都等于零。

现在要用静电类比法来解这个问题，即是说要用两个点电荷 Q 和 $-Q$ 放在 A，B 处所组成的静电场来代替原来的电流场。因为在下半空间这两个场的势都满足拉普拉斯方程，在分界面上，势的法向微商都等于零。所以只要适当选择 Q 的数量就可以求得正确的结果。

进行静电类比：

$$\varepsilon \leftrightarrow \sigma$$
$$q \leftrightarrow I$$

针对全无限空间介质中两电极 A 和 B，其电流强度为 $2I$，如果在 A，B 处换成具有电量为 $2q$ 和 $-2q$ 的两个点电荷，并将全部介质换成介质常数等于 ε 的电介质，则场中各点的静电场强度和势与原来的电流场中的场强和势值一样（图 3-27）。

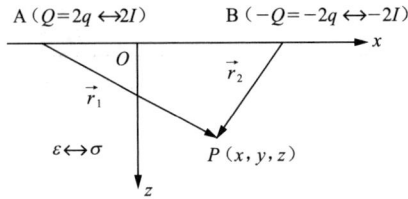

图 3-27　电流场转为静电场

由图 3-27 可以算出空间任一点 $P(x, y, z)$ 的势：

$$U = U_1 + U_2 = \frac{\rho I}{2\pi r_1} - \frac{\rho I}{2\pi r_2} = \frac{\rho I}{2\pi}\left(\frac{1}{r_1} - \frac{1}{r_2}\right)$$

式中，$r_1 = \sqrt{(x+L)^2 + y^2 + z^2}$，$r_2 = \sqrt{(x-L)^2 + y^2 + z^2}$。

对 U 求负梯度即可求得 P 点的场强度：

$$\vec{E} = -\frac{\partial U}{\partial r}\vec{r} = \frac{\rho I}{2\pi}\left(\frac{1}{r_1^3}\vec{r}_1 - \frac{1}{r_2^3}\vec{r}_2\right)$$

式中，$\vec{r}_1$ 和 $\vec{r}_2$ 分别表示由电极 A 和电极 B 指向 P 点的矢径。由此可以得到空间任一点的电流密度：

$$\vec{j} = \sigma\vec{E} = \frac{I}{2\pi}\left(\frac{1}{r_1^3}\vec{r}_1 - \frac{1}{r_2^3}\vec{r}_2\right)$$

现在来研究两个特殊情况，在上式中假设 $r_1 = r_2$，则由此可以求得流过 A，B 两电极的中间垂直平面的电流密度（图 3-28）。

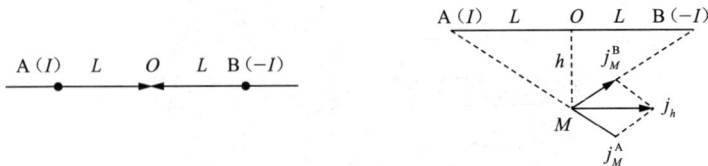

（a）地面上电极A和电极B中点电流密度　　　（b）电极A和电极B中点下方 h 深处电流密度

图 3-28　特殊位置时的电流密度

(1) 通过中点 O 沿地面的电流密度为：

$$j_0 = j_0^A + j_0^B = \frac{1}{\pi} \frac{I}{L^2}$$

（2）在 O 点下面 h 深处 M 点的电流密度为：

$$j_h = 2j_h^A \cos \alpha = 2 \frac{I}{2\pi(L^2 + h^2)} \frac{L}{\sqrt{L^2 + h^2}} = \frac{I}{\pi} \frac{L}{(L^2 + h^2)^{3/2}}$$

或

$$\frac{j_h}{j_0} = \frac{L^3}{(L^2 + h^2)^{3/2}} = \cos^3 \alpha$$

式中，$\alpha = \angle OAM$，由此可见 j_h 随 $\cos \alpha$ 的三次方而减少。

深度 h 一定时，由 j_h 随 AB 的变化规律（图 3-29）可知，存在最佳极距选择问题。当 $\dfrac{\partial j_n}{\partial L} =$ $\dfrac{I}{\pi} \cdot \dfrac{h^2 - 2L^2}{(h^2 + L^2)^{\frac{5}{2}}} = 0$ 时，j_h 取极大值，求解可得 $L = \dfrac{h}{\sqrt{2}}$，即 $h = \sqrt{2}L = AB/\sqrt{2}$ 处的电流密度最大，

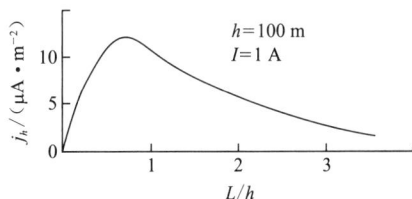

图 3-29　j_h 随 L/h 变化曲线

该供电电极距称为最佳电极距。例如，要使 100 m 深处的电流密度最大，则电极 A 和电极 B 的距离应约等于 141 m。

例题 3.7　设两种电阻率分别为 ρ_1, ρ_2 的介质充填于 $z < 0$ 及 $z > 0$ 的半空间，在介质 2 中点 $(0,0,h)$ 处有一个点电源 I，如图 3-30(a) 所示，求空间各点的电势。

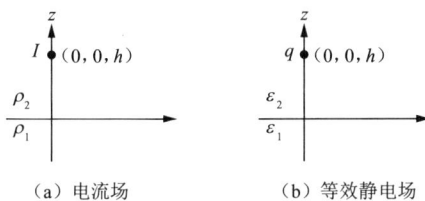

（a）电流场　　　（b）等效静电场

图 3-30　点电流源在双层介质中

解：利用静电类比法，将该电流场问题等效为静电场问题，如图 3-30(b) 所示，利用电像法求解静电场问题可得：

$$\begin{cases} U_1 = \dfrac{1}{4\pi\varepsilon_1} \dfrac{(1 - k_{21})q}{r''} & (z \leqslant 0) \\[3mm] U_2 = \dfrac{1}{4\pi\varepsilon_2} \left(\dfrac{q}{r} + \dfrac{k_{21}q}{r'} \right) & (z \geqslant 0) \end{cases}$$

其中，$k_{21} = \dfrac{\varepsilon_2 - \varepsilon_1}{\varepsilon_2 + \varepsilon_1}$ 为反射系数。

再根据静电类比法可得：

$$\begin{cases} U_1 = \dfrac{1}{4\pi\sigma_1} \dfrac{(1 - k_{21})I}{r''} = \dfrac{(1 - k_{21})\rho_1 I}{4\pi r''} & (z \leqslant 0) \\[3mm] U_2 = \dfrac{1}{4\pi\sigma_2} \dfrac{I}{r} + \dfrac{1}{4\pi\sigma_2} \dfrac{k_{21}I}{r'} = \dfrac{\rho_2 I}{4\pi r} + \dfrac{k_{21}\rho_2 I}{4\pi r'} & (z \geqslant 0) \end{cases}$$

其中

$$k_{21} = \frac{\sigma_2 - \sigma_1}{\sigma_2 + \sigma_1} = \frac{\dfrac{1}{\rho_2} - \dfrac{1}{\rho_1}}{\dfrac{1}{\rho_2} + \dfrac{1}{\rho_1}} = \frac{\rho_1 - \rho_2}{\rho_1 + \rho_2}$$

按静电换成动电的关系,相应于 q' 和 q'' 的虚电源流 $I' = k_{21}I$ 和虚电流源 $I'' = (1 - k_{21})I$,其中 I' 和 I'' 分别表示代替界面影响的虚电流源的电流强度。换句话说,I' 等于总电流自分界面向实际电流所在介质反射的那一部分,I'' 等于总电流由分界面透入第二介质的那一部分。

现在继续讨论双层介质中其他情况。如图 3-31 所示,若点电流源位于介质 1 中 $(0,0,-h)$ 处,其余条件不变,则同理可得空间各点的电势为:

下半空间: $U_1 = \dfrac{\rho_1 I}{4\pi r} + \dfrac{k_{12}\rho_1 I}{4\pi r'}$ ($z \leqslant 0$)

上半空间: $U_2 = \dfrac{(1-k_{12})\rho_2 I}{4\pi r''}$ ($z \geqslant 0$)

其中

图 3-31 点电流源在双层介质中

$$k_{12} = \frac{\rho_2 - \rho_1}{\rho_2 + \rho_1}$$

$$r = \sqrt{x^2 + y^2 + (z+h)^2}, \quad r' = \sqrt{x^2 + y^2 + (z-h)^2} \ (z \leqslant 0)$$

$$r'' = \sqrt{x^2 + y^2 + (z+h)^2} \ (z \geqslant 0)$$

若上半空间为空气(或其他绝缘体),即是说上半空间的电阻率 $\rho_2 \to \infty$。这时 $k_{12} = 1$,$1 - k_{12} = 0$,因此虚电源 $I' = k_{12}I$,$I'' = (1 - k_{12})I = 0$,这说明全部电流将自分界面反射,电流不进入介质 2 中。所以:

$$\begin{cases} U_1 = \dfrac{\rho_1 I}{4\pi}\left(\dfrac{1}{r} + \dfrac{1}{r'}\right) & (z \leqslant 0) \\[3mm] U_2 = \dfrac{\rho_1 I}{2\pi r''} & (z \geqslant 0) \end{cases}$$

当电源放在分界面时,即 $r = r'$,则得:

$$U_1 = \frac{\rho_1 I}{2\pi r} \quad (z \leqslant 0)$$

这说明在无限半空间介质(另一介质是空气)中,分界面处点电流源所产生的电势等于无限全空间均匀介质时的 2 倍。

3.9.3 基于方程的解析法

通过求解泊松方程或拉普拉斯方程,并结合边界条件求得定解的方法是求解稳定电场的基本方法。在求解过程中要根据场源分布特征及对称性等情况选择合适坐标系来简化求解过程。如针对一些带电球体或球面,从球坐标系的泊松方程或拉普拉斯方程出发更易于求解问题。

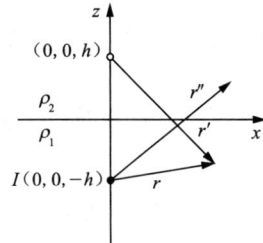

在球坐标中(图 3-32),拉普拉斯方程变为:

$$\frac{1}{r^2}\frac{\partial}{\partial r}\left(r^2\frac{\partial U}{\partial r}\right)+\frac{1}{r^2\sin\theta}\frac{\partial}{\partial\theta}\left(\sin\theta\frac{\partial U}{\partial\theta}\right)+\frac{1}{r^2\sin^2\theta}\frac{\partial^2 U}{\partial\varphi^2}=0 \qquad (3\text{-}152)$$

当势仅与坐标(r,θ)有关时,该方程变为:

$$\frac{\partial}{\partial r}\left(r^2\frac{\partial U}{\partial r}\right)+\frac{1}{\sin\theta}\frac{\partial}{\partial\theta}\left(\sin\theta\frac{\partial U}{\partial\theta}\right)=0 \qquad (3\text{-}153)$$

由数学物理方程知识可以得到球坐标系中二维拉普拉斯方程的通解为:

$$U(r,\theta)=\sum_{n=0}^{\infty}\left(A_n r^n+\frac{B_n}{r^{n+1}}\right)P_n(\cos\theta) \qquad (3\text{-}154)$$

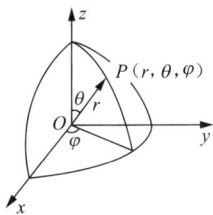

图 3-32　球坐标系

式中,A_n,B_n是待定系数,$P_n(\cos\theta)$是以$\cos\theta$为自变量的n阶勒让德多项式,勒让德方程的解为n阶勒让德多项式$P_n(x)$:

$$P_n(x)=\frac{1}{2^n n!}\frac{\mathrm{d}^n}{\mathrm{d}x^n}\left[(x^2-1)^n\right] \qquad (3\text{-}155)$$

当$x=\cos\theta$时,$0\sim3$阶解分别为:

$$\begin{cases} P_0(\cos\theta)=1 \\ P_1(\cos\theta)=\cos\theta \\ P_2(\cos\theta)=\dfrac{1}{2}(3\cos^2\theta-1) \\ P_3(\cos\theta)=\dfrac{1}{2}(5\cos^3\theta-3\cos\theta) \end{cases} \qquad (3\text{-}156)$$

例题 3.8　假设真空中在半径为a的球面上有面密度为$\sigma_q\cos\theta$的表面电荷,如图 3-33 所示,其中σ_q是常数,求任意点的电势。

解:此时电势只与坐标(r,θ)有关,均满足方程:

$$\frac{\partial}{\partial r}\left(r^2\frac{\partial U}{\partial r}\right)+\frac{1}{\sin\theta}\frac{\partial}{\partial\theta}\left(\sin\theta\frac{\partial U}{\partial\theta}\right)=0$$

则球外区域通解为:

$$U_1(r,\theta)=\sum_{n=0}^{\infty}\left(A_n r^n+\frac{B_n}{r^{n+1}}\right)P_n(\cos\theta) \quad (r\leqslant a)$$

图 3-33　面密度为$\sigma_q\cos\theta$
的球面产生的场

球内区域通解为:

$$U_2(r,\theta)=\sum_{n=0}^{\infty}\left(C_n r^n+\frac{D_n}{r^{n+1}}\right)P_n(\cos\theta) \quad (r\geqslant a)$$

下面讨论边界条件:

① 当$r\to\infty$时,$U_2=0$,求得$C_n=0$

② 当$r=0$时,U_1有限,求得$B_n=0$

③ 当$r=a$时,$U_1|_{r=a}=U_2|_{r=a}$

即

$$\sum_{n=0}^{\infty}A_n a^n P_n(\cos\theta)=\sum_{n=0}^{\infty}\frac{D_n}{a^{n+1}}P_n(\cos\theta)$$

求得$D_n=A_n a^{2n+1}$

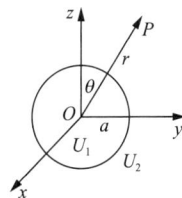

④ 当 $r=a$ 时，$\left[\left(-\dfrac{\partial U_2}{\partial r}\right)-\left(-\dfrac{\partial U_1}{\partial r}\right)\right]_{r=a}=\sigma_q\cos\theta$

即

$$\sum_{n=0}^{\infty}(n+1)\frac{D_n}{a^{n+2}}P_n(\cos\theta)+\sum_{n=0}^{\infty}nA_na^{n-1}P_n(\cos\theta)=\sigma_q\cos\theta$$

将 $D_n=A_na^{2n+1}$ 代入可得：

$$\sum_{n=0}^{\infty}(2n+1)A_na^{n-1}P_n(\cos\theta)=\sigma_q\cos\theta$$

对于上式考虑如下一组解

当 $n=1$ 时，$3A_1P_1(\cos\theta)=\sigma_q\cos\theta$，求得：

$$A_1=\frac{1}{3}\sigma_q$$

当 $n\neq1$ 时，$\sum_{n=0,n\neq1}^{\infty}(2n+1)A_na^{n-1}P_n(\cos\theta)=0$，求得：

$$A_n=0\quad(n\neq1)$$

又因为 $D_n=A_na^{2n+1}$，所以：

$$D_1=\frac{1}{3}\sigma_qa^3,D_n=0\quad(n\neq1)$$

球内区域通解：$U_1(r,\theta)=\sum_{n=0}^{\infty}A_nr^nP_n(\cos\theta)\quad(r\leqslant a)$

球外区域通解：$U_2(r,\theta)=\sum_{n=0}^{\infty}\dfrac{D_n}{r^{n+1}}P_n(\cos\theta)\quad(r\geqslant a)$

最终球内区域电势为：

$$U_1=\frac{1}{3}\sigma_qr\cos\theta\quad(r\leqslant a)$$

球外区域电势为：

$$U_2(r,\theta)=\frac{1}{3}\sigma_q\frac{a^3}{r^2}\cos\theta\quad(r\geqslant a)$$

3.10 稳定电流场应用——直流电阻率法勘探

直流电阻率法是以地下岩石和矿石的导电性差异为物理基础，利用直流电源通过导线经供电电极向地下供电，从而建立稳定电流场，然后用测量电极在地表测量电流场引起的电势差（电位差），从而研究地下介质的电性分布。

3.10.1 直流电阻率法基本原理

由于各种岩石均有不同程度的导电性能，若将直流电源的两端通过电极与大地相接，便会在地下建立起稳定电流场，其分布状态决定于地下具有不同电阻率的岩石和矿体的赋存状态。通过观测该电场的分布,可以了解地下的电阻率结构。

1) 均匀大地电阻率的确定

如图 3-34 所示,设地面水平,地下空间为均匀、无限、各向同性导电介质,ρ 为导电介质的电阻率。将 A 和 B 两供电电极与电源相连,并向地下供入电流为 I 的电流时,可以利用两测量电极 M 和 N 测量地表电势。

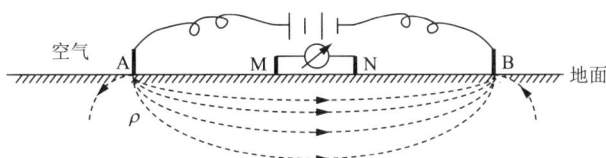

图 3-34　均匀大地电流场分布示意图

基于 3.6 节阐述的稳定电流场基本原理,则地表任意两测量电极 M 和 N 处的电势可基于式(3-149)计算得到:

$$U_M = \frac{I\rho}{2\pi}\left(\frac{1}{AM} - \frac{1}{BM}\right) \tag{3-157}$$

$$U_N = \frac{I\rho}{2\pi}\left(\frac{1}{AN} - \frac{1}{BN}\right) \tag{3-158}$$

式中,AM,BM,AN,BN 分别为 A,B 与 M,N 间的距离。将上两式相减可得 M 和 N 间的电势差:

$$\Delta U_{MN} = U_M - U_N = \frac{I\rho}{2\pi}\left(\frac{1}{AM} - \frac{1}{BM} - \frac{1}{AN} + \frac{1}{BN}\right) \tag{3-159}$$

从而便得到用点电极测量均匀大地电阻率的表达式:

$$\rho = \frac{2\pi}{\dfrac{1}{AM} - \dfrac{1}{BM} - \dfrac{1}{AN} + \dfrac{1}{BN}} \frac{\Delta U_{MN}}{I} = K\frac{\Delta U_{MN}}{I} \tag{3-160}$$

式中,

$$K = \frac{2\pi}{\dfrac{1}{AM} - \dfrac{1}{BM} - \dfrac{1}{AN} + \dfrac{1}{BN}}$$

K 称为装置系数,其单位为米,仅由四个电极间的相对位置决定。

无论 A,B,M 和 N 四个电极如何排列,只要满足均匀半无限导电介质的条件,式(3-160)便是正确的,故可用四个点电极装置测量均匀大地的电阻率。

2) 视电阻率的概念及意义

当地面为无限大的水平面时,地下充满均匀各向同性的导电介质,这时测得的就是大地的电阻率值。然而在实际中,地形起伏不平,地下介质也不均匀,各种岩石相互重叠,断层裂隙纵横交错,情况比较复杂,那么这时测得的电阻率既不是围岩的,也不是矿体的,称它为视电阻率,用 ρ_s 表示:

$$\rho_s = K\frac{\Delta U_{MN}}{I} \tag{3-161}$$

式中,K 为装置系数,ΔU_{MN} 表示两个测量电极 M 和 N 间的电势差,I 为供电电流。

视电阻率虽然不是岩石的真电阻率,但却是地下电性不均匀体和地形起伏的一种综合反映。故可利用其变化规律来探查地下的不均匀性,从而达到找矿和解决其他地质问题的目的。在分析视电阻率与地电断面的关系时,需将视电阻率 ρ_s 与地下电流场的分布联系起来认识。式(3-161)中的电势差可表示为:

$$\Delta U_{MN} = \int_N^M E_{MN} \, \mathrm{d}l = \int_N^M j_{MN} \cdot \rho_{MN} \, \mathrm{d}l \tag{3-162}$$

式中,E_{MN} 和 j_{MN} 为测量电极间任意点沿 MN 方向的电场强度分量和电流密度分量,ρ_{MN} 为测量电极间任意点的岩石电阻率,$\mathrm{d}l$ 为测量电极间任意点沿 MN 方向的长度单元。

将上式代入式(3-161)可得:

$$\rho_s = \frac{K}{I} \cdot \int_N^M E_{MN} \cdot \mathrm{d}l = \frac{K}{I} \cdot \int_N^M j_{MN} \cdot \rho_{MN} \, \mathrm{d}l \tag{3-163}$$

上式对任何布极形式和电极间距及地下任何不均匀情况均适用。它表明视电阻率在数值上与 MN 间沿地表的电流密度和电阻率的分布有关,而地表电流密度的分布既受地表电阻率分布的影响,也受地下电性不均匀体的影响。因此,在电极排列固定的条件下,ρ_s 的变化由地表及地下电阻率分布所决定。

当 MN 很小时,MN 范围内的电场强度视为不变,则:

$$\rho_s = \frac{K}{I} \cdot E_{MN} \cdot MN = \frac{K \cdot MN}{I} \cdot j_{MN} \cdot \rho_{MN} \tag{3-164}$$

设地面水平,地下均匀各向同性岩石的电阻率为 ρ,MN 间的电流密度为 j_0,则式(3-164)可写为:

$$\rho_s = \frac{K \cdot MN}{I} \cdot j_0 \rho \tag{3-165}$$

当地下为均匀导电介质时,ρ_s 应等于 ρ,则有:

$$\frac{K \cdot MN}{I} = \frac{1}{j_0} \tag{3-166}$$

将式(3-166)代入式(3-164),那么有:

$$\rho_s = \frac{j_{MN}}{j_0} \cdot \rho_{MN} \tag{3-167}$$

此式为视电阻率的微分形式。视电阻率与测量电极间的岩石电阻率值及电流密度成正比。

如图 3-35 所示,当地下为均匀导电介质时,$j_{MN} = j_0$,因此 $\rho_s = \rho_1$。当地下存在高阻体时,在高阻体顶上,由于向外排斥电流,使得测量电极 M 与 N 间的电流密度 $j_{MN} > j_0$,故 $\rho_s > \rho_1$,在高阻体顶上出现大于正常背景的极大值;在高阻体两侧,虽然 $\rho_{MN} = \rho_1$,但由于 $j_{MN} < j_0$,故 $\rho_s < \rho_1$,即在高阻体两侧出现小于正常背景(ρ_1)的两个不明显的极小值。相反,当地下存在低阻体时,在低阻体顶上,由于吸引电流的作用,使其顶部 $j_{MN} < j_0$,因此 $\rho_s < \rho_1$,在低阻体顶上出现小于正常背景的极小值。在其两侧,因为 $j_{MN} > j_0$,使 $\rho_s > \rho_1$,所以在低阻体两侧出现大于正常背景的不明显的极大值。可见,利用视电阻率的微分形式分析 ρ_s 曲线的变化规律,既简单又清楚。

当地下只存在一种均匀岩石时,视电阻率等于岩石的真电阻率,ρ_s 曲线为一直线。在地下存在多种电阻率不同的岩体时,测得的 ρ_s 值为地下所有岩体共同作用的结果。根据视电阻率微分形式,视电阻率可以比电势和电场强度更直观地反映出地下矿体的电阻率变化情况,这也是电阻率法采用视电阻率的主要目的和意义。

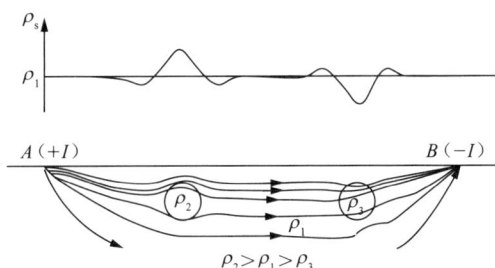

图 3-35　电阻率不均匀时地下电流及地面视电阻率分布图

3.10.2　电阻率法勘探方法

为了取得良好的地质效果,在电阻率法勘探中,常根据不同的地质任务和不同的地电条件,采用不同的装置类型(电极的排列形式)。由于电极排列及移动方式的不同,电阻率法又分为电阻率剖面法和电阻率测深法。

1) 电阻率剖面法

电阻率剖面法是电阻率法中的一大类,它用来探查地下一定深度范围内的横向电性变化。根据电极排列方式的不同可采用多种装置类型,如图 3-36 所示。无论何种装置类型,共同特点都是用供电电极(A,B)向地下供电,在测量电极(M,N)间观测电势差 ΔU_{MN},并计算相应的视电阻率 ρ_s,各电极沿选定的测线同时(或仅测量电极)逐点向前移动和观测。

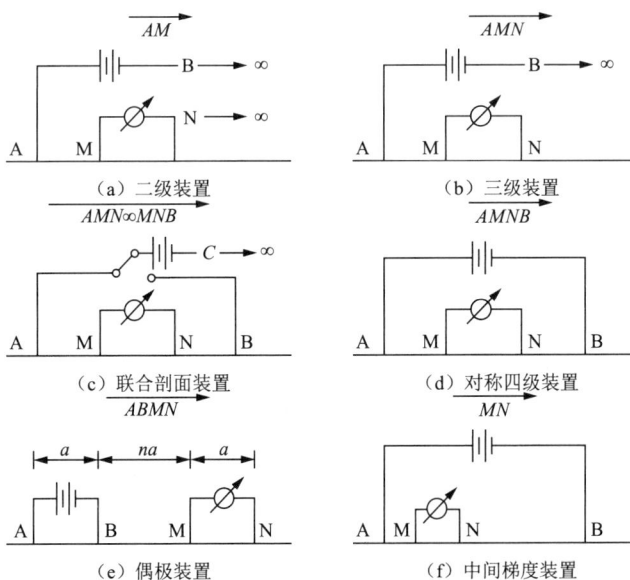

图 3-36　常用电阻率剖面法的装置类型示意图

2）电阻率测深法

电阻率测深法是电法勘探中应用范围较广的一种方法（图 3-37）。它主要用来探查地下不同深度范围内的垂向电性变化，经常用来寻找沉积矿床（如盐矿、煤矿等）和解决地质构造问题。在石油、天然气和煤田的普查勘探，以及水文地质、工程地质勘测中，电阻率测深法应用十分广泛。

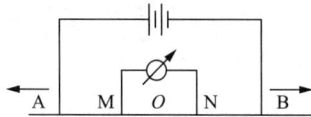

图 3-37　常用电测深法的装置类型示意图

在地面上布置四根金属电极 A，M，N，B，其中 A 和 B 用来供电，称为供电电极；M 和 N 用来测量地面上某两点间的电势差，称为测量电极。A 和 B 供电后，地下就形成一个人工电流场。测量时，供电电极（A 和 B）在测点 O 两侧沿相反方向向外移动，而测量电极（M 和 N）不动或与 A 和 B 保持一定比例同步移动。随着供电电极（A 和 B）的距离增大，电流线的分布范围就更广，到达的深度就更大，因此勘探的深度也越深。

由此可见，增大供电电极间的距离，可以测到不同的视电阻率 ρ_s 值，它反映了测点处从地表到地下深处的岩层导电性的变化情况。这就是电阻率测深法的基本工作原理。

图 3-38 分别给出了电剖面和电测深视电阻率曲线。从图中可以明显看到，电阻率剖面法主要反映地下一定深度范围内的横向电性变化，由于存在高阻球体，在高阻球体上方视电阻率变大。电阻率测深法主要反映不同深处范围内的垂向电性变化，表现为视电阻率随着深度的增加而变化。

可以看到 A 和 B 之间的距离决定了探测深度，A 和 B 之间的距离不变，表明是同一深度（电剖面），A 和 B 之间的距离依次增大，探测深度也逐渐变大（电测深）。A 和 B 之间的距离决定了探测深度，这就是前面学习过的"最佳电极距"原理在实际应用中的体现。

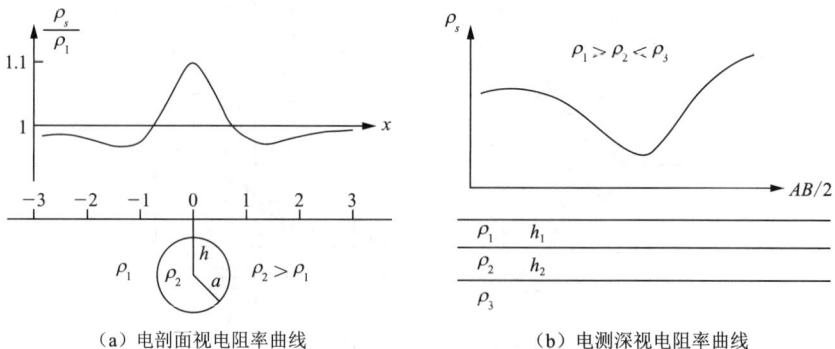

（a）电剖面视电阻率曲线　　　　　　　　（b）电测深视电阻率曲线

图 3-38　电剖面和电测深视电阻率曲线

3.11   本章小结

本章从库仑定律出发,引出电场强度的定义,并给出了不同电荷密度分布的带电体的电场强度计算公式。通过研究静电场的通量和环量两个基本定理,推导了电场强度的散度和旋度方程,说明静电场是一个无旋场,同时也是一个有散的场,产生电场的源是电荷。接着从静电场做功的角度出发,引入了描述场特性的另一个物理量——电势 U,给出了不同电荷密度分布的带电体的电势计算公式,并证明了静电场中任一点的电场强度等于该点电势的负梯度。

其次,本章分析了偶极子产生的电场及其特征,进一步讨论了电介质中的静电场,说明电介质在外加电场中会发生极化,产生束缚电荷,形成附加电场。通过定义极化强度 $\vec{P}$ 来描述电介质的极化能力。极化后,总电场应视为自由电荷和束缚电荷共同作用的结果,此时引入电位移矢量 $\vec{D}$,并定义了电位移矢量与电场强度的关系。接着讨论了电介质场中的边界条件:当界面上存在自由面电荷时,电位移矢量的法向分量不连续;当界面上没有自由面电荷时,电位移矢量的法向分量连续,而电场强度的法向分量会发生突变。在界面上,电场强度的切向分量总是连续的,而电位移矢量的切向分量会发生突变。然后,推导了普遍情况下静电场的能量表达式,揭示了静电场存在的空间具有相应的能量。

再次,本章进一步研究了稳定电流场的基本规律,推导了欧姆定律的微分形式,表明在导电介质中,电场强度的存在是形成电流的原因,且任一点的电流密度与该点的电场强度成正比。给出了电流连续性方程,表明在稳定电流场中,流入和流出任意封闭曲面的电量相等。接着讨论了电流场的边界条件:在界面两侧,稳定电流密度的法向分量连续,而电场强度的法向分量不连续,表明当电流流过两种不同电阻率介质的分界面时,会在界面上产生感应电荷。

最后,总结了不同介质中势场的特性及边界条件,并讨论了电像法、静电类比法等势场求解方法。通过理论结合实际,基于稳定电流场理论的实际应用,介绍了直流电阻率法勘探的基本原理和方法。

习题三

1. 电量为 $200 \times (4\pi\varepsilon_0)$ 和 $-100 \times (4\pi\varepsilon_0)$ 库仑的电荷,分别位于 Oxy 平面内 $Q_1(0,0)$ 和 $Q_2(1\ cm,0)$ 两点上。试求 $P_1(10\ cm,0)$ 和 $P_2(0,10\ cm)$ 两点上的电场强度。并求 Ox 轴上场强度等于零的一点。

2. 试求上题中所述电荷在 Oxy 平面中的电势,并由此通过求梯度来求电场强度。

3. 一根细长带电棒,其长度为 l,位于 Ox 轴上,一端在原点 O。棒为均匀带电,其总电荷为 Q,试求棒的末端外沿 Ox 轴上任一点的电场强度。

4. 求解长度为 $2l$ 的均匀带电线形导体周围任一 P 点的电势。设线形导体上的总电荷为 Q,其中心位于原点并沿 x 轴方向,两端至 P 点的距离为 r_1 和 r_2。试证明等势面为一簇旋转椭球面,其长轴为 $2a = r_1 + r_2$。

5. 设有厚度为 l 的带电薄板,电荷在板内均匀分布。试求距中心平面距离为 y 处($y <$ $\frac{l}{2}$)的电场强度 E。

6. 设有一个无限长圆柱体,其半径为 a,每单位长度的电荷为 γ_q。假设电荷(1)均匀分布在柱面;(2)均匀分布在柱内,试求柱内、外的场强度和电势(取 r_0 处的势为零,并设 $r_0 < a$)。

7. 一个半径为 a 的球体沿径向方向极化,其极化强度为 $P = kr$。试求束缚(极化)电荷的体密度和面密度,并证明总电荷等于零。

8. 一根横截面为 a、长度为 l 的细棒,位于 Ox 轴上,一端与原点相近的距离为 b,另一端远离原点,并沿 Ox 方向极化 $P = kx$(图 3-39)。试求两端的电荷及棒内的电荷体密度,并证明总电荷为零。此外,求出原点的电势。

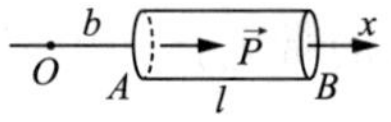

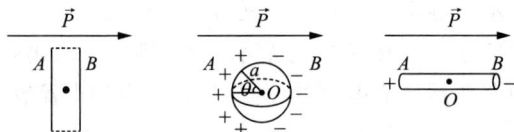

图 3-39　习题三第 8 题图示

9. 求一个偶极子场沿 r 和垂直于 r 方向的场强度分量 E_r 和 E_θ。并证明偶极子场的力线方程为 $r = a\sin^2\theta$,式中,a 为任一常数。

10. 在极化电介质中割出下列形状的空穴:(1)一条垂直于极化强度方向的小狭缝;(2)一个球体;(3)一个平行于极化强度的细长管(图 3-40)。试求每一情形中由于空穴面荷在中心一点产生的电场强度。

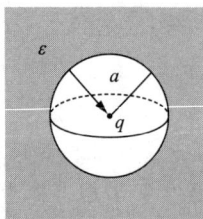

图 3-40　习题三第 10 题图示

11. 设在一个极化电介质中挖去一个长圆柱状空腔,且柱轴垂直于极化强度方向。试求空腔中心一点由于腔壁面荷产生的电场强度。

12. 一个点电荷 q 放在无限大均匀介质的一个球形空穴内,设介质的介电常数为 ε,空穴壁的半径为 a,试求这空穴壁上的极化电荷面密度及介质中任何一点的电势和电场强度(图 3-41)。

13. 试用拉普拉斯方程求解一个均匀双层实心球体电荷内部和外部的势。设双层球体电荷的体密度为 ρ_{q1} 和 ρ_{q2},其半径为 a 和 b(图 3-42)。

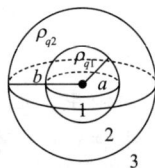

图 3-41　习题三第 12 题图示

图 3-42　习题三第 13 题图示

14. 试求无限带电平面上半空间(介质为 ε_2)和下半空间(介质为 ε_1)中的势和场强度。设平面上单位面积上的电荷为 σ_q,并取平面的电势为零。

15. 用拉普拉斯方程求解两个同心导体球壳的电场强度和电势。设内球表面带有总电荷为 $+Q$，内球半径为 a，外球半径为 b（图 3-43）。

16. 用拉普拉斯方程求解两个无限长同轴圆柱导体面内部和外部的电场强度和电势。设内圆柱表面上单位长度的电荷为 γ_q，内柱半径为 a，外柱半径为 b。

17. 设在一个球形电容器中充满两种均匀电介质，左一半电介质的介电常数为 ε_1，右一半为 ε_2，设电容器之内外导体球半径为 a 和 b，且内球表面总电荷为 Q（图 3-44）。外球表面接地。用拉普拉斯方程求解球内两种介质中的电势。进而求得两种介质中的电场强度、电位移矢量和极化强度。

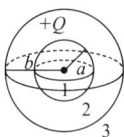

图 3-43　习题三第 15 题图示

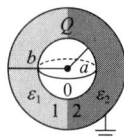

图 3-44　习题三第 17 题图示

18. 一个平行板电容器两板间的距离为 d，内面有厚度为 $l(<d)$ 的电介质（ε），若两板间的电势差为已知值 U_0。试用拉普拉斯方程求解电容器内的电势和电场分布。

19. 一个平行板电容器的两板之间用两块均匀电介质充满，其介电常数分别为 ε_1 和 ε_2，厚度为 h_1 和 h_2，而 $h = h_1 + h_2$ 为电容器两板间的距离。试用拉普拉斯方程求解两电介质中的电势和电场强度。设两板上的电势为 U' 和 U''。

20. 设有一个点电流源位于半无限空间导电介质中（其电阻率为 ρ），其电流强度为 I，距界面的距离为 h。设下半空间为不导电介质（电阻率 $\rho = \infty$），试用静电类比法求上半空间中的势。

21. 设有一个球形电极（其电流强度为 I），放在两个半无限导电介质（ρ_1 和 ρ_2）的分界面上（图 3-45）。设球的半径为 a，试用静电类比法求上下半空间内的电势和电流密度。

22. 设有一个带电导体球，球心在两个半无限电介质（ε_1 和 ε_2）的分界面上（图 3-46）。设球的半径为 a，球面总电荷为 Q。试求上下半空间中的电势、电场强度和电位移矢量，并求上下两个半球面上的电荷面密度。

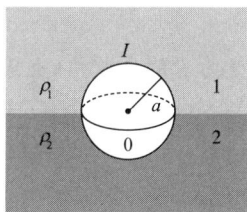

图 3-45　习题三第 21 题图示

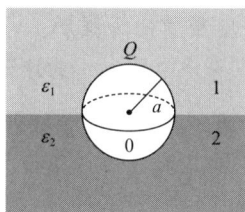

图 3-46　习题三第 22 题图示

23. 设在一均匀电流场 $\vec{j}_0$ 中放一无限长绝缘柱体，柱轴与 $\vec{j}_0$ 垂直，柱外有均匀导电介质（电阻率为 ρ），柱半径为 a，试求柱内外的电势和电流密度。

24. 设在一个均匀静电场 $\vec{E}$ 中，放一个介电球，其介电常数为 ε，半径为 a，球外有均匀介质，其介电常数为 ε'。试求球内外的电势和电场强度，及球面的面束缚电荷。

若将介电球改为导电球，试求球外一点的势和球面的自由面荷。

25. 设在一个均匀场 $\vec{E}_0$ 中有一个无限长的圆柱体,其轴(沿 Oz 方向)与 $\vec{E}_0$ 的方向垂直(设 $\vec{E}_0$ 沿 Ox 方向)。柱体有内外两层,内层为一个导体柱,其半径为 a,外层为一个介电体,其半径为 b,介电常数为 ε。试求柱内外的电势,并分别讨论下列两种情况:(1) $\varepsilon = 1$(导体柱);(2) $a = 0$(介电柱)。

26. 试述下列各种情况的物理过程(极化、感应和面荷分布情况)、对称性、势满足的方程式和边界条件,以及拉普拉斯方程的通解,并比较讨论势的分布状况。

(1) 均匀静电场中的导体球;(2) 均匀静电场中的介电球;(3) 均匀电流场中的导体球;(4) 均匀电流场中的介电球。

27. 设在两个相交成(1) $90°$ 和(2) $60°$ 的半无限导电平面(在边缘相交)间放一点电荷 q。若导电平面接地,试求平面间的电势分布。(3) 又在两个平行导电无限平面间放一个点电荷 q,若两平面接地,试求平面间的电势分布。

28. 在一个被无限大平面分界面分开的导电介质中,在平面两边 h 处相对的地方,放有两个点电流源 $+I$ 和 $-I$,试求介质中任一点的电势和电流密度(图 3-47)。假设 ρ_1 和 ρ_2 分别为两导电介质的电阻率。

29. 在上题中,不是一个无限大平面分界面,而是地下半无限大的垂直分界面,地面上放两个点电流源,求地面上任一点的电势。

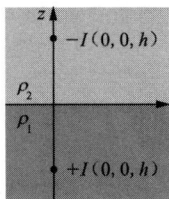

图 3-47 习题三第 28 题图示

30. 在一个无限大均匀导电介质(ρ)中有半径为 a 的良导电球($\rho = 0$),在距球心 h 远处放一个点电流源 I,试求介质中任一点的电势和电流密度。

31. 在地面上放一线形接地电极,由这电极流入地下的电流强度为 I,电极长度为 $2l$。试求地内任一 P 点的电势,设 P 至电极两端的距离为 r_1 和 r_2。

32. 设在一个无限均匀电介质(ε)场 $\vec{E}_0$ 中,挖出一个球形空腔,其半径为 a,试求电介质中的电势、空腔内的电势、空腔表面的电荷密度,以及空腔内的电场强度。

33. 两个点电荷 q' 和 q'' 分别放在一个无限固体电介质中的两个小空腔内,相距为 r,电荷不与空腔壁接触,试求两个电荷之间的力。

34. 在一个无限均匀电介质场 $\vec{E}_0$ 中,挖一个无限长圆柱空腔,其半径为 a,柱轴垂直于均匀场,试求空腔内的场强度。

35. 设有一个半径为 a 的球形导体,其外表面涂一层厚度为 l 的虫胶片(虫漆),虫漆的介电常数为 ε。设导体球表面上带有电荷 Q,试证明球体的电势比无虫漆时增加 $\dfrac{l + \varepsilon a}{\varepsilon(l + a)}$ 倍。

第 4 章　稳定磁场

　　磁场理论在经典的讲述方法中,通常从磁极的相互作用开始。按照这种方法,首先引入磁荷的概念,接着提出磁库仑定律,因此其理论建立过程与静电学非常相似。不同之处在于,磁场的磁感应线总是闭合的,或者从磁荷的角度来说,不同符号的磁荷总是同时存在。库仑提出了磁体由许多定向排列的磁偶极子组成的假说,解释了磁荷无法分割的事实。后来,安培在研究电流的磁现象后,将分子磁偶极子的存在解释为分子电流的作用的假说。这两种假说在形式上虽然相似,但本质上是不同的:磁偶极子是虚构的,而分子电流是实际存在的(这一点已被后来的研究证实)。根据近代物质结构理论和电子论的观点,一切稳定磁场都是由电荷运动(电流)产生的。所谓磁偶极子,不过是分子电流的等效名词而已。尽管磁荷完全是一种虚构的概念,但由于其简单明确,在实际应用中仍然被广泛采用。例如,磁法勘探就是以磁荷理论为基础的。

　　由于磁场与电流(场源)之间存在有机联系,没有电流时就不可能存在稳定磁场,因此在研究稳定磁场时,通常将磁场与场源电流结合起来,分析二者之间的关系。通过这种关系,可以从电流的分布推导出磁场的分布(正演问题);反之,也可以从磁场的分布推导出电流的分布(反演问题)。

4.1　稳定磁场的实验定律

　　实验证明,两个载有电流的导体之间会产生相互作用的机械力,这些力与电流强度和导体的形状和排列有关,这些力可以用量度机械力的方法来直接度量。为了寻找这些力之间的定量关系,安培曾做了一系列的实验(1820—1825),根据这些实验的结果,并经过数学分析,最后求得一个类似库仑定律的实验定律(安培定律)(图 4-1),安培力的实验定律指出:在真空中载有电流 I_1 的回路 C_1 上任一线元 $I_1\overrightarrow{\mathrm{d}l_1}$ 对另一载有电流 I_2 的回路 C_2 上任一线元 $I_2\overrightarrow{\mathrm{d}l_2}$ 的作用力为:

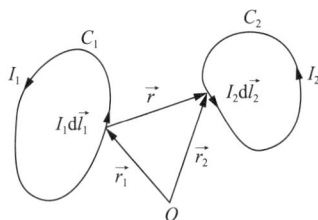

图 4-1　安培定律

$$\mathrm{d}\vec{f}_{21}=\frac{\mu_0}{4\pi}\frac{I_2\overrightarrow{\mathrm{d}l_2}\times(I_1\overrightarrow{\mathrm{d}l_1}\times\vec{r})}{r^3}$$

$$= I_2 \overrightarrow{dl_2} \times \left[\frac{\mu_0}{4\pi} \frac{I_1 \overrightarrow{dl_1} \times \overrightarrow{r}}{r^3} \right] \tag{4-1}$$

式中，I_1 和 I_2 分别表示电流线圈 1 和电流线圈 2 中的电流强度（图 4-1），r 表示线元 $\overrightarrow{dl_1}$ 至线元 $\overrightarrow{dl_2}$ 的距离，$\overrightarrow{df_{21}}$ 表示线元 $\overrightarrow{dl_1}$ 作用在线元 $\overrightarrow{dl_2}$ 上的力。式中，μ_0 为真空的磁导率，等于 $4\pi \times 10^{-7}$ H/m）。

电流之间的相互作用力，应该是某种场的作用，因为在任意电流周围的空间各点上，总有由此电流所引起的场存在。这种客观存在的场，可以对任一其他电流作用，因此称这种场为电流的磁场。两个电流之间的相互作用，正是它们彼此产生的磁场交互作用在电流上的机械力。电流元 $I_2 \overrightarrow{dl_2}$ 受到的作用力实际是电流元 $I_1 \overrightarrow{dl_1}$ 产生的磁场对它的作用，把式（4-1）写成下列形式：

$$\overrightarrow{df_{21}} = I_2 \overrightarrow{dl_2} \times \overrightarrow{dB_1} \tag{4-2}$$

式中，$\overrightarrow{dB_1}$ 表示磁场的强度称为磁感应强度。电流元 $I_1 \overrightarrow{dl_1}$ 在空间产生的磁感应强度为：

$$\overrightarrow{dB_1} = \frac{\mu_0}{4\pi} \frac{I_1 \overrightarrow{dl_1} \times \overrightarrow{r}}{r^3} \tag{4-3}$$

对于整个线电流产生的磁感应强度为：

$$\overrightarrow{B} = \oint_C \overrightarrow{dB} = \frac{\mu_0 I}{4\pi} \oint_C \frac{\overrightarrow{dl} \times \overrightarrow{r}}{r^3} \tag{4-4}$$

这个表示磁场的公式称为毕奥-萨伐尔定律。在国际单位制中，磁感应强度 $\overrightarrow{B}$ 的单位是 Wb/m^2，又称特斯拉，用字母 T 表示。

当电流具有体密度分布时，安培定律和毕奥-萨伐尔定律变为：

$$\overrightarrow{f} = \frac{\mu_0}{4\pi} \int_v \overrightarrow{j} \times \overrightarrow{B} \, dv \tag{4-5}$$

$$\overrightarrow{B} = \frac{\mu_0}{4\pi} \int_v \frac{\overrightarrow{j} \times \overrightarrow{r}}{r^3} \, dv \tag{4-6}$$

式中，$\overrightarrow{j}$ 为电流密度，$\overrightarrow{r}$ 为从电流所在处指向观察点 P 的矢径。这个结果是很容易证明的，因为对于截面为非无限小的电流，可以沿着电流方向将它分为无限细小的电流管，于是沿电流管的电流强度为：

$$I = \overrightarrow{j} \cdot \overrightarrow{ds} \tag{4-7}$$

式中，$\overrightarrow{ds}$ 为垂直于电流管的横截面。因此：

$$I \, dl = j \, ds \, dl = j \, dv \tag{4-8}$$

式中，dl 是电流管的长度元，而 dv 是 dl 和 ds 构成的无限小体积元。因为电流密度 $\overrightarrow{j}$ 和电流管 $\overrightarrow{dl}$ 同方向，所以：

$$I \overrightarrow{dl} = \overrightarrow{j} \, dv \tag{4-9}$$

因此，每一电流管的长度电流元 $I \overrightarrow{dl}$ 和体积电流元 $\overrightarrow{j} \, dv$ 相当，这就是说，如果将线电流公式中的线电流元 $I \overrightarrow{dl}$ 代换成体电流元 $\overrightarrow{j} \, dv$，并将线积分改变成体积分，就会得到相应的体分布公式。

若电流是具有面分布的电流 $\overrightarrow{j_s}$，则磁感应强度为：

$$\overrightarrow{B} = \frac{\mu_0}{4\pi} \int_s \frac{\overrightarrow{j_s} \times \overrightarrow{r}}{r^3} \, ds \tag{4-10}$$

例题 4.1　试计算一个半径为 a 的圆形电流中心轴上任一点的磁场。

解：由毕奥-萨伐尔定律：

$$\vec{B}=\frac{\mu_0}{4\pi}\oint_C \frac{I\mathrm{d}\vec{l}\times\vec{r}}{r^3}$$

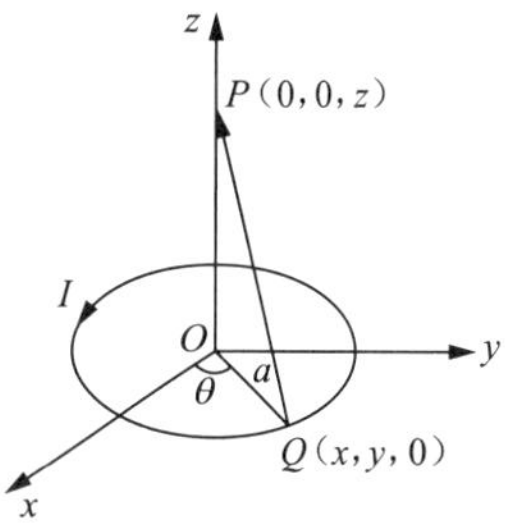

图 4-2　圆形电流磁场

如图 4-2 所示，取电流线圈平面位于 Oxy 平面内，观察点 $P(0,0,z)$ 位于 Oz 轴上，式中

$$\vec{r}=(0-x)\vec{i}+(0-y)\vec{j}+(z-0)\vec{k}=-x\vec{i}-y\vec{j}+z\vec{k}$$

线元可以表示为：

$$\mathrm{d}\vec{l}=\mathrm{d}x\vec{i}+\mathrm{d}y\vec{j}$$

因此：

$$\mathrm{d}\vec{l}\times\vec{r}=\begin{vmatrix}\vec{i} & \vec{j} & \vec{k}\\ \mathrm{d}x & \mathrm{d}y & 0\\ -x & -y & z\end{vmatrix}=z\mathrm{d}y\vec{i}-z\mathrm{d}x\vec{j}+(x\mathrm{d}y-y\mathrm{d}x)\vec{k}$$

代入磁场公式，即得：

$$\vec{B}=\frac{\mu_0}{4\pi}\oint_C \frac{I\mathrm{d}\vec{l}\times\vec{r}}{r^3}=\frac{\mu_0}{4\pi}\frac{I}{(a^2+z^2)^{3/2}}\oint_C[z\mathrm{d}y\vec{i}-z\mathrm{d}x\vec{j}+(x\mathrm{d}y-y\mathrm{d}x)\vec{k}]$$

因为

$$x^2+y^2=a^2,\quad x=a\cos\theta,\quad y=a\sin\theta$$

所以

$$\mathrm{d}x=-a\sin\theta\mathrm{d}\theta,\quad \mathrm{d}y=a\cos\theta\mathrm{d}\theta$$

则 P 点的磁场为：

$$\begin{aligned}\vec{B}&=\frac{\mu_0}{4\pi}\frac{I}{(a^2+z^2)^{3/2}}\vec{k}\oint_C[(x\mathrm{d}y-y\mathrm{d}x)]\\&=\frac{\mu_0}{4\pi}\frac{I}{(a^2+z^2)^{3/2}}\vec{k}\oint_C[a\cos\theta a\cos\theta-a\sin\theta\cdot(-a\sin\theta)]\mathrm{d}\theta\\&=\frac{\mu_0}{4\pi}\frac{2\pi a^2 I}{(a^2+z^2)^{3/2}}\vec{k}=\frac{\mu_0}{2}\frac{a^2 I}{(a^2+z^2)^{3/2}}\vec{k}\end{aligned}$$

4.2　磁场的矢势

在静电场的研究中，由于场的性质所决定，引入了势这个概念，因而大大地简化了关于场的问题的研究和计算。考虑在稳定电流的磁场研究中，能否找到类似势这样一个中间的运算标量，以便简化关于电流磁场的运算。

进一步研究磁场的本性，可以证明，虽然电流磁场不是一个势场，但仍可以找到类似的势函数，这样对磁场的研究和计算大大简化了。这个势函数不是一个标量函数，而是一个矢量函数，所以称为磁场的矢势，简称磁矢势。

4.2.1 矢势的引入

电流磁场的公式为：

$$\vec{B} = \frac{\mu_0}{4\pi} \int_v \frac{\vec{j} \times \vec{r}}{r^3} dv \tag{4-11}$$

对场点和源点求梯度的差异，即

$$\nabla\left(\frac{1}{r}\right)\bigg|_{源点} = \frac{\vec{r}}{r^3}, \quad \nabla\left(\frac{1}{r}\right)\bigg|_{场点} = -\frac{\vec{r}}{r^3} \tag{4-12}$$

考虑对场点求梯度，则有：

$$\frac{\vec{j} \times \vec{r}}{r^3} = \vec{j} \times \nabla\left(\frac{1}{r}\right) = \nabla\left(\frac{1}{r}\right) \times \vec{j} \tag{4-13}$$

式中，梯度是对 P 点的坐标 x, y, z 来求的。利用矢量微分公式：

$$\nabla \times (k\vec{A}) = k\ \nabla \times \vec{A} + \nabla k \times \vec{A} \tag{4-14}$$

则上式可以变成下列形式：

$$\frac{\vec{j} \times \vec{r}}{r^3} = \nabla\left(\frac{1}{r}\right) \times \vec{j} = \nabla \times \left(\frac{\vec{j}}{r}\right) - \frac{1}{r}\ \nabla \times \vec{j} \tag{4-15}$$

式中，旋度和梯度是对场点 P 点坐标 x, y, z 来求的。因为 $\vec{j}$ 为源点 $Q(\varepsilon, \eta, \xi)$ 坐标的函数，而 $\nabla \times \vec{j}$ 则对 x, y, z 来求旋度运算，所以它应该等于零，即 $\nabla \times \vec{j} = 0$。因而：

$$\frac{\vec{j} \times \vec{r}}{r^3} = \nabla \times \left(\frac{\vec{j}}{r}\right) \tag{4-16}$$

代入式(4-11)即得：

$$\vec{B} = \frac{\mu_0}{4\pi} \int_v \frac{\vec{j} \times \vec{r}}{r^3} dv = \frac{\mu_0}{4\pi} \int_v\ \nabla \times \left(\frac{\vec{j}}{r}\right) dv \tag{4-17}$$

因为在这个方程中，微分(求旋度)是对观察 P 点的坐标来进行的，而积分是对载流导体源点 Q 所在区来进行的，所以变更这两个运算的次序，对运算的结果是不会有影响的，因此：

$$\vec{B} = \nabla \times \left(\frac{\mu_0}{4\pi} \int_v \frac{\vec{j}}{r} dv\right) \tag{4-18}$$

引入一个矢量：

$$\vec{A} = \frac{\mu_0}{4\pi} \int_v \frac{\vec{j}}{r} dv \tag{4-19}$$

则：

$$\vec{B} = \nabla \times \vec{A} \tag{4-20}$$

由此可见电流磁场的磁感应强度可以用某一矢量函数的旋度来表示，这个矢量函数 $\vec{A}$ 就称为电流磁场的矢势。磁矢势的引入可以方便求解电流磁场。

对于线电流来说，矢势 $\vec{A}$ 的表示式为：

$$\vec{A} = \frac{\mu_0}{4\pi} \oint_L \frac{I d\vec{l}}{r} \tag{4-21}$$

4.2.2　矢势和标势的对比

矢势 $\vec{A}$ 的引入使电流磁场的研究大为简化,正如标势 U 的引入使静电场的研究大为简化一样。如果将静电场和电流磁场类似的公式加以对比,则矢势和标势之间的相似性就会清楚地显示出来,见表 4-1。

表 4-1　静电场与电流磁场对比

静电场	电流磁场
$\vec{E}=\dfrac{1}{4\pi\varepsilon_0}\int_V \dfrac{\rho_q \vec{r}}{r^3}\mathrm{d}v$	$\vec{B}=\dfrac{\mu_0}{4\pi}\int_V \dfrac{\vec{j}\times\vec{r}}{r^3}\mathrm{d}v$
$U=\dfrac{1}{4\pi\varepsilon_0}\int_V \dfrac{\rho_q}{r}\mathrm{d}v$	$\vec{A}=\dfrac{\mu_0}{4\pi}\int_V \dfrac{\vec{j}}{r}\mathrm{d}v$
$\vec{E}=-\nabla U$	$\vec{B}=\nabla\times\vec{A}$

4.2.3　矢势的微分方程

现在将从矢势的积分公式过渡到矢势的微分公式。引入任意直角坐标系 x,y,z,则矢势 $\vec{A}$ 可以写成下列三个分量:

$$A_x=\frac{\mu_0}{4\pi}\int_V \frac{j_x}{r}\mathrm{d}v,\quad A_y=\frac{\mu_0}{4\pi}\int_V \frac{j_y}{r}\mathrm{d}v,\quad A_z=\frac{\mu_0}{4\pi}\int_V \frac{j_z}{r}\mathrm{d}v \tag{4-22}$$

由此可见,矢势 $\vec{A}$ 的每一个分量的表示都和静电场的标势 U 的表示完全类似:

$$U=\frac{1}{4\pi\varepsilon_0}\int_V \frac{\rho_q}{r}\mathrm{d}v \tag{4-23}$$

由于静电场的标势 U 满足泊松方程:

$$\nabla^2 U=-\frac{\rho_q}{\varepsilon_0} \tag{4-24}$$

因此矢势的各分量也应该满足下列泊松方程:

$$\nabla^2 A_x=-\mu_0 j_x,\quad \nabla^2 A_y=-\mu_0 j_y,\quad \nabla^2 A_z=-\mu_0 j_z \tag{4-25}$$

若将 $\nabla^2\vec{A}$ 理解为一矢量,其沿直角坐标的三个分量为 $\nabla^2 A_x$,$\nabla^2 A_y$,$\nabla^2 A_z$,则上列三个方程可以写成一个矢量公式:

$$\nabla^2\vec{A}=-\mu_0\vec{j} \tag{4-26}$$

这就是矢势 $\vec{A}$ 满足的微分方程。一般说来,当激发磁场的电流密度 $\vec{j}$ 在整个空间里为有限时,则 $\vec{A}$ 满足下列条件:

(1) 矢量 $\vec{A}$ 本身和它的各空间微商,在整个空间中是有限的而且连续的;

(2) 在无限的远处,矢量 $\vec{A}$ 的每一个分量 $A_i\rightarrow 0$。

4.2.4　矢势的散度

因为:

$$\vec{B} = \nabla \times \vec{A} \tag{4-27}$$

设另一矢量：

$$\vec{A}' = \vec{A} + \nabla \varphi \tag{4-28}$$

式中，φ 是一个任意标量函数，因此 $\vec{A}'$ 和 $\vec{A}$ 是两个不同的矢量函数。

对 $\vec{A}'$ 进行旋度运算，即

$$\nabla \times \vec{A}' = \nabla \times \vec{A} + \nabla \times \nabla \varphi = \nabla \times \vec{A} = \vec{B} \tag{4-29}$$

上式说明 $\vec{A}'$ 和 $\vec{A}$ 具有相同的旋度，矢势 $\vec{A}$ 可唯一确定磁感应强度 $\vec{B}$，但由 $\vec{B}$ 并不能唯一确定 $\vec{A}$。矢量场由其散度和旋度，以及一定的边界条件唯一确定。$\vec{B} = \nabla \times \vec{A}$ 仅规定了 $\vec{A}$ 的旋度，可任意规定 $\vec{A}$ 的散度，称为规范条件。一种最简单的规范就是规定矢势 $\vec{A}$ 的散度为 0，即

$$\nabla \cdot \vec{A} = 0 \tag{4-30}$$

上式称为库仑规范，又称库仑条件。

在稳恒的情况下，引入库仑规范可以使得基本方程变得简单。

4.3　稳定磁场的性质

电流磁场的基本定律可以直接从电流磁场的实验定律（毕奥-萨伐尔定律）来求得，但计算比较复杂。当引入矢势以后，这个计算就大为简化，可以进一步来理解磁场的基本定律。

4.3.1　稳定磁场的散度和通量

因为任一矢量旋度的散度总是等于零（$\nabla \cdot \nabla \times \vec{A} = 0$），所以有：

$$\nabla \cdot \vec{B} = 0 \tag{4-31}$$

电流磁场的磁感应强度的散度恒等于零。这说明磁感应线是没有源头的。

如果将上式两边求体积分，并用散度定理转换成面积分，可得通量公式：

$$\oint_S \vec{B} \cdot \vec{\mathrm{d}s} = \int_V \nabla \cdot \vec{B} \, \mathrm{d}v = 0 \tag{4-32}$$

该式表示电流磁场磁感应强度对闭合面的通量恒等于零。

可以看出不论是磁感应强度的积分公式还是微分公式都表示稳定磁场的无源性，即磁感应线的闭合性。

4.3.2　稳定磁场的旋度和环量

对磁感应强度 $\vec{B}$ 取旋度，则得：

$$\nabla \times \vec{B} = \nabla \times (\nabla \times \vec{A}) = \nabla(\nabla \cdot \vec{A}) - \nabla^2 \vec{A} \tag{4-33}$$

由 $\nabla \cdot \vec{A} = 0$ 和 $\nabla^2 \vec{A} = -\mu_0 \vec{j}$，所以上式变为：

$$\nabla \times \vec{B} = \mu_0 \vec{j} \tag{4-34}$$

即某点磁场的旋度等于该点电流密度的 μ_0 倍。这说明磁场是一个有旋场。

如果将式(4-34)两边求面积分,并用斯托克定理将其左边转变成线积分,即可求得磁场的环量定理,也称安培环路定理:

$$\int_S (\nabla \times \vec{B}) \cdot \vec{\mathrm{d}s} = \oint_L \vec{B} \cdot \vec{\mathrm{d}l} = \mu_0 \int_s \vec{j} \cdot \vec{\mathrm{d}s} = \mu_0 I \tag{4-35}$$

即

$$\oint_L \vec{B} \cdot \vec{\mathrm{d}l} = \mu_0 I \tag{4-36}$$

式中,I 表示通过曲线 L 所包围的面 S 上的总电流。即磁场沿任意闭合线的环量等于该曲线所包围的电流强度的总和(代数和)的 μ_0 倍。

将稳定电流磁场的基本规律和静电场的基本规律加以对比,见表 4-2。

表 4-2　稳定电流磁场与静电场对比

场的分类	通　量	散　度	环　量	旋　度
稳定电流磁场	$\oint_S \vec{B} \cdot \vec{\mathrm{d}s} = 0$	$\nabla \cdot \vec{B} = 0$	$\oint_L \vec{B} \cdot \vec{\mathrm{d}l} = \mu_0 I$	$\nabla \times \vec{B} = \mu_0 \vec{j}$
静电场	$\oint_S \vec{E} \cdot \vec{n} \mathrm{d}s = \dfrac{q}{\varepsilon_0}$	$\nabla \cdot \vec{E} = \dfrac{\rho_q}{\varepsilon_0}$	$\oint_L \vec{E} \cdot \vec{\mathrm{d}l} = 0$	$\nabla \times \vec{E} = 0$

由此可见,磁场和静电场不同,它是一个涡旋场。由于磁场的散度处处等于零,它还是一个无散场,因此磁场不可能具有像电荷一样的场源。静电场的势由静电场源头的强度(亦即电场的散度)所决定,同样具有涡旋性的磁场由磁场涡旋的强度(亦即磁场的旋度)所决定。

例题 4.2　设有一个长度为 l 的载流直导线,其中电流强度为 I(图 4-3)。试求导线周围空间中任一 P 点的磁感应强度。

解: 设导线沿 z 轴方向,其中心位于原点,P 点与直导线距离为 r_0,与导线两端夹角分别为 θ_1 和 θ_2。

磁感应强度公式为:

$$\vec{B} = \frac{\mu_0}{4\pi} \int_C \frac{I \vec{\mathrm{d}l} \times \vec{r}}{r^3}$$

其大小为:

$$B = \frac{\mu_0}{4\pi} \int_C \frac{I \mathrm{d}z \, r \sin\theta}{r^3} = \frac{\mu_0}{4\pi} \int_C \frac{I \mathrm{d}z \sin\theta}{r^2}$$

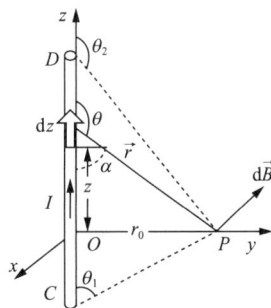

图 4-3　有限长直线电流磁场

由几何关系可知:

$$\sin\alpha = \sin\theta, \quad r = \frac{r_0}{\sin\alpha} = \frac{r_0}{\sin\theta}, \quad z = r_0 \cot\alpha = -r_0 \cot\theta$$

取 z 的微分有 $\mathrm{d}z = \dfrac{r_0 \mathrm{d}\theta}{\sin^2\theta}$,所以:

$$B = \frac{\mu_0}{4\pi} \int_C \frac{I \mathrm{d}z \sin\theta}{r^2} = \frac{\mu_0}{4\pi} \int_C I \sin\theta \, \frac{r_0 \mathrm{d}\theta}{\sin^2\theta} \frac{\sin^2\theta}{r_0^2} = \frac{\mu_0}{4\pi} \frac{I}{r_0} \int_{\theta_1}^{\theta_2} \sin\theta \mathrm{d}\theta$$

$$= -\frac{\mu_0}{4\pi} \frac{I}{r_0} \cos\theta \Big|_{\theta_1}^{\theta_2} = \frac{\mu_0}{4\pi} \frac{I}{r_0} (\cos\theta_1 - \cos\theta_2)$$

即

$$B = \frac{\mu_0}{4\pi} \frac{I}{r_0} (\cos \theta_1 - \cos \theta_2)$$

讨论：

① 当直导线变为一端无限长时，不妨设 $\theta_2 = \pi$，此时磁感应强度为：

$$B = \frac{\mu_0}{4\pi} \frac{I}{r_0} (\cos \theta_1 + 1)$$

② 当直导线变为半无限长时，不妨设 $\theta_2 = \pi$，$\theta_1 = \frac{\pi}{2}$，此时磁感应强度为：

$$B = \frac{\mu_0}{4\pi} \frac{I}{r_0}$$

③ 当直导线变为无限长时，此时 $\theta_2 = \pi$，$\theta_1 = 0$，则磁感应强度为：

$$B = \frac{\mu_0}{2\pi} \frac{I}{r_0}$$

而根据安培环路定理 $\oint_L \vec{B} \cdot \mathrm{d}\vec{l} = \mu_0 I$，无限长直导线电流磁场有如下关系：

$$2\pi r_0 B = \mu_0 I$$

解得：

$$B = \frac{\mu_0}{2\pi} \frac{I}{r_0}$$

上面讨论说明安培环路定理仅适用于闭合的稳恒电流回路，对一段电流不适用。

4.4　元电流(磁偶极子)的磁场

类似研究电介质之前需要研究电偶极子的电场一样，在研究磁介质场之前需要研究元电流的磁场。所谓元电流，就是一个微小的闭合稳定电流，其几何尺度比到观察点的距离小很多，即研究离闭合元电流很远的地方的磁场。

设有一个闭合电流，其电流强度为 I，在靠近电流的某一地方取一原点 O(图 4-4)。设观察点 P 与 O 点的距离为 $\vec{r}$，与线元 d$\vec{l}$ 的距离为 $\vec{R}$，并设 $\vec{r}$ 和 $\vec{R}$ 均比元电流的几何线度大得多。

于是 P 点的矢势为：

$$\vec{A} = \frac{\mu_0 I}{4\pi} \oint_L \frac{\mathrm{d}\vec{l}}{R} \tag{4-37}$$

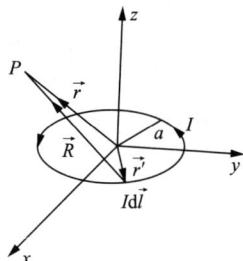

图 4-4　元电流示意图

式中，$\vec{R} = \vec{r} - \vec{r}'$。将 $\frac{1}{R}$ 展开成级数：

$$\frac{1}{R} = \frac{1}{|\vec{r} - \vec{r}'|} = \frac{1}{r} - \vec{r}' \cdot \nabla \frac{1}{r} + \cdots \tag{4-38}$$

由于 $\vec{r} \gg \vec{r}'$，所以：

$$\vec{A} = \frac{\mu_0 I}{4\pi} \oint_L \frac{\vec{\mathrm{d}l}}{r} - \frac{\mu_0 I}{4\pi} \oint_L \left(\vec{r'} \cdot \nabla \frac{1}{r}\right) \vec{\mathrm{d}l} \tag{4-39}$$

上式的第一项 $\dfrac{\mu_0 I}{4\pi} \oint_L \dfrac{\vec{\mathrm{d}l}}{r}$ 在积分过程中 r 是不变的,而且积分沿着闭合回路的矢量之和,应该

等于零。因为 $\vec{\mathrm{d}l} = \vec{\mathrm{d}r'}$,则:

$$\vec{A} = -\frac{\mu_0 I}{4\pi} \oint_L \left(\vec{r'} \cdot \nabla \frac{1}{r}\right) \vec{\mathrm{d}l} = -\frac{\mu_0 I}{4\pi} \oint_L \left(\vec{r'} \cdot \nabla \frac{1}{r}\right) \vec{\mathrm{d}r'}$$

$$= -\frac{\mu_0 I}{4\pi} \left[\frac{1}{2} \oint_L \left(\vec{r'} \cdot \nabla \frac{1}{r}\right) \vec{\mathrm{d}r'} - \frac{1}{2} \oint_L \left(\vec{\mathrm{d}r'} \cdot \nabla \frac{1}{r}\right) \vec{r'} + \right.$$

$$\left. \frac{1}{2} \oint_L \left(\vec{\mathrm{d}r'} \cdot \nabla \frac{1}{r}\right) \vec{r'} + \frac{1}{2} \oint_L \left(\vec{r'} \cdot \nabla \frac{1}{r}\right) \vec{\mathrm{d}r'} \right] \tag{4-40}$$

式中,第一项和最后一项是原来积分所分成的两部分,中间两项之和为零。现在将最后两项

相加,得:

$$\oint_L \left(\vec{\mathrm{d}r'} \cdot \nabla \frac{1}{r}\right) \vec{r'} + \oint_L \left(\vec{r'} \cdot \nabla \frac{1}{r}\right) \vec{\mathrm{d}r'} = \oint_L \mathrm{d}\left[\left(\vec{r'} \cdot \nabla \frac{1}{r}\right) \vec{r'}\right] = 0 \tag{4-41}$$

这是由于任何全微分沿闭合回路的积分恒等于零的缘故。又由矢量公式:

$$\vec{a} \times (\vec{b} \times \vec{c}) = \vec{b}(\vec{a} \cdot \vec{c}) - \vec{c}(\vec{a} \cdot \vec{b}) \tag{4-42}$$

因为:

$$\left(\vec{\mathrm{d}r'} \cdot \nabla \frac{1}{r}\right) \vec{r'} - \left(\vec{r'} \cdot \nabla \frac{1}{r}\right) \vec{\mathrm{d}r'} = \nabla \left(\frac{1}{r}\right) \times (\vec{r'} \times \vec{\mathrm{d}r'}) \tag{4-43}$$

所以:

$$\vec{A} = \frac{\mu_0 I}{4\pi} \frac{1}{2} \oint_L \nabla \left(\frac{1}{r}\right) \times (\vec{r'} \times \vec{\mathrm{d}r'}) = \frac{\mu_0 I}{8\pi} \nabla \left(\frac{1}{r}\right) \times \oint_L (\vec{r'} \times \vec{\mathrm{d}r'}) \tag{4-44}$$

引入一个矢量:

$$\vec{m} = \frac{I}{2} \oint_L (\vec{r'} \times \vec{\mathrm{d}l}) \tag{4-45}$$

这个矢量 $\vec{m}$ 称为电流的磁矩。

对于圆形平面电流回路(图 4-5)来说:

$$\frac{1}{2} \vec{r'} \times \vec{\mathrm{d}l} = \vec{\mathrm{d}s}, \quad \frac{1}{2} \oint_L (\vec{r'} \times \vec{\mathrm{d}l}) = \vec{s} \tag{4-46}$$

因此:

$$\vec{m} = I\vec{s} \tag{4-47}$$

式中 $\vec{s}$ 是回路的面积矢量,其方向沿面积的正法线(按电流回转的

右手螺旋法则来确定)。由此可知电流的磁矩垂直于回路平面,并沿面积的正法线方向。

引入磁矩概念后,矢势可以写成下列形式:

$$\vec{A} = \frac{\mu_0}{4\pi} \nabla \left(\frac{1}{r}\right) \times \vec{m} = \frac{\mu_0}{4\pi} \cdot \left(-\frac{\vec{r}}{r^3}\right) \times \vec{m} = \frac{\mu_0}{4\pi} \cdot \frac{\vec{m} \times \vec{r}}{r^3} \tag{4-48}$$

由此可求得元电流的磁感应强度为:

$$\vec{B} = \nabla \times \vec{A} = \frac{\mu_0}{4\pi} \left(\frac{3(\vec{m} \cdot \vec{r})\vec{r}}{r^5} - \frac{\vec{m}}{r^3}\right) \tag{4-49}$$

现在将电偶极子的电场与元电流的磁场进行对比,见表 4-3 。

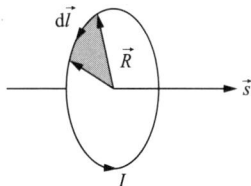

图 4-5　磁矩示意图

表 4-3 电偶极子的电场与元电流的磁场对比

场的分类	势	场 强
电偶极子的电场	$U = \dfrac{1}{4\pi\varepsilon_0} \dfrac{\vec{p} \cdot \vec{r}}{r^3}$	$\vec{E} = \dfrac{1}{4\pi\varepsilon_0}\left(\dfrac{3\vec{p} \cdot \vec{r}}{r^5}\vec{r} - \dfrac{\vec{p}}{r^3}\right)$
元电流的磁场	$\vec{A} = \dfrac{\mu_0}{4\pi} \cdot \dfrac{\vec{m} \times \vec{r}}{r^3}$	$\vec{B} = \dfrac{\mu_0}{4\pi}\left(\dfrac{3(\vec{m} \cdot \vec{r})\vec{r}}{r^5} - \dfrac{\vec{m}}{r^3}\right)$

由此可见,两种场的数学表示形式完全相似,这说明电偶极子的电场和元电流的磁场在远处有相同的结构,但在近处,这两种场是不同的(图 4-6)。基于这种相似性可以引入一个虚构的"磁偶极子"的概念,它在远处产生的磁场和元电流完全等效,它的等效磁矩为 $\vec{m} = \vec{I}s$。

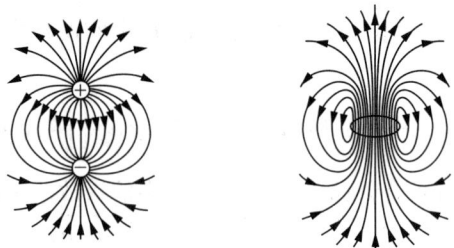

（a）电偶极子的电场 　　　（b）元电流的磁场

图 4-6 元电流和电偶极子的对比

4.5 磁介质中的稳定磁场

在磁场中能够产生磁化的物体称为磁介质。正如电介质置于自由电荷的电场中会因极化而产生附加电场一样,磁介质置于电流的磁场中也会因磁化而产生附加磁场,从而改变外磁场。所有电介质都会随着外部电场的消失而退极化。大多数磁介质在外磁场的作用下发生磁化,但当外磁场消失时会完全退磁(例如顺磁体和抗磁体的暂时磁化或感应磁化)。然而,还有一类磁介质(如铁磁介质),即使在外磁场消失后仍能保持磁化状态(称为永磁或剩磁),它们不仅能改变磁场,还能独立激发磁场。

磁场是由运动电荷(电流)产生的,而磁化介质产生的磁场则是由磁介质内的分子电流引起的。分子电流是分子内部电子运动(环绕原子核电子本身的自旋)形成的微观电流,可以视为元电流。在没有外加磁场时,分子电流的磁矩呈杂乱分布,总磁矩矢量和为零,因此它们的磁场相互抵消。当存在外加磁场时,分子电流的磁矩会不同程度地转向外加磁场方向,使磁介质磁化并产生附加磁场。

分子电流与一般的传导电流不同:分子电流被限制在微观空间内,而传导电流则是宏观距离上的电荷移动。在传导电流通过的磁介质中,必须同时考虑这两种电流的存在。在介质中的每一点,电流密度应等于分子电流密度 $\vec{j}_{分子}$ 和传导电流密度 $\vec{j}_{传导}$ 之和,即

$$\vec{j}_{总} = \vec{j}_{分子} + \vec{j}_{传导} \tag{4-50}$$

4.5.1　磁化强度及磁化电流

1）磁化强度

当无数元电流构成体分布时,需要引入单位体积内的磁矩来描述磁介质的磁化特征。假设 ΔV 体积内的分子磁矩为:

$$\vec{m}_i = \frac{I}{2}\oint_L (\vec{r}' \times \vec{\mathrm{d}l})\tag{4-51}$$

定义单位体积内的磁矩为磁化强度 $\vec{M}$,即

$$\vec{M} = \lim_{\Delta V \to 0} \frac{\sum \vec{m}_i}{\Delta V} = \lim_{\Delta V \to 0} \frac{\vec{m}}{\Delta V}\tag{4-52}$$

式中,$\vec{m}$ 为体元 ΔV 内分子磁矩的矢量和,称为等效磁矩。

2）磁化电流

磁化介质产生的场可以看成无数个元电流构成的体分布产生的场。设磁化介质的体积为 V,表面积是 S,磁化强度为 $\vec{M}$,计算在介质外部任一点的磁矢势（图 4-7）。

由磁场的叠加原理可知,$\mathrm{d}v$ 体积元内的元电流组在远处（$\vec{r}$）所引起的矢势应等于 $\mathrm{d}v$ 内所有元电流矢势的和,即

$$\mathrm{d}\vec{A} = \frac{\mu_0}{4\pi} \frac{\sum \vec{m} \times \vec{r}}{r^3} = \frac{\mu_0}{4\pi} \frac{\vec{M} \times \vec{r}}{r^3}\mathrm{d}v\tag{4-53}$$

因此,对于体积 V 来说,全部磁介质在 $\vec{r}$ 处产生的磁矢势为:

$$\vec{A} = \frac{\mu_0}{4\pi}\int_v \frac{\vec{M} \times \vec{r}}{r^3}\mathrm{d}v = \frac{\mu_0}{4\pi}\int_v \vec{M} \times \left(\nabla \frac{1}{r}\right)\mathrm{d}v\tag{4-54}$$

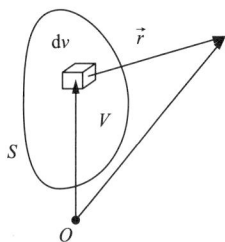

图 4-7　元电流体分布

上式中是对源点求梯度,这一积分显然可以遍及整个空间（因为在元电流不存在的区域 $\vec{M} = \vec{0}$）。

上式被积函数可以用下列矢量公式来转换（对场源点坐标求旋度）:

$$\nabla \times \left(\frac{1}{r}\vec{M}\right) = \frac{1}{r}\nabla \times \vec{M} + \left(\nabla \frac{1}{r}\right) \times \vec{M}\tag{4-55}$$

因此可得:

$$\vec{A} = \frac{\mu_0}{4\pi}\int_v \frac{\nabla \times \vec{M}}{r}\mathrm{d}v - \frac{\mu_0}{4\pi}\int_v \nabla \times \left(\frac{\vec{M}}{r}\right)\mathrm{d}v\tag{4-56}$$

利用矢量恒等式 $\int_v \nabla \times \vec{F}\mathrm{d}v = -\oint_s \vec{F} \times \mathrm{d}\vec{s}$,可将第二项积分变换成沿着包含积分体积 V 的表面 S 的积分,因此:

$$\vec{A} = \frac{\mu_0}{4\pi}\int_v \frac{\nabla \times \vec{M}}{r}\mathrm{d}v + \frac{\mu_0}{4\pi}\oint_s \frac{\vec{M} \times \vec{n}}{r}\mathrm{d}s\tag{4-57}$$

将该结果与磁矢势 $\vec{A} = \frac{\mu_0}{4\pi}\int_v \frac{\vec{j}}{r}\mathrm{d}v$ 的定义对比,显然元电流体分布产生的矢势和下列电流密度产生的矢势相同:

$$\overrightarrow{j}_m = \mathbf{\nabla} \times \overrightarrow{M} \tag{4-58}$$

$$\overrightarrow{j}_{ms} = \overrightarrow{M} \times \overrightarrow{n} \tag{4-59}$$

式中,$\overrightarrow{j}_m$ 为磁化电流体密度,$\overrightarrow{j}_{ms}$ 为磁化电流面密度。

  磁化电流如图 4-8 所示,磁介质磁化后将有磁化电流存在,它是由磁介质内分子电流的有序取向形成的。磁化电流也会产生磁场,从而影响原外磁场。

图 4-8   磁化电流

4.5.2   磁介质中的场方程

  在外磁场的作用下,磁介质内部有磁化电流,磁化电流和外传导电流 I 都产生磁场。下面研究磁介质存在时,磁场满足的基本方程。

1)稳定电流磁场的通量和散度

  当磁介质存在时,场中除传导电流外,还有分子电流存在,这些电流的磁场具有同样性质,即都服从毕奥-萨伐尔定律,也就是说都是无散场,因而磁场的散度为:

$$\mathbf{\nabla} \cdot \overrightarrow{B} = 0 \tag{4-60}$$

和

$$\oint_S \overrightarrow{B} \cdot \overrightarrow{\mathrm{d}s} = \int_V \mathbf{\nabla} \cdot \overrightarrow{B} \mathrm{d}v = 0 \tag{4-61}$$

式中,$\overrightarrow{B}$ 是介质中的磁感应强度,为两种电流(传导电流和分子电流)产生的总磁场。

2)稳定电流磁场的旋度和环量

  当有磁介质存在时,由于在任何点上有两种电流存在,因而在该点上磁场的旋度等于 $\mu_0 \overrightarrow{j}_{all}$,即

$$\mathbf{\nabla} \times \overrightarrow{B} = \mu_0 \overrightarrow{j}_{all} = \mu_0 (\overrightarrow{j} + \overrightarrow{j}_m) = \mu_0 (\overrightarrow{j} + \mathbf{\nabla} \times \overrightarrow{M}) \tag{4-62}$$

或

$$\mathbf{\nabla} \times \left(\frac{\overrightarrow{B}}{\mu_0} - \overrightarrow{M} \right) = \overrightarrow{j} \tag{4-63}$$

  引入一个物理量

$$\overrightarrow{H} = \frac{\overrightarrow{B}}{\mu_0} - \overrightarrow{M} \tag{4-64}$$

称为磁场强度,则上式变为:

$$\mathbf{\nabla} \times \overrightarrow{H} = \overrightarrow{j} \tag{4-65}$$

换言之,当有磁介质存在时,磁场强度 $\overrightarrow{H}$ 的旋度仅与传导电流 $\overrightarrow{j}$ 有关,而与磁化电流 $\overrightarrow{j}_m$ 无关。

  若将上式两边求面积分,并用斯托克斯定理,则得磁场强度的环量定理:

$$\oint_L \overrightarrow{H} \cdot \overrightarrow{\mathrm{d}l} = \int_S (\mathbf{\nabla} \times \overrightarrow{H}) \cdot \overrightarrow{\mathrm{d}s} = \int_S \overrightarrow{j} \cdot \overrightarrow{\mathrm{d}s} = I \tag{4-66}$$

式中,I 表示通过 L 曲线的面积的总电流。因此,当磁介质存在时,磁场强度沿闭合回路 L 的

环量等于通过回路面积的总传导电流 I。

　　实际上，上述方程对于磁介质不存在时也是正确的，因为当磁介质不存在时($\vec{M}=0$)，此时满足 $\vec{B}=\mu_0\vec{H}$。但是当磁介质存在时，必须注意只有 $\vec{B}$ (而不是 $\vec{H}$) 的散度才等于零，只有 $\vec{H}$ (而不是 $\vec{B}$) 的旋度才等于 $\vec{j}$。

　　3）磁导率

　　基于磁化强度 $\vec{M}$ 和磁场强度 $\vec{H}$ 之间的关系，磁介质可以分为三类：顺磁介质、反磁介质和铁磁介质。在前两种磁介质中，$\vec{M}$ 和 $\vec{H}$ 基本上呈线性关系(在有限的磁场和通常温度下)，而在铁磁介质中，$\vec{M}$ 和 $\vec{H}$ 不成线性关系，和过去的磁化历史有关。

　　在顺、反磁介质中，实验证明 $\vec{M}$ 和 $\vec{H}$ 成正比例，即

$$\vec{M}=\kappa\vec{H} \tag{4-67}$$

式中，κ 称为磁化率，形式上和电介质中的电极化率 κ 相同，它的数值依赖于这一磁介质的物理和化学性质。顺磁介质的磁化率具有正值，也就是说磁化强度 $\vec{M}$ 的方向和磁场强度 $\vec{H}$ 的方向相同。反磁介质则不同，它的磁化率是负数，也就是说磁化强度 $\vec{M}$ 的方向和磁场强度 $\vec{H}$ 的方向相反。顺磁介质和反磁介质的 κ 通常都很小。

　　根据式(4-64) 可得：

$$\vec{B}=\mu_0(\vec{H}+\vec{M})=\mu_0(\vec{H}+\kappa\vec{H})=\mu_0(1+\kappa)\vec{H} \tag{4-68}$$

令 $\mu_r=(1+\kappa)$，称为相对磁导率，是一个纯数，在反磁介质中，因 $\kappa<0$，所以 $\mu_r<1$；在顺磁介质中 $\kappa>0$，所以 $\mu_r>1$；在真空中 $\kappa=0$，$\mu_r=1$。

引入一个和介电常数类似的量叫作磁导率 μ：

$$\mu=\mu_0\mu_r \tag{4-69}$$

则上式可以写成下列形式：

$$\vec{B}=\mu\vec{H} \tag{4-70}$$

即 $\vec{B}$ 和 $\vec{H}$ 成正比例关系。

　　4）磁介质中的矢势

　　当磁介质存在时，由于有两种电流存在，矢势及其所满足的微分方程变为：

$$\vec{A}=\frac{\mu_0}{4\pi}\int_v \frac{(\vec{j}+\nabla\times\vec{M})}{r}\mathrm{d}v \tag{4-71}$$

$$\nabla^2\vec{A}=-\mu_0(\vec{j}+\nabla\times\vec{M}) \tag{4-72}$$

　　在特殊情况下，当均匀介质存在时，κ 为常数，因此：

$$\vec{j}+\nabla\times\vec{M}=\vec{j}+\kappa\nabla\times\vec{H}=\vec{j}+\kappa\vec{j}=(1+\kappa)\vec{j}=\mu_r\vec{j} \tag{4-73}$$

所以在均匀介质中：

$$\vec{A}=\frac{\mu_0}{4\pi}\int_v \frac{\mu_r\vec{j}}{r}\mathrm{d}v=\frac{\mu}{4\pi}\int_v \frac{\vec{j}}{r}\mathrm{d}v \tag{4-74}$$

$$\nabla^2\vec{A}=-\mu_0\mu_r\vec{j}=-\mu\vec{j} \tag{4-75}$$

因此，在均匀磁介质中，矢势 $\vec{A}$ 比同样电流 $\vec{j}$ 分布在真空中时所引起的矢势增加 μ_r 倍，磁化电流的影响包含在系数 μ_r 中。

5）磁介质中的毕奥-萨伐尔定律

在磁介质中，由于有两种电流存在，毕奥-萨伐尔定律应改写为：

$$\vec{B} = \frac{\mu_0}{4\pi} \int_v \frac{(\vec{j} + \vec{j}_m) \times \vec{r}}{r^3} \mathrm{d}v = \frac{\mu_0}{4\pi} \int_v \frac{(\vec{j} + \nabla \times \vec{M}) \times \vec{r}}{r^3} \mathrm{d}v \tag{4-76}$$

对于均匀磁介质来说，上式变为：

$$\vec{B} = \frac{\mu}{4\pi} \int_v \frac{\vec{j} \times \vec{r}}{r^3} \mathrm{d}v \tag{4-77}$$

对应磁场强度 $\vec{H}$ 则为：

$$\vec{H} = \frac{1}{4\pi} \int_v \frac{\vec{j} \times \vec{r}}{r^3} \mathrm{d}v \tag{4-78}$$

4.6 稳定磁场的连续性条件及场方程

4.6.1 稳定磁场的连续性条件

在求解磁场问题时，需要知道 $\vec{B}$，$\vec{H}$ 和矢势 $\vec{A}$ 在通过介质分界面时的连续性（边界条件）问题。

1）磁感应强度 $\vec{B}$ 法线分量的连续性

在界面上作一个扁平圆柱形闭合面（图 4-9），并运用通量公式 $\oint_S \vec{B} \cdot \mathrm{d}\vec{s} = 0$，则可以求得：

$$\oint_S \vec{B} \cdot \mathrm{d}\vec{s} = \vec{B}_2 \cdot \vec{n} \Delta s - \vec{B}_1 \cdot \vec{n} \Delta s = \vec{n} \cdot (\vec{B}_2 - \vec{B}_1) \Delta s \tag{4-79}$$

即

$$B_{2n} - B_{1n} = 0 \tag{4-80}$$

由 $\vec{B} = \mu \vec{H}$ 有：

$$\mu_2 H_{2n} = \mu_1 H_{1n} \tag{4-81}$$

即当通过边界面时，磁感应强度的法向分量是连续的。

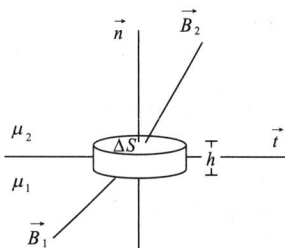

图 4-9 法向条件示意图　　　　图 4-10 切向条件示意图

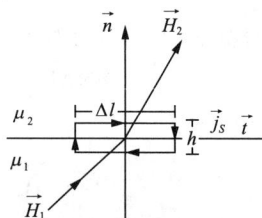

2）磁场强度 $\vec{H}$ 切向分量的连续性

在界面上紧靠界面作一狭窄的长方形闭合曲线（图 4-10），则由式（4-66）可得：

$$\oint_L \vec{H} \cdot \mathrm{d}\vec{l} = \int_S \vec{j} \cdot \mathrm{d}\vec{s} \tag{4-82}$$

则有

$$\oint_L \vec{H} \cdot \mathrm{d}\vec{l} = (H_{2t} - H_{1t})\Delta l = I \tag{4-83}$$

式中，H_{2t} 和 H_{1t} 为磁场沿切向 t 方向的分量，I 为通过闭合曲线的总电流。

因为 $h \to 0$，如果分界面的薄层内有传导电流，则为面电流，在回路所围的面积上其面电流密度为 $\vec{j}_s$，则有：

$$H_{2t} - H_{1t} = j_s \tag{4-84}$$

当界面上有面电流存在时，则在界面两侧，磁场强度的切向分量是不连续的。当界面上没有面电流时，则磁场的切向分量是连续的，即

$$H_{2t} = H_{1t} \tag{4-85}$$

3）矢势 $\vec{A}$ 的连续性

考虑 $\vec{A}$ 的环量

$$\oint_L \vec{A} \cdot \mathrm{d}\vec{l} = \int_S \nabla\times\vec{A} \cdot \mathrm{d}\vec{s} = \int_S \vec{B} \cdot \mathrm{d}\vec{s} \tag{4-86}$$

当 $h \to 0$ 时，通过闭合曲线 $abcd$ 的磁通量为零，所以：

$$\oint_{abcd} \vec{A} \cdot \mathrm{d}\vec{l} = 0 \tag{4-87}$$

即

$$A_{1t} = A_{2t} \tag{4-88}$$

说明界面两侧 $\vec{A}$ 的切向分量连续。

又由库仑规范（$\nabla\cdot\vec{A}=0$）和散度定律可得：

$$\int_V \nabla\cdot\vec{A}\,\mathrm{d}v = \oint_S \vec{A} \cdot \mathrm{d}\vec{s} = 0 \tag{4-89}$$

跟磁感应强度 $\vec{B}$ 的法向分量连续的推导过程类似，可得：

$$A_{1n} = A_{2n} \tag{4-90}$$

说明界面两侧 $\vec{A}$ 的法向分量连续。
因此矢势在法向和切向都是连续的，所以：

$$\vec{A}_1 = \vec{A}_2 \tag{4-91}$$

4.6.2　稳定磁场的场方程

把稳定电流磁场的基本方程和边界条件归纳在一起时，有下列一组方程：

$$\begin{cases} \nabla\cdot\vec{B}=0, & B_{2n}-B_{1n}=0 \\ \nabla\times\vec{H}=\vec{j}, & H_{2t}-H_{1t}=j_s \\ \vec{B}=\mu\vec{H} \end{cases} \tag{4-92}$$

这就是磁介质存在时稳定电流磁场的完整方程组。这就是说,如果已知体电流密度$\vec{j}$和面电流密度j_s的分布及介质中任意点的磁导率μ,则磁场$\vec{H}$和$\vec{B}$就唯一地被方程组(4-92)来决定(正演问题);反之,如果空间各点的μ和磁场强度$\vec{H}$(或$\vec{B}$)为已知,那么方程组(4-92)唯一地决定电流$\vec{j}$和j_s的分布(反演问题)。

在均匀介质的情况下,μ为常数,方程组(4-92)变为:

$$\begin{cases} \nabla \cdot \vec{H} = 0, & H_{2n} - H_{1n} = 0 \\ \nabla \times \vec{H} = \vec{j}, & H_{2t} - H_{1t} = j_s \\ \vec{B} = \mu \vec{H} \end{cases} \tag{4-93}$$

4.7 稳定磁场的能量

假设在各向同性、线性介质中,电流和磁场的建立过程是缓慢进行的,没有电磁能量的辐射和其他损耗。磁场建立过程中外源做功是由外电源提供能量,通过克服感应电动势做功,将能量转化为磁场中储存的能量。

4.7.1 载流回路体系的能量

考虑电感为L的单个载流回路l,其电流由零逐渐增加到I。设电流已增加到i,经过$\mathrm{d}t$时间增量为$\mathrm{d}i$,导致周围空间磁场变化,在l回路中产生的磁通增量为$\mathrm{d}\Phi$,进而在l回路中引起感应电动势,产生对抗磁通量变化的感应电流。在$\mathrm{d}t$时间内,为保持电流随时间逐步地增长,外源需要克服感应电动势做功为:

$$\mathrm{d}W = U\mathrm{d}q = Ui\,\mathrm{d}t \tag{4-94}$$

电势U等于磁通量的变化率,即

$$U = \frac{\mathrm{d}\Phi}{\mathrm{d}t} = L\,\frac{\mathrm{d}i}{\mathrm{d}t} \tag{4-95}$$

整个过程外源做功转化为磁场能量:

$$W_m = \int \mathrm{d}W = \int_0^I Ui\,\mathrm{d}t = \int_0^I Li\,\mathrm{d}i = \frac{1}{2}LI^2 \tag{4-96}$$

可以看到,磁场能量只与回路电流最终状态有关,与建立过程无关。

有两个载流回路l_1和l_2,自感分别为L_1和L_2,互感为M_{12}。首先考虑载流回路l_1,其电流由零逐渐增加到I_1,外源所做的功为:

$$W_{m1} = \frac{1}{2}L_1 I_1^2 \tag{4-97}$$

然后保持载流回路l_1中电流I_1不变,载流回路l_2中电流从零逐渐增加到I_2,在$\mathrm{d}t$时间内外源做的功为:

$$\mathrm{d}W_{m2} = U_1 I_1 \mathrm{d}t + U_2 i_2 \mathrm{d}t \tag{4-98}$$

电压分别为:

$$U_1 = \frac{\mathrm{d}\Phi_{12}}{\mathrm{d}t} = M_{12}\frac{\mathrm{d}i_2}{\mathrm{d}t}, \quad U_2 = \frac{\mathrm{d}\Phi_{22}}{\mathrm{d}t} = L_2\frac{\mathrm{d}i_2}{\mathrm{d}t}$$

其中 $\mathrm{d}\Phi_{12}$ 表示两个载流回路 l_1 和 l_2 由于互感产生的磁通增量，$\mathrm{d}\Phi_{22}$ 表示载流回路 l_2 由于自感产生的磁通增量。

载流回路 l_2 中电流从零逐渐增加到 I_2，外源做的功为：

$$
\begin{aligned}
W_{m2} &= \int \mathrm{d}W_{m2} = \int_0^{I_2} U_1 I_1 \mathrm{d}t + \int_0^{I_2} U_2 i_2 \mathrm{d}t \\
&= \int_0^{I_2} M_{12} I_1 \mathrm{d}i_2 + \int_0^{I_2} L_2 i_2 \mathrm{d}i_2 \\
&= M_{12} I_1 I_2 + \frac{1}{2} L_2 I_2^2
\end{aligned}
\tag{4-99}
$$

系统总的磁场能量为：

$$
\begin{aligned}
W_m &= W_{m1} + W_{m2} = \frac{1}{2} L_1 I_1^2 + M_{12} I_1 I_2 + \frac{1}{2} L_2 I_2^2 \\
&= \frac{1}{2}\left[I_1(L_1 I_1 + M_{12} I_2) + I_2(L_2 I_2 + M_{12} I_1) \right] \\
&= \frac{1}{2}\left[I_1 \Phi_1 + I_2 \Phi_2 \right] = \frac{1}{2}\sum_{k=1}^2 I_k \Phi_k
\end{aligned}
\tag{4-100}
$$

推广到 n 个载流回路，系统总的磁场能量为：

$$W_m = \frac{1}{2}\sum_{k=1}^n I_k \Phi_k \tag{4-101}$$

可以将式(4-101)基于电流、自感和互感改写为：

$$W_m = \frac{1}{2}\sum_{k=1}^n L_k I_k^2 + \frac{1}{2}\sum_{k=1}^n \sum_{j=1, j\neq k}^n M_{kj} I_k I_j \tag{4-102}$$

$L_k I_k^2$ 与载流回路自身的电流及自感系数有关，称为自有能。$M_{kj} I_k I_j$ 与载流回路的电流及互感系数有关，称为互有能。这样系统总的磁场能量可以区分为自有能和互有能。

考虑到磁通量 $\Phi = \int_S \vec{B} \cdot \mathrm{d}\vec{s}, \vec{B} = \mathbf{\nabla}\times\vec{A}$，可以得到：

$$\Phi = \int_S (\mathbf{\nabla}\times\vec{A}) \cdot \mathrm{d}\vec{s} = \oint_L \vec{A} \cdot \mathrm{d}\vec{l} \tag{4-103}$$

所以：

$$W_m = \frac{1}{2}\sum_{k=1}^n \oint_{l_k} I_k \vec{A} \cdot \mathrm{d}\vec{l} \tag{4-104}$$

上式中积分区域包含所有载流回路。对于体电流分布情况（区域为包含所有载流回路的体积），有 $I\mathrm{d}\vec{l} \Rightarrow \vec{j}\mathrm{d}v$，则：

$$W_m = \frac{1}{2}\int_v \vec{A} \cdot \vec{j} \mathrm{d}v \tag{4-105}$$

从上式可以看出，电流是磁场能量的携带者，磁场能量为电流相互作用的能量。如果把它理解为磁场能量只存在于电流分布的空间，这是错误的。电流系统一旦形成，磁场也就随之形成。磁场是物质的一种特殊形式，它也具有动量和能量。因此，磁场能量并不局限于电流系内部，而是分布在所有充满磁场的空间中。

4.7.2 稳定磁场的能量和能量密度

为了更好地理解稳定磁场能量分布在所有充满磁场的空间中,需要进一步探讨稳定磁场能量的另一个表达式。

设在体积 V' 中连续分布有密度为 j 的电流,则此电流源产生的所有磁场能量为:

$$W_m = \frac{1}{2} \int_{V'} \vec{A} \cdot \vec{j} \, \mathrm{d}v' \qquad (4\text{-}106)$$

将积分区域从场源 V' 扩展到包含 V' 的无限大体积 V,如图 4-11 所示,增加的区域内电流密度为零,对积分并无影响,因此:

$$W_m = \frac{1}{2} \int_{V'} \vec{A} \cdot \vec{j} \, \mathrm{d}v' = \frac{1}{2} \int_{V} \vec{A} \cdot \vec{j} \, \mathrm{d}v \qquad (4\text{-}107)$$

考虑到 $\nabla \times \vec{H} = \vec{j}$,则:

$$W_m = \frac{1}{2} \int_{V} \vec{A} \cdot (\nabla \times \vec{H}) \, \mathrm{d}v \qquad (4\text{-}108)$$

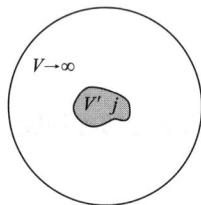

图 4-11 积分区域示意图

根据矢量恒等式 $\nabla \cdot (\vec{H} \times \vec{A}) = \vec{A} \cdot (\nabla \times \vec{H}) - \vec{H} \cdot (\nabla \times \vec{A})$,式(4-108)进一步写为:

$$
\begin{aligned}
W_m &= \frac{1}{2} \int_{V} \left[\nabla \cdot (\vec{H} \times \vec{A}) + \vec{H} \cdot (\nabla \times \vec{A}) \right] \mathrm{d}v \\
&= \frac{1}{2} \oint_{S} (\vec{H} \times \vec{A}) \cdot \vec{\mathrm{d}s} + \frac{1}{2} \int_{V} \vec{H} \cdot \vec{B} \, \mathrm{d}v
\end{aligned} \qquad (4\text{-}109)
$$

研究的是整个空间的场(无限大体积 V),无限远处($r \to \infty$)曲面 S 上积分为零,则:

$$W_m = \frac{1}{2} \int_{V} \vec{H} \cdot \vec{B} \, \mathrm{d}v = \frac{1}{2} \int_{V} \vec{H} \cdot \mu \vec{H} \, \mathrm{d}v = \int_{V} \frac{\mu H^2}{2} \, \mathrm{d}v \qquad (4\text{-}110)$$

上式为普遍情况下稳定磁场能量表达式,揭示了稳定磁场的能量分布于磁场存在的空间。

单位体积的能量即能量体密度 w_m 为:

$$w_m = \frac{\mu H^2}{2} = \frac{1}{2} \vec{B} \cdot \vec{H} \qquad (4\text{-}111)$$

4.8 磁标势与磁荷

4.8.1 磁标势和磁荷的定义

磁场是一个有旋场,通常不存在标势。但在特定条件下,可以引入类似于静电场的标势来描述磁场。例如,通过引入一个不可穿透的假想壁障,将所有电流封闭起来,并规定不在电流所在区域进行旋度运算,也不穿过壁障进行环量运算。这样,在求解区域内无自由电流分布($\vec{j} = 0$),因此该区域的磁场强度是无旋的,可表示为:

$$\nabla \times \vec{H} = 0 \qquad (4\text{-}112)$$

在上述规定条件下磁场强度的线积分与路径无关。因此和静电场完全相似,这时去确定磁场的标势 U_m 是可能的,即在无传导电流($\vec{j} = 0$)的区域内磁场强度 $\vec{H}$ 是无旋的,磁场强度可表示为一个标量函数的负梯度：

$$\vec{H} = -\boldsymbol{\nabla} U_m \tag{4-113}$$

式中，U_m 称为磁场的磁标势（标量磁位），单位为 A（安培）。需要注意的是上式中的负号是为了与静电势对应而人为加入的，并且磁标势不具有磁场力做功的含义。

由此可知在上述规定条件下，磁场的完整方程变为：

$$\begin{cases} \boldsymbol{\nabla}\cdot\vec{B}=0, & B_{2n}-B_{1n}=0 \\ \vec{B}=\mu\vec{H}, & \vec{H}=-\boldsymbol{\nabla}U_m \end{cases} \tag{4-114}$$

4.8.2　磁标势的方程

在均匀磁介质中，因为：

$$\boldsymbol{\nabla}\cdot\vec{B} = \boldsymbol{\nabla}\cdot(\mu\vec{H}) = 0 \tag{4-115}$$

所以：

$$\boldsymbol{\nabla}\cdot(-\mu\;\boldsymbol{\nabla}U_m) = -\mu\;\boldsymbol{\nabla}^2 U_m = 0 \tag{4-116}$$

即

$$\boldsymbol{\nabla}^2 U_m = 0 \tag{4-117}$$

该式说明在均匀磁介质中，若所研究的区域内无传导电流存在，稳恒磁场的求解问题可归结为求解磁标势的拉普拉斯方程的边值问题。

而对于非均匀介质，在无源区（$j=0$）则有：

$$\vec{B} = \mu_0(\vec{H}+\vec{M}) \text{ 且 } \vec{H} = -\boldsymbol{\nabla}U_m \tag{4-118}$$

因此：

$$\boldsymbol{\nabla}\cdot\vec{B} = \boldsymbol{\nabla}\cdot(\mu_0\vec{H}+\mu_0\vec{M}) = -\mu_0\;\boldsymbol{\nabla}^2 U_m + \mu_0\;\boldsymbol{\nabla}\cdot\vec{M} = 0 \tag{4-119}$$

即

$$\boldsymbol{\nabla}^2 U_m = \boldsymbol{\nabla}\cdot\vec{M} \tag{4-120}$$

对比静电场 $\boldsymbol{\nabla}^2 U = -\dfrac{\rho_q}{\varepsilon_0}$ 对比，则有：

$$\rho_m = -\mu_0\;\boldsymbol{\nabla}\cdot\vec{M} \tag{4-121}$$

和静电场比较，这个量应称为磁荷。显然磁荷是一个虚构的概念，并不实际存在，它表示磁介质的磁化强度的负散度，也表示磁场强度 $\vec{H}$ 的源头。严格说来，这里引入的磁荷相当于电介质中的束缚电荷，由于 $\boldsymbol{\nabla}\cdot\vec{B}=0$，所以相当于自由电荷的磁荷是不存在的。

进一步可求得磁标势所满足的微分方程：

$$\boldsymbol{\nabla}^2 U_m = -\dfrac{\rho_m}{\mu_0} \tag{4-122}$$

当 $\rho_m=0$ 时，即在均匀介质（$\vec{M}$ 为常量）存在的区域中或在没有介质的区域中（$\vec{M}=0$），这时上式变为：

$$\boldsymbol{\nabla}^2 U_m = 0 \tag{4-123}$$

即在非均匀介质区域，磁标势满足泊松方程，在均匀介质存在（或没有介质）的区域中，磁标势满足拉普拉斯方程。

由静电场可知，电偶极子的电场为：

$$\vec{E} = -\nabla U = -\nabla\left(\frac{1}{4\pi\varepsilon_0}\frac{\vec{p}\cdot\vec{r}}{r^3}\right) = \frac{1}{4\pi\varepsilon_0}\left(\frac{3\vec{p}\cdot\vec{r}}{r^5}\vec{r} - \frac{\vec{p}}{r^3}\right) \tag{4-124}$$

而磁偶极子(元电流)的磁场为：

$$\vec{B} = \nabla\times\vec{A} = \nabla\times\left(\frac{\mu_0}{4\pi}\frac{\vec{m}\times\vec{r}}{r^3}\right) = \frac{\mu_0}{4\pi}\left(\frac{3(\vec{m}\cdot\vec{r})\vec{r}}{r^5} - \frac{\vec{m}}{r^3}\right) \tag{4-125}$$

式(4-124)和式(4-125)对比可得 $\nabla\times\left(\dfrac{\vec{m}\times\vec{r}}{r^3}\right) = -\nabla\left(\dfrac{\vec{m}\cdot\vec{r}}{r^3}\right)$，则：

$$\vec{B} = -\nabla\left(\frac{\mu_0}{4\pi}\frac{\vec{m}\cdot\vec{r}}{r^3}\right) \tag{4-126}$$

引入磁标势，在不存在电流的区域 $\vec{B} = \mu_0\vec{H} = \mu_0(-\nabla U_m)$，则磁偶极子的磁标势为：

$$U_m = \frac{1}{4\pi}\frac{\vec{m}\cdot\vec{r}}{r^3} \tag{4-127}$$

由静电场知识可知电偶极子体分布(极化介质)产生的电势为：

$$U = \frac{1}{4\pi\varepsilon_0}\int_v \frac{\vec{P}\cdot\vec{r}}{r^3}\mathrm{d}v = \frac{1}{4\pi\varepsilon_0}\left(\oint_s \frac{\sigma_p}{r}\mathrm{d}s + \int_v \frac{\rho_p}{r}\mathrm{d}v\right) = \frac{1}{4\pi\varepsilon_0}\left(\oint_s \frac{\vec{P}\cdot\vec{n}}{r}\mathrm{d}s + \int_v \frac{-\nabla\cdot\vec{P}}{r}\mathrm{d}v\right)$$
$$\tag{4-128}$$

式中，$\rho_p = -\nabla\cdot\vec{P}$ 为极化电荷体密度，$\sigma_p = \vec{P}\cdot\vec{n}$ 为极化电荷面密度。类比可知磁偶极子体分布(磁化介质)产生的磁标势为：

$$U_m = \frac{1}{4\pi}\int_v \frac{\vec{M}\cdot\vec{r}}{r^3}\mathrm{d}v = \frac{1}{4\pi}\left(\oint_s \frac{\vec{M}\cdot\vec{n}}{r}\mathrm{d}s + \int_v \frac{-\nabla\cdot\vec{M}}{r}\mathrm{d}v\right)$$
$$= \frac{1}{4\pi\mu_0}\left(\oint_s \frac{\mu_0\vec{M}\cdot\vec{n}}{r}\mathrm{d}s + \int_v \frac{-\mu_0\nabla\cdot\vec{M}}{r}\mathrm{d}v\right)$$
$$= \frac{1}{4\pi\mu_0}\left(\oint_s \frac{\sigma_m}{r}\mathrm{d}s + \int_v \frac{\rho_m}{r}\mathrm{d}v\right) \tag{4-129}$$

上式说明磁介质可以视为由无数磁偶极子构成。在磁介质中，除体磁荷存在外，在介质分界面上还有面磁荷存在。其中 $\rho_m = -\mu_0\nabla\cdot\vec{M}$ 为磁荷体密度，$\sigma_m = \mu_0\vec{M}\cdot\vec{n}$ 为磁荷面密度。

在均匀磁化介质的情况下，$\vec{M}$ 为常数，这时 $\rho_m = 0$，上式中就只剩下磁荷面密度积分一项。在磁法勘探的理论计算中，往往假设磁介质为均匀磁化，这时只需计算面磁荷产生的势即可。

4.8.3 磁标势的连续性条件

利用磁标势解决磁场问题时，需要知道势在介质分界面上的连续性。由于势函数是处处有限而连续的，所以在界面上：

$$U_{m1} = U_{m2} \tag{4-130}$$

又因为 $\nabla\cdot\vec{B} = 0$，所以：

$$B_{2n} - B_{1n} = 0 \text{ 或 } \mu_2 H_{2n} = \mu_1 H_{1n} \tag{4-131}$$

将 $\vec{H} = -\nabla U_m$ 或 $H_n = -\dfrac{\partial U_m}{\partial n}$ 代入，即得：

$$\mu_2\left(-\frac{\partial U_{m2}}{\partial n}\right)=\mu_1\left(-\frac{\partial U_{m1}}{\partial n}\right) \tag{4-132}$$

式中 $\vec{n}$ 为从介质 1 到 2 的单位法向矢量。

如果不知道介质的磁导率 μ，而只知道磁化强度 M，则连续性条件可进行如下分析。

因为 $B_1=\mu_0(H_1+M_1)$ 和 $B_2=\mu_0(H_2+M_2)$，所以：

$$\mu_0(H_{2n}+M_{2n})-\mu_0(H_{1n}+M_{1n})=0 \tag{4-133}$$

即

$$H_{2n}-H_{1n}=M_{1n}-M_{2n} \tag{4-134}$$

再根据 $\vec{H}=-\nabla U_m$ 或 $H_n=-\dfrac{\partial U_m}{\partial n}$ 代入，可得界面处边界条件为：

$$\left(-\frac{\partial U_{m2}}{\partial n}\right)-\left(-\frac{\partial U_{m1}}{\partial n}\right)=M_{1n}-M_{2n} \tag{4-135}$$

4.9 引力势与磁标势的关系

在重磁勘探方法理论中，常常需要通过引力势去计算均匀磁化物质的磁标势，并用重力异常的测量结果去计算矿体的磁力异常，因此需要研究引力势与磁标势之间的关系式。

设有一个均匀磁化物体 V，其磁化强度为 $\vec{M}$（图 4-12），该磁体在任意 $P(x,y,z)$ 点产生的磁标势为：

$$U_m=\frac{1}{4\pi}\int_V\frac{\vec{M}\cdot\vec{r}}{r^3}\mathrm{d}v=-\frac{1}{4\pi}\int_V\vec{M}\cdot\nabla\left(\frac{1}{r}\right)\mathrm{d}v \tag{4-136}$$

式中，r 为磁体中 $Q(\varepsilon,\eta,\xi)$ 点至场点 $P(x,y,z)$ 的矢径，其值为：

$$r=\sqrt{(x-\varepsilon)^2+(y-\eta)^2+(z-\xi)^2} \tag{4-137}$$

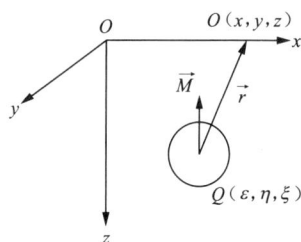

图 4-12 均匀磁化球体

式中，梯度是对场点 P 来求的，所以式中有一负号出现。上式可以写成下列形式：

$$U_m=-\frac{1}{4\pi}\int_V\left[M_x\frac{\partial}{\partial x}\left(\frac{1}{r}\right)+M_y\frac{\partial}{\partial y}\left(\frac{1}{r}\right)+M_z\frac{\partial}{\partial z}\left(\frac{1}{r}\right)\right]\mathrm{d}v \tag{4-138}$$

式中，M_x,M_y,M_z 为磁化强度 $\vec{M}$ 沿坐标轴的三个分量。

由于磁体为均匀磁化物质，所以 $\vec{M}$ 为一个常量，可以拿到积分号以外，因此上式变为：

$$\begin{aligned}U_m&=-\frac{1}{4\pi}M_x\frac{\partial}{\partial x}\int_V\frac{1}{r}\mathrm{d}v-\frac{1}{4\pi}M_y\frac{\partial}{\partial y}\int_V\frac{1}{r}\mathrm{d}v-\frac{1}{4\pi}M_z\frac{\partial}{\partial z}\int_V\frac{1}{r}\mathrm{d}v\\&=-\frac{1}{4\pi}\vec{M}\cdot\nabla\left(\int_V\frac{1}{r}\mathrm{d}v\right)\end{aligned} \tag{4-139}$$

设 U_g 表示磁体的引力势，则：

$$U_g=G\rho_g\int_V\frac{1}{r}\mathrm{d}v \tag{4-140}$$

式中，G 为万有引力常数，ρ_g 为磁体的质量体密度。由此可以得到对于同一磁化物质而言，在 P 点产生的磁标势和引力势之间的关系式为：

$$U_m = -\frac{1}{4\pi G \rho_g} \vec{M} \cdot \nabla U_g \qquad (4\text{-}141)$$

对于任一个均匀磁化物体所产生的磁标势,可以由该磁体的质量所产生的引力势来求得,这就是磁标势和引力式之间的关系式(泊松公式)。这里假设质量体密度 ρ_g 是均匀的。

泊松公式也可以写成下列形式:

$$U_m = -\frac{1}{4\pi G \rho_g}\left(M_x \frac{\partial U_g}{\partial x} + M_y \frac{\partial U_g}{\partial y} + M_z \frac{\partial U_g}{\partial z}\right) \qquad (4\text{-}142)$$

若求其梯度变化,即得到磁场强度 $\vec{H} = -\nabla U_m$ 沿直角坐标轴的三个分量:

$$H_x = -\frac{\partial U_m}{\partial x} = \frac{1}{4\pi G \rho_g}\left(M_x \frac{\partial^2 U_g}{\partial x^2} + M_y \frac{\partial^2 U_g}{\partial y \partial x} + M_z \frac{\partial^2 U_g}{\partial z \partial x}\right)$$

$$H_y = -\frac{\partial U_m}{\partial y} = \frac{1}{4\pi G \rho_g}\left(M_x \frac{\partial^2 U_g}{\partial x \partial y} + M_y \frac{\partial^2 U_g}{\partial y^2} + M_z \frac{\partial^2 U_g}{\partial z \partial y}\right) \qquad (4\text{-}143)$$

$$H_z = -\frac{\partial U_m}{\partial z} = \frac{1}{4\pi G \rho_g}\left(M_x \frac{\partial^2 U_g}{\partial x \partial z} + M_y \frac{\partial^2 U_g}{\partial y \partial z} + M_z \frac{\partial^2 U_g}{\partial z^2}\right)$$

若以 $U_{xx}, U_{xy}, U_{xz}, U_{yy}, U_{yz}, U_{zz}$ 分别表示 U_g 的二次微商,则上式可以写为:

$$H_x = -\frac{\partial U_m}{\partial x} = \frac{1}{4\pi G \rho_g}(M_x U_{xx} + M_y U_{xy} + M_z U_{xz})$$

$$H_y = -\frac{\partial U_m}{\partial y} = \frac{1}{4\pi G \rho_g}(M_x U_{yx} + M_y U_{yy} + M_z U_{yz}) \qquad (4\text{-}144)$$

$$H_z = -\frac{\partial U_m}{\partial z} = \frac{1}{4\pi G \rho_g}(M_x U_{zx} + M_y U_{zy} + M_z U_{zz})$$

式中,ρ_g 表示磁化矿体的质量体密度,U_g 表示矿体的引力势。这里 U_g 满足拉普拉斯方程,即

$$U_{xx} + U_{yy} + U_{zz} = 0 \qquad (4\text{-}145)$$

当矿体是垂直磁化时,这就是说当 $M_x = M_y = 0$ 时,则磁标势函数的公式可以简化成下列形式:

$$U_m = -\frac{1}{4\pi G \rho_g}M_z \frac{\partial U_g}{\partial z} = -\frac{1}{4\pi G \rho_g}M_z \frac{\partial}{\partial z}\left(G\rho_g \int_V \frac{1}{r}\mathrm{d}v\right) = -\frac{1}{4\pi}M_z \int_V \frac{\partial\left(\frac{1}{r}\right)}{\partial z}\mathrm{d}v$$

$$(4\text{-}146)$$

由于 $\frac{\partial}{\partial z}\left(\frac{1}{r}\right) = -\frac{z-\xi}{r^3}$,所以:

$$U_m = -\frac{1}{4\pi}M_z \int_V \frac{z-\xi}{r^3}\mathrm{d}v \qquad (4\text{-}147)$$

4.10　铁磁介质的磁场

上述理论仅适用于顺磁体和反磁体的场,对于铁磁体来说是不适用的。下面来讨论一下铁磁介质存在时的磁场。

铁磁介质和顺反磁介质不同,它的磁化强度 $\vec{M}$ 与磁场强度 $\vec{H}$ 不是线性关系,而且磁导率远大于1(微弱的磁场可以引起很大磁化强度)。此外,铁磁介质还有一个很重要的特征,就是有所谓剩余磁化现象。如图 4-13 所示,对于一块没有磁化过的物质来说,当 $\vec{H}$ 由零增加时,$\vec{M}$ 也随之增大,当 $\vec{H}$ 减小时,$\vec{M}$ 也随之减小,但减小的速度小于原来随同增加的速度,因而当 $\vec{H}$ 最后减为零时,$\vec{M}$ 并不减到零,尚保留有 $\vec{M}_0$ 值,这个 $\vec{M}_0$ 值称为剩余磁化强度。

由于铁磁介质具有上述特征,所以研究铁磁介质存在时的场是一个非常复杂的问题。为了简化这个问题,人们提出了理想铁磁介质模型来讨论。在理想铁磁介质中,假设任一点的磁化强度 $\vec{M}$ 由两部分组成,一是剩余磁化强度 $\vec{M}_0$,其值固定,不随外磁场而变;二是感应磁化强度 $\vec{M}'$,它与外磁场呈线性变化,即

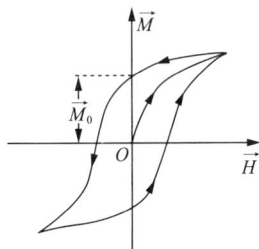

图 4-13　铁磁介质的磁化过程

$$\vec{M} = \vec{M}_0 + \vec{M}' = \vec{M}_0 + \kappa \vec{H} \qquad (4\text{-}148)$$

式中,κ 为一个与 $\vec{H}$ 无关的常数,即感应磁化率。

理想铁磁介质实际上是不存在的,因为真实的铁磁介质并不能永久保持它的剩余磁化强度 $\vec{M}_0$ 不变,而且感应磁化强度也不和磁化强度成正比。即使如此,理想铁磁介质模型在外磁场 $\vec{H}$ 不太大的条件下可以近似地描述真实铁磁介质中磁化的情况。

根据磁场的基本关系,可以得到理想铁磁介质中的磁感应强度:

$$\begin{aligned} \vec{B} &= \mu_0 (\vec{H} + \vec{M}) = \mu_0 \vec{H} + \mu_0 (\vec{M}_0 + \kappa \vec{H}) \\ &= \mu_0 (1 + \kappa) \vec{H} + \mu_0 \vec{M}_0 \end{aligned} \qquad (4\text{-}149)$$

根据磁导率 μ 的定义 $\mu = \mu_0 (1 + \kappa)$,代入上式得:

$$\vec{B} = \mu \vec{H} + \mu_0 \vec{M}_0 \qquad (4\text{-}150)$$

显然在铁磁介质外部,由于 $\vec{M}_0 = 0$,所以上式变为一般磁介质磁感应强度与磁场强度的关系 $\vec{B} = \mu \vec{H}$。因此式(4-150)可以视为对任何磁介质适用的普遍公式。

若将式(4-150)代入磁场的散度公式 $\nabla \cdot \vec{B} = 0$ 中,可得:

$$\nabla \cdot (\mu \vec{H} + \mu_0 \vec{M}_0) = 0 \Rightarrow \nabla \cdot (\mu \vec{H}) = -\mu_0 \nabla \cdot \vec{M}_0 \qquad (4\text{-}151)$$

若将此式与静电场的方程 $\nabla \cdot \vec{D} = \rho_q$ 比较,则上式可写成:

$$\nabla \cdot (\mu \vec{H}) = \rho_m^0 \qquad (4\text{-}152)$$

式中,$\rho_m^0 = -\mu_0 \nabla \cdot \vec{M}_0$,称为剩余磁荷体密度。类似得到剩余磁荷面密度 $\sigma_m^0 = \mu_0 \vec{M}_0 \cdot \vec{n}$。

总结以上所述,可以得到完整的方程组:

$$\begin{cases} \nabla \cdot \vec{B}^* = \rho_m^0 \\ \vec{B}^* = \mu \vec{H} \\ \vec{H} = -\nabla U_m \end{cases} \qquad (4\text{-}153)$$

式中,$\vec{B}^* = \vec{B} - \mu_0 \vec{M}_0$。

4.11　稳定磁场问题的求解方法

磁场问题通常可以通过两种方法求解:一种是基于磁荷观点,采用磁标势方法求解,这

种方法与静电场的求解方法完全类似；另一种是基于电流磁场观点，采用磁矢势方法求解。在一般简单问题中，磁标势方法比磁矢势方法更容易求解；但在某些复杂问题中，使用磁矢势方法可能更为简便。

4.11.1 基于磁标势(磁荷观点)求解方法

用磁标势方法来计算磁场，避免了复杂的旋度运算，而且其计算公式和边界条件与静电场十分类似，求解相当容易并易于掌握。下面用几个例题来说明基于磁标势的磁场问题求解方法。

例题 4.3 设在磁场强度为 $\vec{H}_0$ 的均匀磁场中，放一个均匀磁介质圆柱体，且柱轴沿 $\vec{H}_0$ 方向(x 轴)，设柱体的长度为 $2l$，半径为 a，磁化强度 $\vec{M}$ 沿柱轴方向(图 4-14)。试求柱体内部和外部轴上任一点的磁标势和磁场强度。

解：这个问题可以用磁荷来计算磁标势，也可以用分子电流来计算磁标势。下面就用磁荷来计算。

根据磁荷思想，磁荷体密度为：

$$\rho_m = -\mu_0 \,\nabla \cdot \vec{M} = -\mu_0 \,\nabla \cdot (\kappa \vec{H})$$
$$= -\kappa \mu_0 \,\nabla \cdot \vec{H} = -\frac{\kappa \mu_0}{\mu} \,\nabla \cdot \vec{B} = 0$$

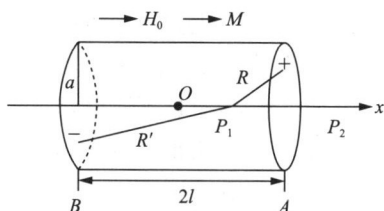

图 4-14　均匀磁化柱体的磁场

即由于均匀磁化，柱体内体磁荷为零，只有在 A、B 端面上有面磁荷，因为 $\sigma_m = \mu_0 \vec{M} \cdot \vec{n}$，所以在 A 面上，面磁荷密度为 $\sigma_{mA} = \mu_0 M$，在 B 面上 $\sigma_{mB} = -\mu_0 M$。显然在圆柱曲面上的面磁荷密度为零。因此 A、B 面上的磁荷在磁体内部一点 P_1 点所产生的磁标势为：

$$U_{m1} = \frac{1}{4\pi\mu_0}\int_A \frac{\sigma_{mA}}{R}\mathrm{d}s + \frac{1}{4\pi\mu_0}\int_B \frac{\sigma_{mB}}{R'}\mathrm{d}s = \frac{1}{4\pi\mu_0}\int_0^a \frac{\mu_0 M 2\pi r \,\mathrm{d}r}{\sqrt{r^2 + (l-x)^2}} - \frac{1}{4\pi\mu_0}\int_0^a \frac{\mu_0 M 2\pi r' \,\mathrm{d}r'}{\sqrt{r'^2 + (l+x)^2}}$$

$$= \frac{1}{4\pi}2\pi M\left(\sqrt{r^2 + (l-x)^2}\ \Big|_0^a - \sqrt{r^2 + (l+x)^2}\ \Big|_0^a\right)$$

$$= \frac{M}{2}\left(\sqrt{a^2 + (l-x)^2} - \sqrt{a^2 + (l+x)^2} + 2x\right)$$

同样可以求出 A，B 面上的磁荷在柱体外部一点 P_2 上所产生的磁标势：

$$U_{m2} = \frac{M}{2}\left(\sqrt{a^2 + (x-l)^2} - \sqrt{a^2 + (x+l)^2} + 2l\right)$$

又由外加磁场强度与磁标势关系可得：

$$\vec{H}_0 = -\nabla U_{m0} = -\frac{\partial U_{m0}}{\partial x}\vec{i}$$

所以外加磁场的磁标势为：

$$U_{m0} = -H_0 x$$

这里可能相差一个常数，设此常数为零，即假设 $x = 0$ 时，$U_{m0} = 0$。

由此可得区域 1 总的磁标势和磁场强度为：

$$U_1 = U_{m0} + U_{m1} = -H_0 x + \frac{M}{2}\left(\sqrt{a^2 + (l-x)^2} - \sqrt{a^2 + (l+x)^2} + 2x\right)$$

$$H_1 = -\frac{\partial U_1}{\partial x} = H_0 - \frac{M}{2}\left(\frac{-(l-x)}{\sqrt{a^2+(l-x)^2}} - \frac{(l+x)}{\sqrt{a^2+(l+x)^2}} + 2\right)$$

由此可得区域 2 总的磁标势和磁场强度为：

$$U_2 = U_{m0} + U_{m2} = -H_0 x + \frac{M}{2}\left(\sqrt{a^2+(x-l)^2} - \sqrt{a^2+(x+l)^2} + 2l\right)$$

$$H_2 = -\frac{\partial U_2}{\partial x} = H_0 - \frac{M}{2}\left(\frac{(x-l)}{\sqrt{a^2+(x-l)^2}} - \frac{x+l}{\sqrt{a^2+(x+l)^2}}\right)$$

现在来考虑两个特殊情况：

(1) 当 $l \gg a$ 时，圆柱体为细长棒。

① 中点($x=0$)附近的磁标势为：

$$U_1 = -H_0 x + \frac{M}{2}\left(\sqrt{a^2+(l-x)^2} - \sqrt{a^2+(l+x)^2} + 2x\right)$$

$$\approx -H_0 x + \frac{M}{2}\left[(l-x) - (l+x) + 2x\right] = -H_0 x$$

说明两端磁荷对中间附近一点($x=0$)的磁势不起作用，磁场强度为：

$$H_1 = H_0$$

磁感应强度为：

$$B_1 = \mu_0(H_1 + M) = \mu_0(H_0 + \kappa H_0) = \mu_0(1+\kappa)H_0 = \mu H_0$$

② 圆柱体右端内侧($x \approx l \gg a$)处磁标势和磁场强度为：

$$U_1 = -H_0 x + \frac{M}{2}\left[\sqrt{a^2+(l-x)^2} - \sqrt{a^2+(l+x)^2} + 2x\right]$$

$$\approx -H_0 x + \frac{M}{2}\left[a - (l+x) + 2x\right]$$

$$= -H_0 x + \frac{M}{2}(a + x - l)$$

$$H_1 = H_0 - \frac{M}{2}\left[\frac{-(l-x)}{\sqrt{a^2+(l-x)^2}} - \frac{(l+x)}{\sqrt{a^2+(l+x)^2}} + 2\right]$$

$$\approx H_0 - \frac{M}{2}(0 - 1 + 2) = H_0 - \frac{M}{2}$$

$$B_1 = \mu_0(H_1 + M) = \mu_0\left(H_0 - \frac{M}{2} + M\right) = \mu_0\left(H_0 + \frac{M}{2}\right)$$

③ 圆柱体右端外侧($x \approx l \gg a$)处磁标势和磁场强度为：

$$U_2 = -H_0 x + \frac{M}{2}\left(\sqrt{a^2+(x-l)^2} - \sqrt{a^2+(x+l)^2} + 2l\right)$$

$$\approx -H_0 x + \frac{M}{2}\left[a - (x+l) + 2l\right]$$

$$= -H_0 x + \frac{M}{2}(a + l - x)$$

$$H_2 = H_0 - \frac{M}{2}\left(\frac{(x-l)}{\sqrt{a^2+(x-l)^2}} - \frac{x+l}{\sqrt{a^2+(x+l)^2}}\right)$$

$$\approx H_0 - \frac{M}{2}(0-1) = H_0 + \frac{M}{2}$$

$$B_2 = \mu_0 H_2 = \mu_0 \left(H_0 + \frac{M}{2} \right)$$

对比可以发现,圆柱体右端内外两侧的磁感应强度相等

$$B_1 = B_2$$

(2) 当 $l \ll a$ 时,圆柱体变为圆饼,于是

① 圆柱体内磁标势和磁场强度为:

$$U_1 = -H_0 x + \frac{M}{2} \left[\sqrt{a^2 + (l-x)^2} - \sqrt{a^2 + (l+x)^2} + 2x \right]$$

$$\approx -H_0 x + \frac{M}{2}(a - a + 2x) = -H_0 x + Mx$$

$$H_1 = H_0 - \frac{M}{2} \left[\frac{-(l-x)}{\sqrt{a^2 + (l-x)^2}} - \frac{(l+x)}{\sqrt{a^2 + (l+x)^2}} + 2 \right]$$

$$\approx H_0 - \frac{M}{2}(0 - 0 + 2) = H_0 - M$$

$$B_1 = \mu_0 (H_1 + M) = \mu_0 (H_0 - M + M) = \mu_0 H_0$$

② 圆柱体外磁标势和磁场强度为:

$$U_2 = -H_0 x + \frac{M}{2} \left[\sqrt{a^2 + (x-l)^2} - \sqrt{a^2 + (x+l)^2} + 2l \right]$$

$$\approx -H_0 x + \frac{M}{2}(a - a + 2l) = -H_0 x + Ml$$

$$H_2 = H_0 - \frac{M}{2} \left[\frac{(x-l)}{\sqrt{a^2 + (x-l)^2}} - \frac{x+l}{\sqrt{a^2 + (x+l)^2}} \right]$$

$$\approx H_0 - \frac{M}{2}(0 - 0) = H_0$$

$$B_2 = \mu_0 H_2 = \mu_0 H_0$$

对比可以发现,圆柱体右端内外两侧的磁感应强度仍然相等,即

$$B_1 = B_2$$

例题 4.4 求均匀磁化的永久铁磁球体的磁场(无外加场),设铁磁球体的半径为 a,单位体积内的磁矩为 $\vec{M}$,沿 z 轴方向(图 4-15)。

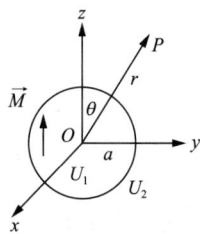

图 4-15 均匀磁化的永久铁磁球体

解: 由于均匀磁化物质关系,$\vec{M}$ 为一个常量,所以 $\nabla \cdot \vec{M} = 0$,因而这里没有体磁荷密度存在,仅在球面上有面磁荷密度 $\sigma_m = \mu_0 \vec{M} \cdot \vec{n} = \mu_0 M \cos\theta = \mu_0 M_n$。

设球内外的磁标势分别为 U_1 和 U_2,二者显然应该满足拉普拉斯方程:

$$\nabla^2 U_1 = 0, \quad \nabla^2 U_2 = 0$$

由于均匀磁化强度 $\vec{M}$ 沿 z 轴方向,所以 U_1 和 U_2 均与 φ 无关,因此它们仅是 r, θ 的函数,其通解为:

球内区域通解：$U_1(r,\theta) = \sum\limits_{n=0}^{\infty} \left(A_n r^n + \dfrac{B_n}{r^{n+1}} \right) P_n(\cos\theta)$　$(r \leqslant a)$

球外区域通解：$U_2(r,\theta) = \sum\limits_{n=0}^{\infty} \left(C_n r^n + \dfrac{D_n}{r^{n+1}} \right) P_n(\cos\theta)$　$(r \geqslant a)$

这里的边界条件是：

① 当 $r \to \infty$ 时，$U_2 = 0$，所以 $C_n = 0$；

② 当 $r = 0$ 时，U_1 有限，所以 $B_n = 0$；

③ 当 $r = a$ 时，磁标势是连续的，即 $U_1 \big|_{r=a} = U_2 \big|_{r=a}$

所以
$$\sum_{n=0}^{\infty} A_n a^n P_n(\cos\theta) = \sum_{n=0}^{\infty} \frac{D_n}{a^{n+1}} P_n(\cos\theta)$$

求解可得：
$$D_n = A_n a^{2n+1}$$

④ 当 $r = a$ 时，磁感应强度的法向分量也是连续的，即 $B_{1n} \big|_{r=a} = B_{2n} \big|_{r=a}$

根据 $\vec{B}$ 的定义 $\vec{B} = \mu_0(\vec{H} + \vec{M})$ 可知：
$$B_{1n} = \mu_0 H_{1n} + \mu_0 M_n, B_{2n} = \mu_0 H_{2n}$$

二者球体在表面上相等，因而求得在球体表面上，
$$H_{2n} - H_{1n} = M_n$$

或
$$\left(-\frac{\partial U_2}{\partial r} \right) \Big|_{r=a} - \left(-\frac{\partial U_1}{\partial r} \right) \Big|_{r=a} = M\cos\theta$$

求解可得：
$$\sum_{n=0}^{\infty} \left[(n+1) \frac{D_n}{a^{n+2}} + n A_n a^{n-1} \right] P_n(\cos\theta) = M\cos\theta$$

根据 $P_1(\cos\theta) = \cos\theta$ 可以认为其中的一种解为：

当 $n = 1$ 时，
$$\begin{cases} A_1 a = \dfrac{D_1}{a^2} \\[2mm] 2\dfrac{D_1}{a^3} + A_1 = M \end{cases}$$

求解可得：
$$\begin{cases} A_1 = \dfrac{M}{3} \\[2mm] D_1 = \dfrac{Ma^3}{3} \end{cases}$$

当 $n \neq 1$ 时，
$$\begin{cases} A_n a^n = \dfrac{D_n}{a^{n+1}} \\[2mm] (n+1) \dfrac{D_n}{a^{n+2}} + n A_n a^{n-1} = 0 \end{cases}$$

求解可得：

$$\begin{cases} A_n = 0 \\ D_n = 0 \end{cases}$$

由此可得球内外的标势为：

$$\begin{cases} U_1 = \dfrac{M}{3} r \cos \theta \\ U_2 = \dfrac{Ma^3}{3} \dfrac{\cos \theta}{r^2} \end{cases}$$

则球内外磁场强度为：

$$\begin{cases} \overrightarrow{H}_1 = -\nabla U_1 = -\nabla \left(\dfrac{M}{3} z \right) = -\dfrac{M}{3} \overrightarrow{k} \\ \overrightarrow{H}_2 = -\nabla U_2 = -\nabla \left(\dfrac{Ma^3}{3} \dfrac{\cos \theta}{r^2} \right) = \dfrac{Ma^3}{3} \dfrac{2\cos \theta}{r^3} \overrightarrow{u}_r + \dfrac{Ma^3}{3} \dfrac{\sin \theta}{r^3} \overrightarrow{u}_\theta \end{cases}$$

由此可见球内的磁场为均匀场，方向沿 z 轴的负方向，而球外的磁场则为相当于磁矩为 $\dfrac{Ma^3}{3}$ 位于球心的一个磁偶极子所产生的磁场。

球内外磁感应强度分别为：

$$\overrightarrow{B}_1 = \mu_0 (\overrightarrow{H}_1 + \overrightarrow{M}) = \mu_0 \left(-\dfrac{M}{3} \overrightarrow{k} + \overrightarrow{M} \overrightarrow{k} \right) = \dfrac{2M\mu_0}{3} \overrightarrow{k}$$

$$\overrightarrow{B}_2 = \mu_0 \overrightarrow{H}_2$$

例题 4.5 求均匀场中的顺磁球体（有外加场），设顺磁球体的半径为 a，外加磁场强度 $\overrightarrow{H}_0$ 沿 z 轴方向（图 4-16）。

解：由于外加均匀磁场 $\overrightarrow{H}_0$ 沿 z 轴方向，所以外加磁场的磁标势为

$$U_0 = -H_0 z = -H_0 r \cos \theta$$

设球内外的磁标势分别为 U_1 和 U_2，二者显然应该满足拉普拉斯方程：

$$\nabla^2 U_1 = 0, \quad \nabla^2 U_2 = 0$$

由于外加均匀磁场 $\overrightarrow{H}_0$ 沿 z 轴方向，所以 U_1 和 U_2 均与 φ 无关，因此它们仅是 r, θ 的函数，其通解为：

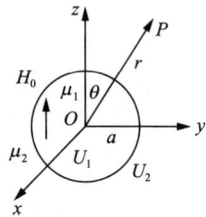

图 4-16 均匀场中的顺磁球体

球内区域通解：$U_1(r, \theta) = \sum\limits_{n=0}^{\infty} A_n r^n P_n(\cos \theta) - H_0 r \cos \theta \quad (r \geqslant a)$

球外区域通解：$U_2(r, \theta) = \sum\limits_{n=0}^{\infty} \dfrac{D_n}{r^{n+1}} P_n(\cos \theta) - H_0 r \cos \theta \quad (r \geqslant a)$

这里的边界条件是：

① 当 $r = a$ 时，磁标势是连续的，即 $U_1 |_{r=a} = U_2 |_{r=a}$

所以

$$\sum_{n=0}^{\infty} A_n a^n P_n(\cos \theta) = \sum_{n=0}^{\infty} \dfrac{D_n}{a^{n+1}} P_n(\cos \theta)$$

求解可得：

$$D_n = A_n u^{2n+1}$$

② 当 $r = a$ 时，磁感应强度的法向分量也是连续的，即 $B_{1n}\big|_{r=a} = B_{2n}\big|_{r=a}$

由本构关系 $\vec{B} = \mu \vec{H}$ 可知：

$$\mu_1 H_{1n}\big|_{r=a} = \mu_2 H_{2n}\big|_{r=a}$$

即

$$\left(-\mu_1 \frac{\partial U_1}{\partial r}\right)\bigg|_{r=a} = \left(-\mu_2 \frac{\partial U_2}{\partial r}\right)\bigg|_{r=a}$$

求解可得：

$$\mu_1 \left\{\sum_{n=0}^{\infty} \left[n A_n a^{n-1}\right] P_n(\cos\theta) - H_0 \cos\theta\right\}$$

$$= \mu_2 \left\{\sum_{n=0}^{\infty} \left[-(n+1) \frac{D_n}{a^{n+2}}\right] P_n(\cos\theta) - H_0 \cos\theta\right\}$$

根据 $P_1(\cos\theta) = \cos\theta$ 可以认为其中的一种解为：

当 $n = 1$ 时，

$$\begin{cases} A_1 a = \dfrac{D_1}{a^2} \\ \mu_1 A_1 - \mu_1 H_0 = -\mu_2 2\dfrac{D_1}{a^3} - \mu_2 H_0 \end{cases}$$

求解可得：

$$\begin{cases} A_1 = \dfrac{\mu_1 - \mu_2}{\mu_1 + 2\mu_2} H_0 \\ D_1 = \dfrac{\mu_1 - \mu_2}{\mu_1 + 2\mu_2} H_0 a^3 \end{cases}$$

当 $n \neq 1$ 时，

$$\begin{cases} A_n a^n = \dfrac{D_n}{a^{n+1}} \\ \mu_1 n A_n a^{n-1} = -\mu_2(n+1) \dfrac{D_n}{a^{n+2}} \end{cases}$$

求解可得：

$$\begin{cases} A_n = 0 \\ D_n = 0 \end{cases}$$

由此可得球内外的标势为：

$$U_1 = \frac{\mu_1 - \mu_2}{\mu_1 + 2\mu_2} H_0 r\cos\theta - H_0 r\cos\theta = -\left(1 - \frac{\mu_1 - \mu_2}{\mu_1 + 2\mu_2}\right) H_0 r\cos\theta$$

$$U_2 = \frac{\mu_1 - \mu_2}{\mu_1 + 2\mu_2} H_0 a^3 \frac{1}{r^2}\cos\theta - H_0 r\cos\theta = -\left(1 - \frac{\mu_1 - \mu_2}{\mu_1 + 2\mu_2} \frac{a^3}{r^3}\right) H_0 r\cos\theta$$

在球内任一点的磁场强度变为：

$$\vec{H}_1 = -\nabla U_1 = -\frac{\partial U_1}{\partial z}\vec{k} = \vec{H}_0 - \frac{\mu_1 - \mu_2}{\mu_1 + 2\mu_2}\vec{H}_0$$

4.11.2 退磁场和退磁系数

由例题 4.5 可知,在球体内部,磁场强度比原来的外磁场 $\vec{H}_0$ 小(这里假设 $\mu_1 > \mu_2$),这是磁化介质内部的普遍现象。这是由于磁体磁化后在其内部产生相反方向的磁场(称为退磁场)抵消了一部分磁场的结果。通常,磁体内部的磁场可以写成下列形式:

$$\vec{H}_1 = \vec{H}_0 - N\vec{M} \tag{4-154}$$

式中,$N\vec{M}$ 即为退磁场,N 称为退磁系数,显然它和介质形状有关。需要注意的是,退磁场这一概念是指有限磁体内部由于磁体的表面磁荷产生的、与外磁场相反的磁场。在无限磁体中不存在退磁场的概念。

由于

$$\vec{M} = \kappa\vec{H}_1 \tag{4-155}$$

所以

$$\vec{H}_1 = \frac{1}{1 + N\kappa}\vec{H}_0 \tag{4-156}$$

由此可知:

$$\vec{M} = \frac{\kappa}{1 + N\kappa}\vec{H}_0 = \kappa'\vec{H}_0 \tag{4-157}$$

由于有限介质内部的磁场强度并不等于外加磁场 $\vec{H}_0$,因而磁化强度也不等于 $\kappa\vec{H}_0$,而是 $\kappa'\vec{H}_0$。κ' 为似磁化率,显然它和磁介质的形状有关。

在例题 4.5 中,若球外为真空(空气),即 $\mu_2 = \mu_0$,则球内的磁场为:

$$\vec{H}_1 = \vec{H}_0 - \frac{\mu_1 - \mu_0}{\mu_1 + 2\mu_0}\vec{H}_0 = \frac{3\mu_0}{\mu_1 + 2\mu_0}\vec{H}_0 \tag{4-158}$$

根据 $\vec{B} = \mu_0(\vec{H} + \vec{M})$,磁化强度 $\vec{M}$ 为:

$$\vec{M} = \frac{\mu_1 - \mu_0}{\mu_0}\vec{H}_1 = \frac{\mu_1 - \mu_0}{\mu_0}\frac{3\mu_0}{\mu_1 + 2\mu_0}\vec{H}_0 = \frac{3(\mu_1 - \mu_0)}{\mu_1 + 2\mu_0}\vec{H}_0 \tag{4-159}$$

与 $\vec{H}_1 = \vec{H}_0 - N\vec{M}$ 对比可得:

$$\vec{H}_1 = \vec{H}_0 - \frac{1}{3}\vec{M} \tag{4-160}$$

即均匀磁化球体的退磁系数为:

$$N = \frac{1}{3} \tag{4-161}$$

根据例题 4.3 的结果可知细棒($l \gg a$)内的磁场强度为:

$$H_1 = H_0 \tag{4-162}$$

所以均匀磁化细棒的退磁系数为:

$$N = 0 \tag{4-163}$$

根据例题 4.3 的结果可知圆饼($a \gg l$)内的磁场强度为:

$$H_1 = H_0 - M \tag{4-164}$$

所以均匀磁化圆饼的退磁系数为:

$$N = 1 \tag{4-165}$$

4.11.3　基于磁矢势求解方法

稳定电流场的本质是电流,因此从磁矢势入手进行计算仍然是最基本的方法,而且并不是在磁场的任何区域都能引入磁标势,因此利用磁矢势是求解磁场问题的重要方法。

例题 4.6　设有一个无限长圆柱状导体(半径为 a),沿柱轴方向通过均匀体电流,其电流体密度为 $\vec{j}$,沿 z 轴方向。试用磁矢势的方法求柱体内部和外部的矢势和磁感应强度。设柱内外的导磁系数分别为 μ_1 和 μ_2(图 4-17)。

解:设柱内外的矢势分别为 $\vec{A}_1,\vec{A}_2$。根据矢势所满足的方程,有:

$$\begin{cases} \nabla^2\vec{A}_1 = -\mu_1\vec{j} & (r \leqslant a) \\ \nabla^2\vec{A}_2 = 0 & (r > a) \end{cases}$$

设选取圆柱坐标 (r,θ,z),并设 $\vec{k}$ 为沿 z 轴(已取为电流的方向)的单位矢量。由矢势的定义知道,矢势 $\vec{A}$ 与电流密度 $\vec{j}$ 同向,沿 z 轴方向,故 $\vec{A}$ 只有 A_z 分量

$$\vec{A} = A_z\vec{k}$$

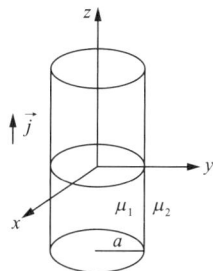

图 4-17　无限长柱状电流的磁场

并且由方程 $\nabla \cdot \vec{A} = 0$ 知道,A_z 不是 z 的函数,仅为 r,θ 的函数。但又从对称性知道,A_z 与 θ 无关,因而 A_z 只是 r 的函数。所以上式变为:

$$\begin{cases} \dfrac{1}{r}\dfrac{\partial}{\partial r}\left(r\dfrac{\partial A_{z1}}{dr}\right) = -\mu_1 j & (r \leqslant a) \\ \dfrac{1}{r}\dfrac{\partial}{\partial r}\left(r\dfrac{\partial A_{z2}}{\partial r}\right) = 0 & (r > a) \end{cases}$$

上列第一个方程的特解是 $-\dfrac{\mu_1 j r^2}{4}$,因而通解为:

$$\begin{cases} A_{z1} = A\ln r + B - \dfrac{\mu_1 j r^2}{4} & (r \leqslant a) \\ A_{z2} = C\ln r + D & (r > a) \end{cases}$$

边界条件为:

① 当 $r = 0$ 时,$A_{z1}\big|_{r\to0}$ 必须是有限的,所以 $A = 0$,因此:

$$A_{z1} = B - \dfrac{\mu_1 j r^2}{4} \quad (r \leqslant a)$$

② 对于平面场,通常选 $r = 1$ 时为势零点,可以得到 $D = 0$,因此:

$$A_{z2} = C\ln r \quad (r > a)$$

③ 根据安培环量定理有:

$$\oint_L \vec{H} \cdot \mathrm{d}\vec{l} = I = \pi a^2 j$$

因为:

$$\vec{B}_2 = \mu_2\vec{H}_2 = \nabla\times\vec{A}_2 = \dfrac{\partial A_{z2}}{\partial r}\vec{u}_\theta$$

式中,$\vec{u_\theta}$ 为垂直于矢径 $\vec{r}$ 并沿 θ 增加方向的单位矢量,且 $u_\theta = r\mathrm{d}\theta$。将此式代入安培环量定理可得:

$$\frac{1}{\mu_2}\int_0^{2\pi}\left(-\frac{\partial A_{z2}}{\partial r}\right)r\mathrm{d}\theta = I = \pi a^2 j$$

因此

$$-2\pi C = \mu_2\pi a^2 j \ \text{或} \ C = -\frac{a^2\mu_2 j}{2}$$

④ 因为矢势在柱面上是连续的,所以当 $r = a$ 时:

$$A_{z1}|_{r=a} = A_{z2}|_{r=a}$$

即

$$-\frac{\mu_2 a^2 j}{2}\ln a = B - \frac{\mu_1 j a^2}{4}$$

由此求得:

$$B = \frac{a^2\mu_1 j}{4} - \frac{a^2\mu_2 j}{2}\ln a$$

所以柱内外的矢势为:

$$\begin{cases} A_{z1} = \dfrac{1}{4}\mu_1 j(a^2 - r^2) - \dfrac{a^2}{2}\mu_2 j\ln a & (r \leqslant a) \\[3mm] A_{z2} = -\dfrac{a^2}{2}\mu_2 j\ln r & (r > a) \end{cases}$$

由磁感应强度与磁矢势关系 $\vec{B} = \mu\vec{H} = \boldsymbol{\nabla}\times\vec{A} = -\dfrac{\partial A_z}{\partial r}\vec{u_\theta}$ 可得:

$$\text{柱内}: B_{\theta1} = -\frac{\partial A_{z1}}{\partial r} = \frac{1}{2}\mu_1 jr \quad (r \leqslant a)$$

$$\text{柱外}: B_{\theta2} = -\frac{\partial A_{z2}}{\partial r} = \frac{a^2}{2r}\mu_2 j \quad (r > a)$$

绘制 B_θ 随 r 变化曲线,如图 4-18 所示,图中可知不论 $\mu_1 > \mu_2$ 还是 $\mu_1 < \mu_2$,B_θ 在 $r = a$ 处存在一突变,而此处 $H_{\theta1} = \dfrac{B_{\theta1}}{\mu_1} = \dfrac{a}{2}j$,$H_{\theta2} = \dfrac{B_{\theta2}}{\mu_2} = \dfrac{a}{2}j$,即 $H_{\theta1} = H_{\theta2}$,符合磁场强度切向边界条件,即当界面上没有面电流时,则磁场的切向分量是连续的。

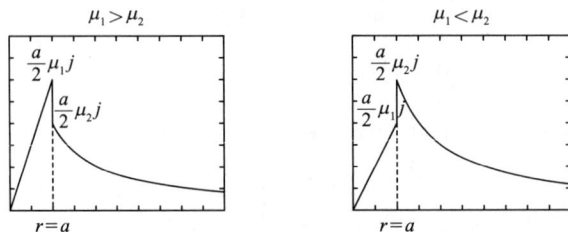

图 4-18　B_θ 随 r 变化曲线

4.12　地球磁场和磁法勘探

4.12.1　地球磁场

地球是一个巨大的磁体,其产生的磁场称为地磁场。地磁场是一个矢量场,分布范围广泛,从地核到空间磁层边缘均有分布。地磁场的分布、变化规律及其起源等问题是地磁学研究的核心内容。人们对地磁场的成因进行了多种探讨,提出了许多假设。由于地磁场与地球演化、地球内部的能量和运动以及天体磁场来源密切相关,它成为地球物理学中的一个重大理论难题,至今尚未得到令人满意的解释。在磁法勘探工作中,从磁测设计、野外施工、资料整理、磁异常提取到推断解释,都必须考虑地磁场的分布特征和变化规律。

1)地磁场的构成

地磁场的总磁场强度用 $\vec{T}$ 表示。在地面上观测到的地磁场 $\vec{T}$ 是多种不同成分磁场的总和,这些磁场的场源分布既有地球内部的,也有地面以上大气层中的。根据地磁场的来源和变化规律,可以将其分为两部分:一是主要来源于固体地球内部的稳定磁场 $\vec{T}_s$;二是主要起源于地球外部的变化磁场 $\delta\vec{T}$。因此,地磁场 $\vec{T}$ 可以表示为:

$$\vec{T} = \vec{T}_s + \delta\vec{T} \tag{4-166}$$

通常把稳定磁场和变化磁场分解为起源于地球内、外的两部分,故有:

$$\vec{T}_s = \vec{T}_{si} + \vec{T}_{se}, \delta\vec{T} = \delta\vec{T}_i + \delta\vec{T}_e \tag{4-167}$$

式中,$\vec{T}_{si}$ 是起因于地球内部的稳定磁场,占稳定磁场总强度的 99% 以上;$\vec{T}_{se}$ 是起源于地球外部的稳定磁场,仅占 1% 以下,通常可被忽略。$\delta\vec{T}_e$ 是变化磁场的外源场,约占变化磁场总强度的 2/3;$\delta\vec{T}_i$ 为变化磁场的内源场,约占其总强度的 1/3。一般情况下,变化场为稳定场的万分之几到千分之几,偶尔可达到百分之几。故通常所指的地球稳定磁场主要是内源稳定场,它由以下几部分组成:

$$\vec{T}_{si} = \vec{T}_\varphi + \vec{T}_m + \vec{T}_a \tag{4-168}$$

式中,$\vec{T}_\varphi$ 为中心偶极子磁场,$\vec{T}_m$ 为非偶极子磁场,也称为大陆磁场或世界磁异常,这两部分的磁场的和又称为地球基本磁场。其中 $\vec{T}_\varphi$ 场几乎占 $\vec{T}_{si}$ 的 $80\% \sim 85\%$,代表了地磁场空间分布的主要特征。

内源稳定场的另一个组成部分是地壳内岩石、矿石及地质体在基本磁场的磁化作用下所产生的磁场,称为地壳磁场,又称为异常场或磁异常,用 $\vec{T}_a$ 表示。对于磁法勘探来说,测定和研究磁异常是非常重要的,可以调查地质构造和矿产资源分布。综上所述,地球磁场的构成可用下式表示:

$$\vec{T} = \vec{T}_\varphi + \vec{T}_m + \vec{T}_{se} + \vec{T}_a + \delta\vec{T} \tag{4-169}$$

2)地磁要素

地磁场总强度矢量 $\vec{T}$ 描述了地磁场在地表某一点的地磁场分布状态,可以通过其各个分量及方位来描述。以地球表面某测点为原点,建立空间直角坐标系:设 x 轴指向地理北(N),y 轴指向地理东(E),z 轴垂直向下,如图 4-19 所示。I 为地磁倾角;$\vec{Z}$ 为地磁场垂直分量;$\vec{H}$ 为地磁场水平分量;D 为地磁偏角;$\vec{X}$ 为地磁场北分量;$\vec{Y}$ 为地磁场东分量。$\vec{T}$,I,$\vec{Z}$,$\vec{H}$,D,$\vec{X}$ 和 $\vec{Y}$ 为描述地磁场的重要物理量,称为地磁要素。

各地磁要素之间有如下关系:

$$\begin{cases} H = T\cos I, \quad X = H\cos D, \quad Y = H\sin D \\ Z = T\sin I, \quad \tan I = Z/H, \quad \tan D = Y/X \\ H^2 = X^2 + Y^2, \quad T^2 = H^2 + Z^2 = X^2 + Y^2 + Z^2 \end{cases} \tag{4-170}$$

式中,$X = |X|$,$Y = |Y|$,$Z = |Z|$,$H = |H|$,$T = |T|$。

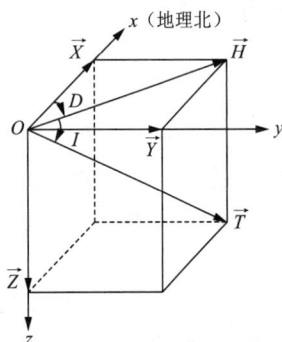

图 4-19 地磁要素图

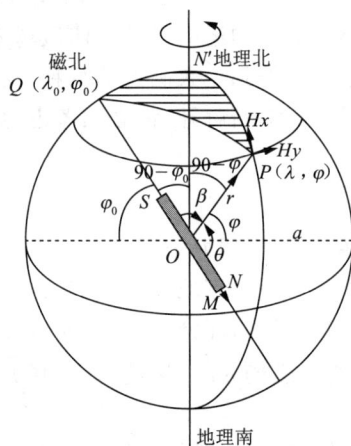

图 4-20 地球理想模型(均匀磁化球体)的磁场

2)地球理想模型(均匀磁化球体)的磁场

用一个均匀磁化球体(相当于地心处有一偶极子)作为地球的理想模型,尽管这种模型不够精确,却是非常简便和实用。如图 4-20 所示,设地球的磁化强度为 $\vec{M}$,取地磁极轴为球坐标系的极轴。磁轴和地理轴之间有一夹角,磁轴延长线与球面相交于 Q 点,其地理经纬度分别为 λ_0 及 φ_0,球面上观测点 P 的地球坐标为 λ 及 φ。

求解过程如例题 4.4,可以得到球外磁标势为:

$$U_m = \frac{Ma^3}{3}\frac{\cos\theta}{r^2} = -\frac{Ma^3}{3}\frac{\cos\beta}{r^2} \tag{4-171}$$

由球面三角形 $PN'Q$ 的余弦定理可得:

$$\cos\beta = \sin\varphi\sin\varphi_0 + \cos\varphi\cos\varphi_0\cos(\lambda - \lambda_0) \tag{4-172}$$

所以:

$$U_m = -\frac{Ma^3}{3r^2}[\sin\varphi\sin\varphi_0 + \cos\varphi\cos\varphi_0\cos(\lambda - \lambda_0)] \tag{4-173}$$

地磁场强度各分量分别为:

$$X = -\frac{1}{r}\frac{\partial U_m}{\partial\varphi} = \frac{Ma^3}{3r^3}[\cos\varphi\sin\varphi_0 - \sin\varphi\cos\varphi_0\cos(\lambda - \lambda_0)] \tag{4-174}$$

$$Y = -\frac{1}{r\cos\varphi}\frac{\partial U_m}{\partial \lambda} = \frac{Ma^3}{3r^3}\left[\cos\varphi_0\sin(\lambda_0-\lambda)\right] \tag{4-175}$$

$$Z = -\frac{\partial U_m}{\partial r} = -\frac{2Ma^3}{3r^3}\left[\sin\varphi\sin\varphi_0 - \cos\varphi\cos\varphi_0\cos(\lambda-\lambda_0)\right] \tag{4-176}$$

如果观测点在地面,则 $r = a$,地磁场强度变为:

$$\begin{cases} X = \dfrac{M}{3}\left[\cos\varphi\sin\varphi_0 - \sin\varphi\cos\varphi_0\cos(\lambda-\lambda_0)\right] \\[2mm] Y = \dfrac{M}{3}\left[\cos\varphi_0\sin(\lambda_0-\lambda)\right] \\[2mm] Z = -\dfrac{2M}{3}\left[\sin\varphi\sin\varphi_0 - \cos\varphi\cos\varphi_0\cos(\lambda-\lambda_0)\right] \end{cases} \tag{4-177}$$

进一步,如果地磁轴和地理轴重合,则 $\varphi_0 = 90°$,则地磁场强度变为:

$$\begin{cases} X = \dfrac{M}{3}\cos\varphi \\[2mm] Y = 0 \\[2mm] Z = -\dfrac{2M}{3}\sin\varphi \end{cases} \tag{4-178}$$

在赤道上,则 $\varphi = 0°$,$T = X = \dfrac{1}{3}M$,此时地磁场只有水平分量,方向指北。在两极,$\varphi = \pm 90°$,$T = Z = \pm\dfrac{2}{3}M$,在地理北极(磁 S 极)方向垂直向下,在地理南极(磁 N 极)方向垂直向上。可以看到,赤道地磁场强度大小仅为两极地磁场强度大小的 $\dfrac{1}{2}$。这与实际观测结果基本相符。在地球局部地区,实测磁场值与地球理想模型相差甚远,这是由于地质构造或矿产分布所造成的,这正是磁法勘探所要研究的问题。

4.12.2　磁法勘探

磁法勘探是一种通过观测和分析由岩石、矿石或其他探测对象磁性差异所引起的磁异常,进而研究地质构造和矿产资源或其他探测对象分布规律的地球物理方法。

磁法勘探的核心是研究磁异常,磁异常主要由磁性岩(矿)石在地球磁场磁化作用下产生,其中岩石磁性是内因,地球磁化场是外因。

无论是利用磁测资料研究地质构造还是直接找矿,首先都要进行磁力测量,以获取磁场强度值。测量磁场强度值有两种方法:绝对测量和相对测量。绝对测量大多用于地磁学研究,测量地磁场的绝对数值;相对测量主要用于磁法勘探,测量地磁场总强度 $\vec{T}$ 矢量的模量与正常地磁场 $\vec{T}_0$ 模量的差值 ΔT。

磁法测量工作通常根据一定的测网进行,所获得的数据要经过一系列整理和计算,消除各种干扰因素,才能得到各测点上的磁异常值。这个差值可以是正值或负值。图 4-21 显示了鞍山—本溪矿集区航空磁力测量获得的磁异常等值线图。通常铁矿石具有较高的磁性,因此铁矿区的磁异常通常表现为局部高磁异常特征。

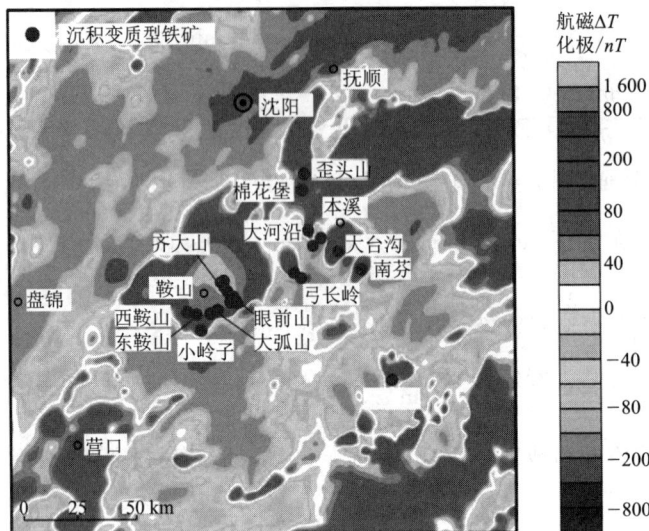

图 4-21　鞍山 - 本溪矿集区航磁异常特征与沉积变质型铁矿分布(杨海等,2022)

4.13　本章小结

本章首先从安培定律出发,引出磁感应强度的定义,并给出了有限分布的电流产生的磁感应强度的计算公式。随后,引入了磁场矢势的概念,并将其与稳定电场的标势进行了对比。在此基础上,进一步研究了稳定磁场的通量和环量,推导了稳定磁场关于散度和旋度的基本方程,说明稳定磁场是有旋的场,同时也是无散的场,即稳定磁场是无源场。

其次,分析了元电流产生的磁场及其特征,并进一步讨论了磁介质中的稳定磁场。磁介质在外加磁场中会发生磁化,产生磁化电流,形成附加磁场。通过定义磁化强度$\vec{M}$来描述磁介质的磁化能力。磁化后,总磁场应看作是传导电流与磁化电流共同作用的结果。为此,引入了磁场强度的概念,并定义了磁场强度与磁感应强度之间的关系。

随后,探讨了磁介质中稳定磁场的连续性条件:当磁场通过边界面时,磁感应强度的法向分量是连续的;当界面上存在面电流时,磁场强度的切向分量是不连续的;当界面上没有面电流时,磁场的切向分量是连续的。此外,磁矢势的法向和切向分量都是连续的。

接着,推导了普遍情况下稳定磁场的能量表达式,揭示了有磁场存在的空间必然伴随着相应的能量。为了简化稳定磁场问题的求解,引入了磁标势和磁荷的概念。此外,还研究了引力势与磁标势之间的关系式,这一关系在地球物理勘探中具有重要意义,可用于将重力勘探数据与磁法勘探数据相互转换。

再次,分析了铁磁介质存在时的磁场特性,并讨论了稳定磁场问题的求解方法。最后,通过理论结合实际,基于稳定磁场理论,介绍了地球磁场和磁法勘探的基本概念。

习题四

1. 平铺在地面上的两条平行导线,其间距为$2d$,并载有数量相等方向相反的电流,假设导线很长,地下是非磁性物质,试求地面上任一点的磁感应强度 B。

2. 平铺在地面上一个正方形线框,其中通过电流 I,边长为 l。如果坐标原点取在中心,坐标轴与线框边平行,试求地面上任意一点 $P(x,y)$ 处的 B 和线框中心点的磁场。假设地面下为非磁性物质。

3. 一根很长的同轴导线,电流 I 由内导线向一方流过,而由外导线返回。设内导线的半径为 a,外导线的半径为 b 和 d。试求各点的磁感应强度:(1) $r<a$,(2) $a<r<b$,(3) $b<r<d$,(4) $r>d$。

4. 设在地面上有一个点电流源,流入地下的电流强度为 I(图 4-22)。如果地下为一非磁性物质,试求地下任一 P 点距地面深度为 z 处的磁感应强度。设 P 点至电源的距离为 R,距 Oz 轴(垂直向下)的距离为 r。

5. 设有一个无限长顺磁柱体,其磁导率为 μ,半径为 a,放在均匀磁场 $\vec{H}_0$ 中,且柱轴与 $\vec{H}_0$ 垂直。试用拉普拉斯方程求解柱内外的磁势和柱内的磁感应强度,以及柱内的退磁场和退磁系数。

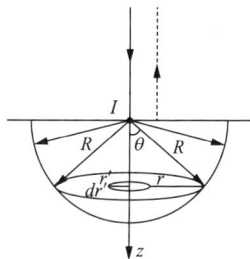

图 4-22　习题四第 4 题图示

6. 设在一个磁化物体内,沿着磁场方向挖去一个细长小针孔,试证明孔中心一点的磁场强度 $\vec{H}'$ 与介质中的磁场强度 $\vec{H}$ 相同(图 4-23)。若在垂直于磁场方向挖去一个扁狭缝,试证狭缝中磁场的磁场强度 $\vec{H}'$ 与介质中的磁感应强度 $\vec{B}$ 相同。

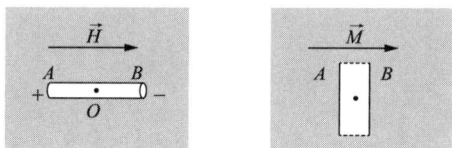

图 4-23　习题四第 6 题图示

7. 设在一个永久磁体中,挖去一个小球形空穴,若该点的磁化强度为 $\vec{M}$,未挖室穴前的磁场强度为 $\vec{H}$,试证明空穴中的磁场强度为 $\vec{H}' = \vec{H} + \dfrac{4\pi}{3}\vec{M}$(图 4-24)。

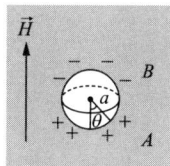

图 4-24　习题四第 7 题图示

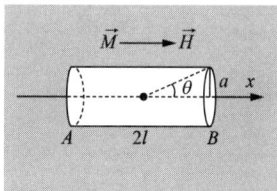

图 4-25　习题四第 8 题图示

8. 设在一个永久磁体内挖去一个小圆柱形空腔,柱轴平行于磁场方向,试证明空腔中心一点 O 的磁场强度为 $\vec{H}' = \vec{H} + 4\pi\vec{M}(1-\cos\theta)$,式中,$\vec{M}$ 为磁体的均匀磁化强度,θ 为柱端圆面积在 O 点张的锥形半角,$\vec{H}$ 为 O 点在未挖空腔时的场强(图 4-25)。

试讨论空腔为针孔形($\theta \to 0$)和扁盒形($\theta \to \dfrac{\pi}{2}$)的情况,并与第 6 题比较。

9. 设有一根长条磁棒,均匀磁化,其磁化强度为 $\vec{M}$。试求下列各点的 $\vec{B}$ 和 $\vec{H}$:(1) 正磁极面外临近一点,(2) 正磁极面内临近一点,(3) 磁棒中心一点。绘出磁棒内外的 $\vec{B}$ 线,$\vec{H}$ 线和 $\vec{M}$ 线。

10. 一个半径为 a 的球体,带有面电荷密度为 σ_q,以均匀角速度 ω 绕轴旋转。证明球外一点的磁场与一磁化强度为 $M=\sigma_q a\omega$ 的均匀磁化球体(半径相等)的磁场相同,并求解球体内部的磁场。

11. 电流沿一个极薄的面上流动称为电流层。设有两个无限大平行平面电流层,每单位长度的电流为 i,但二者方向相反。试求(1)两电流层之间和(2)层外一点的磁场。

12. 设有一根顺磁物质的圆柱形导线,其磁导率为 μ,半径为 a,通过的电流强度为 I。试求导线内部和外部的磁感应强度 B。在导线表面外侧和内侧是 B 还是 H 连续或突变?绘出 B 和 H 随 r 变化的曲线图。

13. 试求一个均匀磁场($\vec{B}=$ 常量)的矢势 $\vec{A}$,并证明 $\mathrm{div}\vec{A}=0$。

14. 试求两根无限长平行导线电流的矢势 $\vec{A}$ 及磁感应强度。设平行导线间的距离为 d,导线中通过的电流为 I,但方向相反。(取 Oz 轴沿导线之间的中心线,Oxy 垂直于导线,a_1 和 a_2 为 Oxy 平面上任一观察点至导线的距离)。

15. 设 I 为圆形电流中的电流强度,当一个单位正磁荷沿一个圆形电流中心轴线上从 $-\infty$ 到 $+\infty$ 移动时,求磁场力所做的功。

第 5 章　时变电磁场

在第三章和第四章中分别讨论了稳定电场(包括静电场和电流场)和稳定磁场(电流磁场)。稳定场是指不随时间变化的场,它们由静止电荷和稳定电流激发产生。在这种情况下,电场和磁场是相互独立、彼此分离的。

本章将讨论随时间变化的可变电磁场。在时变电磁场中,电场和磁场之间存在着密切的联系,它们相互激发、相互转换。因此,研究时变电磁场时,不仅需要探讨时变场与时变场源(时变电荷和时变电流)之间的关系,还需要研究磁场变化激发的电场以及电场变化激发的磁场之间的关系。这种电磁场可以从场源中分离出来,获得完全独立存在的性质,从而揭示出一种新形式的物质运动——电磁波的传播。

麦克斯韦方程组是本章的理论基础。其中,第二方程(电磁感应定律)描述了磁场变化激发电场的规律,而第一方程引入了位移电流的概念,描述了电场变化激发磁场的规律。这两个方程是描述电磁场中两个对立面(电场和磁场)的核心公式。麦克斯韦方程组是在大量实验基础上逐步总结而来的,现在是从理论高度进一步研究电磁场的内在统一性。接下来,我们将研究电磁波在电介质和导电介质中传播的规律。

5.1　电磁感应定律

时变电磁场的基本定律之一是 1831 年由法拉第通过实验总结出的电磁感应定律。英国科学家法拉第在实验中发现,当闭合导体回路处于变化的磁场中时,回路中会产生感应电场和感应电动势。这里的电动势是指单位正电荷沿闭合导体回路移动一周时,场力所做的功。在静电场中,这个功为零;而在感应电场中,这个功不为零。实验表明,感应电动势的大小与穿过导体回路的磁感应通量的时间变化率成正比,即

$$\xi = -\frac{\mathrm{d}\Phi_m}{\mathrm{d}t} \tag{5-1}$$

式中,Φ_m 为穿过导体回路构成的面 S 沿法线 $\vec{n}$ 方向的磁感应通量,即

$$\Phi_m = \int_S \vec{B} \cdot \vec{n} \mathrm{d}s \tag{5-2}$$

式中,负号表示由感应电流所产生的磁场总是阻止磁通量的变化。这就是著名的法拉第电磁感应定律。注意这里采用的单位系统是国际单位制。

这里显然有两种情况能产生感应电动势,一种是导体回路面积改变而磁感应强度不变,这时就产生动生电动势;另一种是导体回路面积不变而磁感应强度改变,这时就产生感生电动势。

对于第一种情况(动生电动势),法拉第定律可以由安培定律导出。因为运动导体中的自由电荷在磁场中以某种速度随导体移动时必须受到洛伦兹力:

$$\vec{f} = q(\vec{v} \times \vec{B}) \tag{5-3}$$

式中,$\vec{v}$ 表示运动电荷(其电量为 q)的速度,$\vec{B}$ 为电荷运动所在磁场的磁感应强度。洛伦兹力就是安培定律具体运用到电荷在磁场中移动时所受的力。在洛伦兹力的作用下,导体中的自由电荷发生移动,于是导体中有电流存在。电荷由于洛伦兹力的作用沿着导体运动,这就等于说在导体中存在着电场强度为 $\vec{E}$ 的电场:

$$\vec{E} = \vec{v} \times \vec{B} \tag{5-4}$$

这个电场和静电场不同,它具有自己的规律性。现在计算场强度沿着闭合回路的环量(图 5-1)。

$$\oint_L \vec{E} \cdot \vec{dl} = \oint_L (\vec{v} \times \vec{B}) \cdot \vec{dl} = \oint_L \vec{B} \cdot (\vec{dl} \times \vec{v})$$

$$= -\oint_L \vec{B} \cdot \left(\frac{\vec{dr}}{dt} \times \vec{dl}\right) \tag{5-5}$$

式中,$\vec{dr}$ 表示导线 L 中的电荷随 L 移动的位移,$\frac{\vec{dr}}{dt} \times \vec{dl}$ 是单

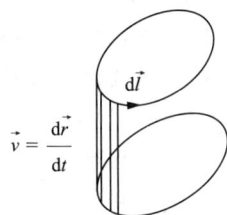

图 5-1　动生电动势示意图

位时间内导线元 $\vec{dl}$ 所扫过的面积矢量,即 $\frac{\vec{dr}}{dt} \times \vec{dl} = \frac{\vec{ds}}{dt}$,而整个积分是通过回路的磁通量对时间的导数:

$$\oint_L \vec{E} \cdot \vec{dl} = -\frac{d\Phi_m}{dt} \tag{5-6}$$

若定义单位正电荷沿一条闭合线路一周场力所做的功为电动势,则有:

$$\zeta = \oint_L \vec{E} \cdot \vec{dl} = -\frac{d\Phi_m}{dt} = -\frac{d}{dt}\int_S \vec{B} \cdot \vec{ds} \tag{5-7}$$

对于第二种情况(感生电动势),法拉第定律无法从安培定律导出,它包含了全新的物理内容。具体来说,当磁场运动或变化时,会在空间中激发电场。这种电场与静电场不同,它是一个有旋场,其环量积分(即电动势)与磁通量的时间变化率成正比,这一结论必须通过实验来验证。实验表明,式(5-1)不仅适用于导体在磁场中运动的情况,也适用于导体静止而磁场变化的情况。如果借助运动的相对性原理,这两种情况的等效性是显而易见的。总之,无论磁通量变化的原因是什么,式(5-1)总是成立的。

此外,法拉第定律具有更普遍的意义,即使在没有导体的情况下,这一定律仍然成立。也就是说,无论是否存在导体,在磁场变化的空间中,总会产生感应电场。该电场的强度沿任意闭合曲线(假设闭合曲线的形状与尺寸上不变)的环量积分恒等于 $-\frac{\partial \Phi_m}{\partial t}$,这里 Φ_m 是通过该闭合曲线的磁通量,即

$$\oint_L \vec{E}_i \cdot \vec{dl} = -\frac{\partial \Phi_m}{\partial t} \tag{5-8}$$

运用斯托克定理将式(5-8)的环量积分变为面积分:

$$\int_s \nabla\times\vec{E}_i \cdot \vec{n}\,ds = \oint_L \vec{E}_i \cdot d\vec{l} = -\frac{\partial \Phi_m}{\partial t} = -\int_s \frac{\partial \vec{B}}{\partial t} \cdot \vec{n}\,ds \tag{5-9}$$

解得:

$$\nabla\times\vec{E}_i = -\frac{\partial \vec{B}}{\partial t} \tag{5-10}$$

上式说明随时间变化的磁场将激发涡旋电场 $\vec{E}_i$(感应电场),感应电场是由变化的磁场所激发的电场,是有旋场,并且通过实验证明感应电场不仅存在于导体回路中,也存在于导体回路之外的空间。即空间任一点的磁场变化都激发起相应的电场,感应电场的旋度恒等于 $-\frac{\partial \vec{B}}{\partial t}$,这里 $\frac{\partial \vec{B}}{\partial t}$ 为该点的磁感应强度对时间的变化率,电场的旋度和磁场变化方向相反。设磁场增强,$\frac{\partial \vec{B}}{\partial t}$ 平行于 $\vec{B}$,则此时所产生的感应电场(或电流)将阻碍在磁场中运动着的导体前进,并且这种电场产生的感应电流又产生磁场,该磁场将使原增强的磁场减小,这就是表现能量守恒的楞次定律。

若空间既存在由静止电荷产生的保守电场 $\vec{E}_q$,也存在涡旋电场 $\vec{E}_i$,则总电场为两者之和,即

$$\vec{E} = \vec{E}_i + \vec{E}_q \tag{5-11}$$

计算总电场强度沿着闭合回路的环量:

$$\oint_L \vec{E} \cdot d\vec{l} = \oint_L \vec{E}_q \cdot d\vec{l} + \oint_L \vec{E}_i \cdot d\vec{l} = \oint_L \vec{E}_i \cdot d\vec{l} \tag{5-12}$$

可得:

$$\oint_L \vec{E} \cdot d\vec{l} = -\frac{\partial \Phi_m}{\partial t} = -\frac{\partial}{\partial t}\int_s \vec{B} \cdot d\vec{s} \tag{5-13}$$

根据斯托克定理 $\oint_L \vec{E} \cdot d\vec{l} = \int_s \nabla\times\vec{E} \cdot d\vec{s}$ 和 $\frac{\partial}{\partial t}\int_s \vec{B} \cdot d\vec{s} = \int_s \frac{\partial \vec{B}}{\partial t} \cdot d\vec{s}$ 求得:

$$\nabla\times\vec{E} = -\frac{\partial \vec{B}}{\partial t} \tag{5-14}$$

式(5-14)是电磁场理论的基本方程之一,也就是法拉第电磁感应定律微分形式,它是首先由麦克斯韦总结到电磁场理论的普遍规律中来的,所以称为麦克斯韦第二方程。

5.2　全电流安培环路定律

5.2.1　位移电流

1)问题的提出

在稳定电流磁场中所得到的磁场定律,对于不满足稳定条件的时变电流是否正确,需要进一步讨论。

稳定电流磁场的旋度:

$$\nabla \times \vec{H} = \vec{j} \qquad (5-15)$$

与时变电流的连续性方程:

$$\nabla \cdot \vec{j} = -\frac{\partial \rho_q}{\partial t} \qquad (5-16)$$

发生矛盾。因为任一矢量的旋度的散度恒等于零,所以由式(5-15)有:

$$\nabla \cdot (\nabla \times \vec{H}) = \nabla \cdot \vec{j} = 0 \qquad (5-17)$$

而从时变电流的连续性方程可知 $\nabla \cdot \vec{j} \neq 0$。

另外,这个矛盾从磁场的积分式:

$$\oint_L \vec{H} \cdot \vec{\mathrm{d}l} = I \qquad (5-18)$$

也可以看得很清楚。

考虑一个包含平行板电容器的电路,分析电容器充电过程中电流的连续性和安培环路定理的适用性。当闭合电键时,导线中会有电流流过,电容器开始充电。然而,传导电流在电容器极板处中断,导致电流不连续,因此这是一个非稳恒的传导电流。在电容器充电过程中,极板上的电量增加,极板间会产生时变的电场。

如图 5-2 所示,设 $\vec{H}$ 的环量的积分回路 L 为一个绕导线的闭合回路,以 L 为共同边界作两个曲面 S_1 和 S_2。对于 S_1 面,这个环量积分等于 I;而对于 S_2 面,由于电容器内没有传导电流流过,所以环量积分等于 0。显然,这两种情况是互相矛盾的,流过以回路 L 为边界的曲面 S 的电流强度,不仅与回路 L 的形状和位置有关,还与曲面 S 的形状和位置有关。这与实验结果不符,说明稳定电流磁场的基本定律不能直接推广到时变电磁场的情形,必须加以修正或补充。

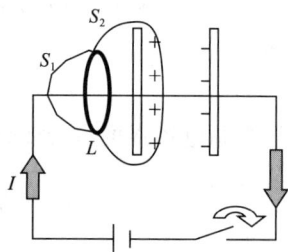

图 5-2   电容器充电

2)位移电流

麦克斯韦首先研究并解决了这一矛盾,即连续性方程与闭合电流线之间的矛盾。麦克斯韦认为连续性方程是由电荷守恒原理导出的,在时变电磁场中仍然成立。然而,由稳恒电流实验总结出磁场定律并不能无条件地推广到时变电流的情形。因此,需要对磁场定律进行修正,使其适用于时变电磁场。

根据电场的高斯定理仍然成立,则有

$$\oint_S \vec{D} \cdot \vec{\mathrm{d}s} = q \qquad (5-19)$$

式(5-19)两边对时间求导可得:

$$\oint_S \frac{\partial \vec{D}}{\partial t} \cdot \vec{\mathrm{d}s} = \frac{\mathrm{d}q}{\mathrm{d}t} \qquad (5-20)$$

将电荷守恒定律推导的电流连续性方程:

$$\oint_S \vec{j} \cdot \vec{\mathrm{d}s} = -\frac{\mathrm{d}q}{\mathrm{d}t} \qquad (5-21)$$

代入式(5-20)可得:

$$\oint_S \frac{\partial \vec{D}}{\partial t} \cdot \vec{ds} = -\oint_S \vec{j} \cdot \vec{ds} \tag{5 22}$$

整理可得:

$$\oint_S \left(\vec{j} + \frac{\partial \vec{D}}{\partial t}\right) \cdot \vec{ds} = 0 \tag{5-23}$$

式(5-23)面积分的闭合曲面由曲面 S_1 和 S_2 组成,对曲面 S_1 和 S_2 则有:

$$\int_{S_1} \left(\vec{j} + \frac{\partial \vec{D}}{\partial t}\right) \cdot \vec{ds} = \int_{S_2} \left(\vec{j} + \frac{\partial \vec{D}}{\partial t}\right) \cdot \vec{ds} \tag{5-24}$$

类比于传导电流定义:

$$I = \int_S \vec{j} \cdot \vec{ds} \tag{5-25}$$

对任意截面可以定义:

$$I_D = \int_S \frac{\partial \vec{D}}{\partial t} \cdot \vec{ds} = \frac{\partial}{\partial t} \int_S \vec{D} \cdot \vec{ds} = \frac{d\Phi_D}{dt} \tag{5-26}$$

式中,"电流" I_D 等于穿过面 S 的电位移通量 Φ_D 对时间的变化率。

麦克斯韦敏锐地意识到若将式(5-26)中 $\frac{d\Phi_D}{dt}$ 也看作是"电流",则非稳恒传导电流的不连续性、安培环路定理不能适用于非稳恒传导电流的两个问题均可解决。

麦克斯韦认为:电场中某一点位移电流密度等于该点电位移矢量对时间的变化率,即

$$\vec{j}_D = \frac{\partial \vec{D}}{\partial t} \tag{5-27}$$

而位移电流与位移电流密度关系为:

$$I_D = \int_S \vec{j}_D \cdot \vec{ds} \tag{5-28}$$

位移电流的实质是时变电场。

5.2.2　全电流连续性原理

1) 全电流性质

麦克斯韦认为全电流 $I_全$ 既包括电荷宏观定向运动所引起的传导电流 I,还包括时变电场的位移电流 I_D,即

$$I_全 = I + I_D \tag{5-29}$$

因此,全电流密度 $\vec{j}_全$ 为传导电流密度 $\vec{j}$ 和位移电流密度 $\vec{j}_D$ 之和,即

$$\vec{j}_全 = \vec{j} + \vec{j}_D = \vec{j} + \frac{\partial \vec{D}}{\partial t} \tag{5-30}$$

他认为磁场是全电流激发的,这两种电流能以同样规律激发磁场,这就是说全电流安培环路定理为:

$$\oint_L \vec{H} \cdot \vec{dl} = I + \frac{d\Phi_D}{dt} \tag{5-31}$$

其微分形式为:

$$\nabla \times \vec{H} = \vec{j} + \frac{\partial \vec{D}}{\partial t} \qquad (5-32)$$

式(5-32)是电磁场理论的基本规律之一,称为麦克斯韦第一方程。实验证明该方程及位移电流的假设是正确的。将式(5-30)两边取散度可得:

$$\nabla \cdot \vec{j}_{全} = \nabla \cdot (\vec{j} + \vec{j}_D) = 0 \qquad (5-33)$$

将式(5-33)代入高斯定理可得:

$$\oint_S (\vec{j} + \vec{j}_D) \cdot \vec{ds} = 0 \qquad (5-34)$$

上式表明穿过任意封闭面的各类电流之和恒为零,这就是全电流连续性原理。当引入式(5-28)确定的位移电流后,位移电流和传导电流之和(全电流)构成了闭合电流线,而且磁场是由全电流激发的。这意味着,传导电流的电流线在某处中断,位移电流线就会在该处接上,从而形成了一个闭合的电流线。

在不导电的介质中,电导率 $\sigma = 0$,因而 $\vec{j} = \sigma \vec{E} = 0$,则式(5-32)变为:

$$\nabla \times \vec{H} = \frac{\partial \vec{D}}{\partial t} \qquad (5-35)$$

该式说明,若空间中具有随时间变化的电场,则所有各点都有磁场产生。这种情形,完全和法拉第定律所描述的情形对应:

$$\nabla \times \vec{E} = -\frac{\partial \vec{B}}{\partial t} \qquad (5-36)$$

即若空间中具有随时间变化的磁场,则所有各点都有电场产生。

电场变化会激发磁场,而磁场变化也会激发电场,二者互相联系、互相激发,形成电磁场中的对应关系。

2) 传导电流和位移电流的异同

位移电流和传导电流的相同之处在于,二者都以相同的方式激发磁场。正是因为这一点与传导电流相同,位移电流才被称为"电流"。然而,尽管传导电流和位移电流在激发磁场的方式上相同,但它们是两个截然不同的物理概念,存在根本的区别。传导电流和位移电流的区别主要体现在以下三个方面:

(1)传导电流是由电荷的宏观定向移动形成的,而位移电流的本质是变化的电场,即电场强度随时间的变化率,并不伴随任何电荷的定向移动。

(2)位移电流与传导电流不同,它不会产生焦耳热。虽然高频电磁场也能使物质发热,但这是由于物质分子的高频振动引起的,与导体产生的焦耳热有本质区别,遵循完全不同的物理规律。

(3)传导电流只存在于导体中,而位移电流可以存在于多种介质中。

从上述讨论可知,无论是在导体中还是在电介质中,电流总是由传导电流和位移电流两部分组成。在通常情况下,电介质中的电流主要是位移电流,传导电流可以忽略不计;而在导体中,电流主要是传导电流,位移电流通常可以忽略不计。然而,在高频电流的情况下,导体内的位移电流和传导电流具有同等重要的作用。

例题 5.1 设电场强度是时间 t 的周期性函数 $E = E_0 \sin 2\pi f t$,其中 f 为频率,计算在什么条件下导体中的位移电流可以忽略。

解：由位移电流密度 j_D 定义可知：

$$j_D = \frac{\partial D}{\partial t} = \frac{\varepsilon \partial(E_0 \sin 2\pi ft)}{\partial t} = 2\pi\varepsilon fE_0 \cos 2\pi ft \tag{5-37}$$

又由欧姆定律微分形式可知传导电流密度 j 为：

$$j = \sigma E = \sigma E_0 \sin 2\pi ft \tag{5-38}$$

所以：

$$\frac{j_D}{j} = \frac{2\pi\varepsilon fE_0 \cos 2\pi ft}{\sigma E_0 \sin 2\pi ft} \tag{5-39}$$

即

$$\left| \frac{j_D}{j} \right| = \frac{2\pi\varepsilon f}{\sigma} \ll 1 \tag{5-40}$$

由此可见，当下列条件：

$$\sigma \gg 2\pi\varepsilon f \tag{5-41}$$

成立时，则 $j \gg j_D$，因而位移电流可以略去。

5.3　电磁场方程组——麦克斯韦方程组

5.3.1　麦克斯韦方程组

在前面的章节中，我们阐述了电磁现象的各种特征，并逐步总结了通过实验发现的各种规律。这些规律的适用范围各不相同。一般来说，每一种规律只描述了电磁现象的某一部分性质，反映了某一方面的规律性，因此这些规律是局部的、不完整的。

在本节中，我们需要寻求电磁现象的普遍规律，这需要通过理论上的概括、总结和推广来实现。也就是说，我们需要从个别的、特殊的规律中提取更普遍的内容，经过分析和综合，概括出普遍规律，并将其推广到更广泛的范围内。在 19 世纪 60 年代，麦克斯韦首次系统地开展了这一工作。他将原先在特定条件下建立的定律推广到更普遍的情况中，特别是通过引入位移电流的概念，将电磁场的全部规律总结为一组完整且统一的电磁场方程，即麦克斯韦方程组，并揭示了这组方程的物理意义。后来，赫兹进一步完善了麦克斯韦方程组，得出了麦克斯韦方程组的现代形式。

1）麦克斯韦方程组的微分形式

在任意时变电磁场中，麦克斯韦方程组定域化到某点时的微分形式为：

$$\nabla \times \vec{H} = \vec{j} + \frac{\partial \vec{D}}{\partial t} \tag{5-42}$$

$$\nabla \times \vec{E} = -\frac{\partial \vec{B}}{\partial t} \tag{5-43}$$

$$\nabla \cdot \vec{B} = 0 \tag{5-44}$$

$$\nabla \cdot \vec{D} = \rho_q \tag{5-45}$$

麦克斯韦方程组具有普遍性，它不仅能够用来描述时变电磁场，也能用来描述稳定电场和稳定磁场。当 $\partial \vec{D}/\partial t = \vec{0}$ 和 $\partial \vec{B}/\partial t = \vec{0}$ 时，麦克斯韦方程组各式可以完全转变为稳定电场和稳定磁场方程的形式。

麦克斯韦方程组各式具有明确的物理意义，分别阐述如下：

式(5-42)为麦克斯韦所发现的磁电感应定律，表明涡旋磁场是由位移电流和传导电流产生，即传导电流和随着时间变化的电场可以在空间激发涡旋磁场。

式(5-43)为法拉第所发现的电磁感应定律，表明随着时间变化的磁场可以在空间激发涡旋电场。

式(5-44)为从毕奥-萨伐尔定律导出的高斯定理，表明磁场是无源场，磁力线是闭合的。

式(5-45)为从库仑定律导出的高斯定理，表明电场是有源场，电荷是产生电场的源。

麦克斯韦方程组在电磁场理论中的作用与牛顿运动定律在经典力学中的作用相当，它是电磁场理论的基础，几乎所有电磁现象都可以通过这些方程得到解释。理论来源于实践，又回到实践中接受检验。麦克斯韦总结出的这组方程最初只能作为一种假说，只有在经过进一步的实验验证后才被确认为真理。麦克斯韦从他的方程组中预言了电磁波的存在，这一预言在二十年后由赫兹通过实验完全证实。此外，麦克斯韦还指出光波是电磁波的一种，这一理论后来也被实验证明是正确的。这些事实充分验证了麦克斯韦方程组的正确性。

2）麦克斯韦方程组的积分形式

基于散度定理和斯托克斯定理可以得到相应的麦克斯韦方程组的积分形式为：

$$\oint_L \vec{H} \cdot \vec{\mathrm{d}l} = \int_s \left(\vec{j} + \frac{\partial \vec{D}}{\partial t} \right) \cdot \vec{\mathrm{d}s} \tag{5-46}$$

$$\oint_L \vec{E} \cdot \vec{\mathrm{d}l} = -\int_s \frac{\partial \vec{B}}{\partial t} \cdot \vec{\mathrm{d}s} \tag{5-47}$$

$$\oint_s \vec{B} \cdot \vec{\mathrm{d}s} = 0 \tag{5-48}$$

$$\oint_s \vec{D} \cdot \vec{\mathrm{d}s} = q \tag{5-49}$$

麦克斯韦方程组的微分形式和积分形式在本质上是一致的。尽管这两种形式在应用场景和表述方式上有所不同，但它们共同描述了电磁场的基本规律，从不同角度揭示了电场和磁场之间的关系。积分形式关注的是电磁场在区域内的整体分布和变化，适用于宏观问题的分析和公式推导；而微分形式则关注于电磁场在空间中每一点的局部性质，从微观角度揭示了电磁场的本质。

5.3.2　方程一致性

麦克斯韦方程组作为电磁运动的统一理论方程组，它本身应该是一致的和完整的。首先证明式(5-43)和式(5-44)的一致性。因为这两个方程都与磁感应矢量 $\vec{B}$ 有关。从式(5-43)出发，两边取散度，因为任意矢量旋度的散度恒等于零，所以：

$$0 = \boldsymbol{\nabla} \cdot (\boldsymbol{\nabla} \times \vec{E}) = -\boldsymbol{\nabla} \cdot \frac{\partial \vec{B}}{\partial t} = -\frac{\partial \, \boldsymbol{\nabla} \cdot \vec{B}}{\partial t} \tag{5-50}$$

即

$$\mathbf{\nabla} \cdot \vec{B} = C \tag{5-51}$$

式中,C 为一个与时间无关的常数。如果取此常数为零,则有:

$$\mathbf{\nabla} \cdot \vec{B} = 0 \tag{5-52}$$

结果与式(5-44)相同。可见式(5-43)和式(5-44)是一致的。对积分形式也可以作类似的讨论。

其次来研究与电感应矢量 $\vec{D}$ 有关的式(5-42)和式(5-45)的一致性。对式(5-42)两边取散度,可得:

$$0 = \mathbf{\nabla} \cdot (\mathbf{\nabla} \times \vec{H}) = \mathbf{\nabla} \cdot \vec{j} + \frac{\partial \, \mathbf{\nabla} \cdot \vec{D}}{\partial t} \tag{5-53}$$

将式(5-45)代入,可得:

$$\mathbf{\nabla} \cdot \vec{j} + \frac{\partial \rho_q}{\partial t} = 0 \tag{5-54}$$

即

$$\mathbf{\nabla} \cdot \vec{j} = -\frac{\partial \rho_q}{\partial t} \tag{5-55}$$

这就是电磁现象中基本规律之一的电量守恒定律的数学表达式(连续性方程)。反之,若利用连续性方程式,可以导出式(5-45)。这说明了式(5-42)和式(5-45)的一致性。

5.3.3　本构关系

在电磁场的理论中,还须考虑到介质对电磁场的影响。因此在麦克斯韦方程组中,需要加上联系场基本矢量间关系的状态方程,又称本构关系,即

$$\begin{cases} \vec{D} = \varepsilon \vec{E} \\ \vec{B} = \mu \vec{H} \\ \vec{j} = \sigma \vec{E} \end{cases} \tag{5-56}$$

式中,ε,μ,σ 为介质的介电常数、磁导率和电导率,它们是不依赖时间的空间点函数。

5.3.4　边界条件

在均匀介质中,由于 ε,μ,σ 都是常数,因此所有电磁场矢量在空间中是处处有限、连续且可微的。然而,在非均匀介质中,特别是在介质分界面上,物性参数 ε,μ,σ 会发生突变,因此需要考虑电磁场矢量在介质分界面上的情形。为了确保电磁场在这种情况下有解,必须在麦克斯韦方程组的基础上附加电磁场矢量在介质分界面上应满足的边界条件。假设在分界面上存在电荷面密度 σ_q 和电流面密度 $\vec{j}_S$,根据对电磁场边界矢量边界条件的讨论,在界面上应有:

① 磁感应强度的法向分量是连续的,即

$$B_{2n} - B_{1n} = 0 \tag{5-57}$$

② 电位移矢量的法向分量发生突变,即

$$D_{2n} - D_{1n} = \sigma_q \tag{5-58}$$

③ 磁场强度的切向分量发生突变,即

$$H_{2t} - H_{1t} = j_S \tag{5-59}$$

④ 电场强度的切向分量是连续的,即

$$E_{2t} - E_{1t} = 0 \tag{5-60}$$

⑤ 在导电介质中,电流密度的法向分量是不连续的,即

$$j_{2n} - j_{1n} = -\frac{\partial \sigma_q}{\partial t} \tag{5-61}$$

这些边界条件是根据麦克斯韦方程组的积分式证明出来的,证明的方法完全和以前在稳定场中的方法一样。证明法向分量的连续性时,在界面上作一个闭合柱面;证明切向分量的连续性时,在界面上作一条闭合线。显然,由式(5-48)和式(5-49)来分别证明法向分量的连续性时,应该完全和以前相同。只是在用式(5-46)和式(5-47)去证明切向分量的连续性时,这里多出两个面积分$\int_S \frac{\partial \vec{D}}{\partial t} \cdot \vec{ds}$和$-\int_S \frac{\partial \vec{B}}{\partial t} \cdot \vec{ds}$,而这两个面积分,当闭合线包围的面积$S \rightarrow 0$时,由于$\frac{\partial \vec{D}}{\partial t}$和$\frac{\partial \vec{B}}{\partial t}$是有限值,而且也没有相应的面密度存在,所以面积分随面积趋于零而趋于零。体电流密度的面积分$\oint_S \vec{j} \cdot \vec{ds}$则完全不同,当闭合线的面积趋于零时,它有一极限值,就是面电流$j_S \Delta l$。如果考虑这两个多出的面积分的极限值趋于零,则切向分量的连续性就完全和稳定场的情况相同,因而就完全证明了上述所有边界条件。此外,在无限远处,$\vec{E}$和$\vec{H}$均趋于零。

当问题的边界条件全部列出以后,根据$\vec{E}$和$\vec{H}$的初始条件,即它们在$t=0$时的值,通过求解场方程,可以求得任一时刻的$\vec{E}$和$\vec{H}$,从而确定了任意时刻的电磁场。需要特别指出的是,不论用什么方法,只要给定边界条件和初始条件,所求得的场方程的解就是唯一的,即唯一地决定空间一点在任何时刻的电磁场。

需要指出的是,某些电磁现象(如运动介质、铁磁物质等)表现得特别复杂,必须进行单独处理。如果在一般理论中直接考虑这些复杂情况,不可避免地会使计算公式变得异常复杂,从而掩盖问题的本质。因此,在本章的讨论中,将限制在以下几个简化的假设条件下讨论:① 所有场中的物质(如电介质、导体等)都是静止的;② 物性参数ε,μ,σ仅是空间点的函数,不随时间变化;③ 场中不存在铁磁介质。

5.4 电磁场能量

研究电磁场的能量关系具有重要意义,因为人们通常无法直接感知场的存在(除了特殊情况,例如光波)。我们只能通过能够感知的能量形式(例如热能或机械能)的产生或消失,间接推断场的存在。根据能量守恒原理,这些能量的产生是由其他能量形式转换而来的,而这种能量就是电磁能。例如,我们知道导体中存在电流场,通常是通过电流的热效应(导体发热)或机械效应(电流计指针偏转)等现象来感知的。同样,我们知道某一物体带电,通常是通过它吸引轻小物体(如金属小球)或与另一导体接近时产生火花等现象来判断的。

现在来研究电磁场传播过程中某一封闭区域内的能量变化。根据能量守恒定律，在时间 dt 内，区域内电磁能量的变化量在数值上等于同一时间内从区域外进入区域内的电磁能减去电磁场对区域内电荷所做的功。

设该封闭区域体积为 V，边界面积为 S，则单位时间内电场对域内电荷元 dq 所做的功为：

$$dW = \vec{E} \cdot \overrightarrow{dl}\, dq \tag{5-62}$$

式中，$\overrightarrow{dl}$ 是电荷元 dq 的位移矢量。对于一个垂直于 $\overrightarrow{dl}$ 的截面来说，$dq = \vec{j} \cdot \overrightarrow{ds}$。因此当传导电流 $\vec{j}$ 在电磁场中流动时，电磁场在单位时间内做的功 W 为：

$$W = \int_V \vec{E} \cdot \vec{j}\, dv \tag{5-63}$$

因为磁场对电流的作用力总是与电流密度相垂直，所以磁场力不做功，做功的仅是电场力。

为了能清楚地看出做功与电磁场的关系，将式(5-42)进行移项并代入上式，即得：

$$W = \int_V \vec{E} \cdot \vec{j}\, dv = \int_V \left[\vec{E} \cdot (\mathbf{\nabla} \times \vec{H}) - \vec{E} \cdot \frac{\partial \vec{D}}{\partial t} \right] dv \tag{5-64}$$

利用矢量公式 $\mathbf{\nabla} \cdot (\vec{a} \times \vec{b}) = \vec{b} \cdot (\mathbf{\nabla} \times \vec{a}) - \vec{a} \cdot (\mathbf{\nabla} \times \vec{b})$ 及式(5-43)，式(5-64)变为：

$$W = -\int_V \left[\mathbf{\nabla} \cdot (\vec{E} \times \vec{H}) + \vec{E} \cdot \frac{\partial \vec{D}}{\partial t} + \vec{H} \cdot \frac{\partial \vec{B}}{\partial t} \right] dv \tag{5-65}$$

假定所考虑的电场矢量随时间的变化不是太快，那么介质的物性参数 ε, μ, σ 与时间无关，则：

$$\vec{E} \cdot \frac{\partial \vec{D}}{\partial t} + \vec{H} \cdot \frac{\partial \vec{B}}{\partial t} = \varepsilon \vec{E} \cdot \frac{\partial \vec{E}}{\partial t} + \mu \vec{H} \cdot \frac{\partial \vec{H}}{\partial t} = \frac{1}{2} \frac{\partial}{\partial t} (\varepsilon E^2 + \mu H^2) \tag{5-66}$$

将此结果代入式(5-65)中，可得：

$$W = -\int_V \mathbf{\nabla} \cdot (\vec{E} \times \vec{H})\, dv - \frac{\partial}{\partial t} \int_V \frac{1}{2} (\varepsilon E^2 + \mu H^2)\, dv \tag{5-67}$$

根据高斯定理，进一步可以得到：

$$W = -\oint_S (\vec{E} \times \vec{H}) \cdot \overrightarrow{dS} - \frac{\partial}{\partial t} \int_V \frac{1}{2} (\varepsilon E^2 + \mu H^2)\, dv \tag{5-68}$$

式(5-68)移项后，可得：

$$\frac{\partial}{\partial t} \int_V \frac{1}{2} (\varepsilon E^2 + \mu H^2)\, dv = -\oint_S (\vec{E} \times \vec{H}) \cdot \overrightarrow{ds} - W \tag{5-69}$$

定义式中

$$w = \frac{1}{2} (\varepsilon E^2 + \mu H^2) = \frac{1}{2} (\vec{E} \cdot \vec{D} + \vec{H} \cdot \vec{B}) \tag{5-70}$$

称为电磁场的能量体密度。

定义矢量 $\vec{S}$ 为：

$$\vec{S} = \vec{E} \times \vec{H} \tag{5-71}$$

式中，$\vec{S}$ 称为坡印亭矢量，它表示单位时间内流过垂直于能量流动方向的单位面积的电磁能量。式(5-69)等号左边表示单位时间内区域内电磁能量的变化，等号右边第一项表示单位时间内从区域外流入区域内的电磁能量，第二项则表示单位时间内电磁场在区域内所做的功。因此,上式就正确地表达了有限体积内电磁场的能量守恒定律,即在 dt 时间内,区域内电磁能量的变化在数值上等于同一时间内从区域外进入区域内的电磁能与在该时间内电磁场对区域内电荷所做的功之差。

如果区域内有外来电动势,式(5-69)仍然正确。考虑到有外来电动势的情形下,欧姆定律的微分式为:

$$\vec{j} = \sigma(\vec{E} + \vec{E}^{外来})$$ (5-72)

则

$$\vec{E} = \frac{1}{\sigma}\vec{j} - \vec{E}^{外来} = \vec{\rho j} - \vec{E}^{外来}$$ (5-73)

式中,ρ 为电阻率,与电导率 σ 互为倒数,即 $\rho = 1/\sigma$。

这时,电磁场对域内电荷所做的功为:

$$W = \int_V \vec{E} \cdot \vec{j} \, dv = \int_V (\vec{\rho j} - \vec{E}^{外来}) \cdot \vec{j} \, dv = \int_V (\rho j^2 - \vec{E}^{外来} \cdot \vec{j}) \, dv$$ (5-74)

将其代入式(5-69):

$$\frac{\partial}{\partial t} \int_V \frac{1}{2} (\varepsilon E^2 + \mu H^2) \, dv = -\oint_S (\vec{E} \times \vec{H}) \cdot \vec{ds} - \int_V \rho j^2 \, dv + \int_V \vec{E}^{外来} \cdot \vec{j} \, dv$$ (5-75)

上式右边第二项为单位时间内区域内由于产生焦耳热而消耗的能量,第三项则是单位时间内外来电动势所做的功,同样也是遵循能量守恒定律的。

如果考虑整个空间的电磁场。由于在无限远处的 $\vec{E}$ 和 $\vec{H}$ 分别趋于零,所以式(5-68)的面积分等于零,则得:

$$W = -\frac{\partial}{\partial t} \int_V \frac{1}{2} (\varepsilon E^2 + \mu H^2) \, dv$$ (5-76)

式(5-76)表示电磁场在单位时间内对区域内电荷所做的功等于电磁场总能量随时间变化率的减少量。

5.5　电磁波方程

现在从电磁场方程出发来研究无限均匀介质中电磁场的传播。介质无耗、均匀且各向同性的无源区域满足下列条件:

$$j = 0, \quad \rho_q = 0, \quad \sigma = 0$$ (5-77)

此时,麦克斯韦方程可以写为下列形式:

$$\nabla \times \vec{H} = \varepsilon \frac{\partial \vec{E}}{\partial t}$$ (5-78)

$$\nabla \times \vec{E} = -\mu \frac{\partial \vec{H}}{\partial t}$$ (5-79)

$$\nabla \cdot \vec{H} = 0$$ (5-80)

$$\nabla \cdot \vec{E} = 0$$ (5-81)

对方程(5-79)两边取旋度有:

$$\nabla \times \nabla \times \vec{E} = -\mu \frac{\partial}{\partial t} \nabla \times \vec{H} \tag{5-82}$$

再利用矢量分析公式:

$$\nabla \times \nabla \times \vec{E} = \nabla (\nabla \cdot \vec{E}) - \nabla^2 \vec{E} \tag{5-83}$$

及式(5-78)得:

$$\nabla^2 \vec{E} - \mu \frac{\partial}{\partial t}(\varepsilon \frac{\partial \vec{E}}{\partial t}) = 0 \tag{5-84}$$

即

$$\nabla^2 \vec{E} - \varepsilon \mu \frac{\partial^2 \vec{E}}{\partial t^2} = 0 \tag{5-85}$$

若对式(5-78)两边取旋度,经过同样的计算,得:

$$\nabla^2 \vec{H} - \varepsilon \mu \frac{\partial^2 \vec{H}}{\partial t^2} = 0 \tag{5-86}$$

式(5-85)和式(5-86)是关于场量 $\vec{E}$、$\vec{H}$ 的矢量波动方程,表示时变电磁场以波的形式在空间存在和传播,称为电磁波,其波速为:

$$v = \frac{1}{\sqrt{\varepsilon \mu}} \tag{5-87}$$

如果将 $\varepsilon = \varepsilon_0 = 8.85 \times 10^{-12} (\mathrm{F/m})$ 和 $\mu = \mu_0 = 4\pi \times 10^{-7} (\mathrm{H/m})$ 代入上式,则:

$$v = \frac{1}{\sqrt{\varepsilon_0 \mu_0}} = 2.998 \times 10^8 (\mathrm{m/s})$$

这就是在真空中电磁波传播的速度。

在直角坐标系中,对 $\vec{E}$ 的矢量波动方程可表示为三个标量波动方程:

$$\begin{cases} \dfrac{\partial^2 E_x}{\partial x^2} + \dfrac{\partial^2 E_x}{\partial y^2} + \dfrac{\partial^2 E_x}{\partial z^2} - \varepsilon \mu \dfrac{\partial^2 E_x}{\partial t^2} = 0 \\[2mm] \dfrac{\partial^2 E_y}{\partial x^2} + \dfrac{\partial^2 E_y}{\partial y^2} + \dfrac{\partial^2 E_y}{\partial z^2} - \varepsilon \mu \dfrac{\partial^2 E_y}{\partial t^2} = 0 \\[2mm] \dfrac{\partial^2 E_z}{\partial x^2} + \dfrac{\partial^2 E_z}{\partial y^2} + \dfrac{\partial^2 E_z}{\partial z^2} - \varepsilon \mu \dfrac{\partial^2 E_z}{\partial t^2} = 0 \end{cases} \tag{5-88}$$

5.6　无限均匀理想介质中的平面波

5.6.1　无限均匀理想介质中的平面波传播

在无限大各向同性的均匀线性介质中,且介质为理想介质,即 $\sigma = 0$,此时传导电流为零,即 $j = 0$,自然也不存在体分布的时变电荷,即 $\rho_q = 0$,则波动方程变为:

$$\begin{cases} \nabla^2 \vec{E}(\vec{r}, t) - \varepsilon \mu \dfrac{\partial^2 \vec{E}(\vec{r}, t)}{\partial t^2} = 0 \\[2mm] \nabla^2 \vec{H}(\vec{r}, t) - \varepsilon \mu \dfrac{\partial^2 \vec{H}(\vec{r}, t)}{\partial t^2} = 0 \end{cases} \tag{5-89}$$

上式称为齐次波动方程,该式是电磁矢量以速度 $v = \dfrac{1}{\sqrt{\varepsilon\mu}}$ 在介质中传播的波动方程。

对于研究平面波的传播特性,仅需求解齐次波动方程。

将电磁矢量进行傅里叶变换,从空间域变换到波数域,则式(5-89)变为:

$$\begin{cases} \boldsymbol{\nabla}^2 \overrightarrow{E}(\overrightarrow{r}) + k^2 \overrightarrow{E}(\overrightarrow{r}) = 0 \\ \boldsymbol{\nabla}^2 \overrightarrow{H}(\overrightarrow{r}) + k^2 \overrightarrow{H}(\overrightarrow{r}) = 0 \end{cases} \tag{5-90}$$

式(5-90)称为齐次矢量亥姆霍兹方程。

式中:

$$k = \omega \sqrt{\varepsilon\mu} \tag{5-91}$$

k 称为波数,是对电磁场在介质中的传播特性起决定性作用的综合参数。ω 为角频率或圆频率,与频率 f 的关系为 $\omega = 2\pi f$。

在直角坐标系中,可以证明,电场强度 $\overrightarrow{E}$ 及磁场强度 $\overrightarrow{H}$ 的各个分量分别满足下列方程:

$$\begin{cases} \boldsymbol{\nabla}^2 E_x(\overrightarrow{r}) + k^2 E_x(\overrightarrow{r}) = 0 \\ \boldsymbol{\nabla}^2 E_y(\overrightarrow{r}) + k^2 E_y(\overrightarrow{r}) = 0, \\ \boldsymbol{\nabla}^2 E_z(\overrightarrow{r}) + k^2 E_z(\overrightarrow{r}) = 0 \end{cases} \begin{cases} \boldsymbol{\nabla}^2 H_x(\overrightarrow{r}) + k^2 H_x(\overrightarrow{r}) = 0 \\ \boldsymbol{\nabla}^2 H_y(\overrightarrow{r}) + k^2 H_y(\overrightarrow{r}) = 0 \\ \boldsymbol{\nabla}^2 H_z(\overrightarrow{r}) + k^2 H_z(\overrightarrow{r}) = 0 \end{cases} \tag{5-92}$$

现在来求解波动方程的一个特解,即平面电磁波。如果在任意时刻,在与波的传播方向垂直的任一平面内,场矢量在所有点上具有相同的值,这种波称为平面波。例如,太阳发出的光波虽然是具有球对称性的球面波,但在远离太阳的观察者看来,波面的一小部分可以近似视为平面波。因此,平面波是一种相对近似的概念。

首先,我们证明平面电磁波的一个性质。在直角坐标系中,如果时变电磁场的场量仅与一个坐标变量有关,则该电磁场的场量不可能具有该坐标方向的分量。例如,若场量仅与 z 变量有关,则可以证明 $E_z = H_z = 0$。证明过程如下:

假设场量与变量 x 及 y 无关,则:

$$\boldsymbol{\nabla} \cdot \overrightarrow{E} = \frac{\partial E_x}{\partial x} + \frac{\partial E_y}{\partial y} + \frac{\partial E_z}{\partial z} = \frac{\partial E_z}{\partial z} \tag{5-93}$$

$$\boldsymbol{\nabla} \cdot \overrightarrow{H} = \frac{\partial H_x}{\partial x} + \frac{\partial H_y}{\partial y} + \frac{\partial H_z}{\partial z} = \frac{\partial H_z}{\partial z} \tag{5-94}$$

因在给定的区域内,有:

$$\boldsymbol{\nabla} \cdot \overrightarrow{E} = 0$$
$$\boldsymbol{\nabla} \cdot \overrightarrow{H} = 0 \tag{5-95}$$

可得:

$$\frac{\partial E_z}{\partial z} = \frac{\partial H_z}{\partial z} = 0 \tag{5-96}$$

因此:

$$\boldsymbol{\nabla}^2 E_z = \frac{\partial^2 E_z}{\partial x^2} + \frac{\partial^2 E_z}{\partial y^2} + \frac{\partial^2 E_z}{\partial z^2} = \frac{\partial^2 E_z}{\partial z^2} = 0 \tag{5-97}$$

$$\boldsymbol{\nabla}^2 H_z = \frac{\partial^2 H_z}{\partial x^2} + \frac{\partial^2 H_z}{\partial y^2} + \frac{\partial^2 H_z}{\partial z^2} = \frac{\partial^2 H_z}{\partial z^2} = 0 \tag{5-98}$$

代入标量亥姆霍兹方程:

$$\nabla^2 E_z(\vec{r}) + k^2 E_z(\vec{r}) = 0$$
$$\nabla^2 H_z(\vec{r}) + k^2 H_z(\vec{r}) = 0 \tag{5-99}$$

所以 z 方向分量为：

$$E_z = H_z = 0 \tag{5-100}$$

下面讨论波动方程的平面简谐波解。已知电磁场在无外源的理想介质中应满足下列齐次矢量亥姆霍兹方程：

$$\begin{cases} \nabla^2 \vec{E}(\vec{r}) + k^2 \vec{E}(\vec{r}) = 0 \\ \nabla^2 \vec{H}(\vec{r}) + k^2 \vec{H}(\vec{r}) = 0 \end{cases} \tag{5-101}$$

假设平面简谐电磁波沿 z 方向传播，则电场强度 $\vec{E}$ 仅与坐标变量 z 有关，与 x，y 无关，则电场强度不可能存在 z 分量。不妨设电场强度 $\vec{E}$ 只有 x 方向分量 E_x，即 $\vec{E} = E_x \vec{i}$，则磁场强度 $\vec{H}$ 为：

$$\nabla \times \vec{E} = -\mu \frac{\partial \vec{H}}{\partial t} \tag{5-102}$$

所以将其变化到频率域可得：

$$\nabla \times \vec{E} = -\mathrm{i}\omega\mu \vec{H} \tag{5-103}$$

因此

$$\vec{H} = \frac{\mathrm{i}}{\omega\mu} \nabla \times \vec{E} = \frac{\mathrm{i}}{\omega\mu} \nabla \times (E_x \vec{i}) = \frac{\mathrm{i}}{\omega\mu} \left[(\nabla E_x) \times \vec{i} + E_x \nabla \times \vec{i} \right] = \frac{\mathrm{i}}{\omega\mu} (\nabla E_x) \times \vec{i} \tag{5-104}$$

又因为：

$$\nabla E_x = \frac{\partial E_x}{\partial x}\vec{i} + \frac{\partial E_x}{\partial y}\vec{j} + \frac{\partial E_x}{\partial z}\vec{k} = \frac{\partial E_x}{\partial z}\vec{k} \tag{5-105}$$

可得：

$$\vec{H} = \frac{\mathrm{i}}{\omega\mu} \frac{\partial E_x}{\partial z}\vec{j} = H_y \vec{j} \tag{5-106}$$

即

$$H_y = \frac{\mathrm{i}}{\omega\mu} \frac{\partial E_x}{\partial z} \tag{5-107}$$

已知电场强度分量 E_x 满足齐次标量亥姆霍兹方程，考虑到 $\frac{\partial E_x}{\partial x} = \frac{\partial E_x}{\partial y} = 0$ 可得：

$$\frac{\partial^2 E_x}{\partial z^2} + k^2 E_x = 0 \tag{5-108}$$

式中，$k = \omega\sqrt{\varepsilon\mu} = \frac{\omega}{v} = \frac{2\pi}{\lambda}$，这里 v 为速度，λ 为波长。这是一个二阶常微分方程，其通解为：

$$E_x = E_{x0}\mathrm{e}^{-\mathrm{i}kz} + E'_{x0}\mathrm{e}^{\mathrm{i}kz} \tag{5-109}$$

式中，右边第一项代表沿 z 轴正方向传播的波，右边第二项代表沿 z 轴负方向传播的波。

仅考虑沿 z 轴正方向传播的波，即

$$E_x(z) = E_{x0}\mathrm{e}^{-\mathrm{i}kz} \tag{5-110}$$

式中，E_{x0} 为 $z = 0$ 处电场强度的振幅值。$E_x(z)$ 对应的瞬时值为：

$$E_x(z, t) = E_{x0}\cos(\omega t - kz) \tag{5-111}$$

电场强度随着时间 t 及空间 z 的变化波形如图 5-3 所示。可见,电磁波沿 z 轴正方向传播。式(5-111)中 ωt 称为时间相位,kz 称为空间相位。空间相位相等的点组成的曲面称为波面。因此式(5-111)中,$z=$ 常数的平面为波面。因此,这种电磁波称为平面波(图 5-4)。

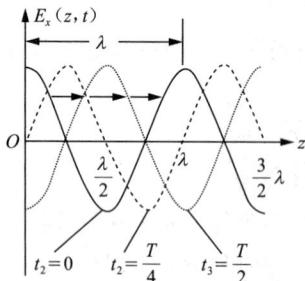

图 5-3　电场强度波形示意图　　　图 5-4　平面波示意图

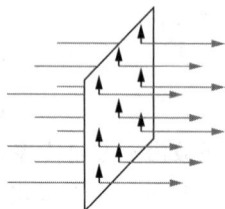

因 $E_x(z)$ 与 x,y 无关,在 $z=$ 常数的波面上,各点场强振幅相等。因此,这种平面波又称为均匀平面波。

式(5-111)表示的平面简谐电磁波的周期 T 为:

$$T = \frac{2\pi}{\omega} = \frac{2\pi}{2\pi f} = \frac{1}{f} \tag{5-112}$$

对应的波长 λ 为:

$$\lambda = \frac{2\pi}{k} \tag{5-113}$$

对于沿 z 轴正方向传播的波,即 $E_x(z) = E_{x0}\mathrm{e}^{-\mathrm{i}kz}$,由关系式 $H_y = \dfrac{\mathrm{i}}{\omega\mu}\dfrac{\partial E_x}{\partial z}$ 可得其对应磁场分量为:

$$H_y = \frac{E_{x0}k}{\omega\mu}\mathrm{e}^{-\mathrm{i}kz} = H_{y0}\mathrm{e}^{-\mathrm{i}kz} \tag{5-114}$$

可见,在理想介质中,均匀平面波的电场与磁场相位相同,且两者空间相位均与变量 z 有关,但振幅不会改变。图 5-5 表示在 $t=0$ 时刻,电场及磁场随空间的变化情况。

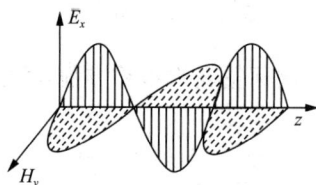

图 5-5　平面电磁波的
电场分量和磁场分量

以上是沿 z 轴正方向传播的平面简谐电磁波的性质,而三维空间传播的平面简谐电磁波的电场强度可表示为:

$$\vec{E}(\vec{r}) = \vec{E}_0\mathrm{e}^{-\mathrm{i}(\omega t - \vec{k}\cdot\vec{r})} = \vec{E}_0\mathrm{e}^{-\mathrm{i}(\omega t - k_x x - k_y y - k_z z)} \tag{5-115}$$

式中,$\vec{k} = (k_x, k_y, k_z)^\mathrm{T}$ 为波矢量。

5.6.2　无限均匀理想介质中的平面波性质

1）振幅无衰减

由电场和磁场传播性质可知,电场和磁场在传播过程中振幅不会改变,平面电磁波在无限均匀理想介质中传播无衰减。

2）相速度和波长

平面波在无限均匀理想介质中的相速度为:

$$v = \frac{\omega}{k} = \frac{\omega}{\omega\sqrt{\varepsilon\mu}} = \frac{1}{\sqrt{\varepsilon\mu}} \tag{5-116}$$

平面波在无限均匀理想介质中的波长为:

$$\lambda = \frac{v}{f} = \frac{\omega}{kf} = \frac{2\pi}{k} = \frac{1}{f\sqrt{\varepsilon\mu}} \tag{5-117}$$

3）横波性和相位

由平面电磁波的传播特点可知,场矢量 $\vec{E}$ 和 $\vec{H}$ 都垂直于波矢量 $\vec{k}$,亦即垂直于波的传播方向 $\vec{n}$,因而平面简谐电磁波是横波。矢量 $\vec{E}$ 和 $\vec{H}$ 彼此垂直,并且 $\vec{k}$, $\vec{E}$ 和 $\vec{H}$ 之间相互正交,且遵循右手螺旋法则,如图 5-6 所示。

$\vec{E}$ 和 $\vec{H}$ 之间的比值关系为:

$$Z = \frac{E_x}{H_y} = \frac{\omega\mu}{k} = \frac{\omega\mu}{\omega\sqrt{\varepsilon\mu}} = \sqrt{\frac{\mu}{\varepsilon}} \tag{5-118}$$

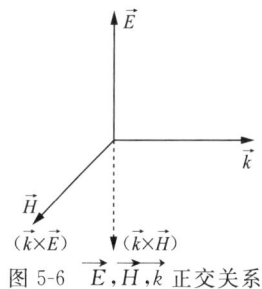

图 5-6 $\vec{E}, \vec{H}, \vec{k}$ 正交关系

式中,Z 称为波阻抗,为一实数,由此可知 $\vec{E}$ 和 $\vec{H}$ 是同相位的。

5.7　无限均匀导电介质中的平面波

5.7.1　均匀导电介质中平面波波函数

在均匀导电介质中,由于介电常数 ε、磁导率 μ 和电导率 σ 均为常数,且电导率 $\sigma \neq 0$,因此当电磁波在介质中传播时,电场会激发传导电流,导致一部分电磁能转化为焦耳热,从而引起能量损耗。这种能量损耗使得电磁波在导电介质中传播时会发生非常迅速的衰减。这种情况与电磁波在理想介质中的传播截然不同。在理想介质中,由于没有能量损耗,电磁矢量的振幅在传播过程中保持不变,不会发生衰减。

现在来研究电磁波在导电介质中的特性。

若电导率 $\sigma \neq 0$,则在无自由电荷区域中有:

$$\nabla \times \vec{H} = \vec{j} + \frac{\partial \vec{D}}{\partial t} \tag{5-119}$$

仍然考虑平面简谐电磁波

$$\nabla \times \vec{H} = \sigma \vec{E} + \mathrm{i}\omega\varepsilon \vec{E} = \mathrm{i}\omega \left(\varepsilon - \mathrm{i}\frac{\sigma}{\omega} \right) \vec{E} \tag{5-120}$$

$$\nabla \times \vec{E} = -\mu \frac{\partial \vec{H}}{\partial t} \tag{5-121}$$

即

$$\nabla \times \vec{E} = -\mathrm{i}\omega\mu \vec{H} \tag{5-122}$$

以及

$$\nabla \cdot \vec{H} = 0 \tag{5-123}$$

$$\nabla \cdot \vec{E} = 0 \tag{5-124}$$

这些方程式和理想介质中相应的方程式(5-78) ～ 式(5-81) 不同之处,只是在于第一个方程式中以系数 $\mathrm{i}\omega \left(\varepsilon - \mathrm{i}\frac{\sigma}{\omega} \right)$ 代替了 $\mathrm{i}\omega\varepsilon$。定义 ε' 为:

$$\varepsilon' = \varepsilon \left(1 + \frac{\sigma}{\mathrm{i}\omega\varepsilon} \right) = \varepsilon \left(1 - \frac{\mathrm{i}\sigma}{\omega\varepsilon} \right) \tag{5-125}$$

ε' 为复数,可以看到,导电介质和具有复介电常数 ε' 的电介质等效。因此,研究导电介质中波传播特性时,可以直接利用 5.6 中的结果,即对理想介质中所得到的结果,只要以 ε' 代替 ε,即可获得导电介质中波的传播特性。

由此推知导电介质中电磁场应满足下列齐次矢量亥姆霍兹方程:

$$\begin{cases} \nabla^2 \vec{E} + k^2 \vec{E} = 0 \\ \nabla^2 \vec{H} + k^2 \vec{H} = 0 \end{cases} \tag{5-126}$$

其中

$$k^2 = \omega^2 \mu\varepsilon \left(1 - \mathrm{i}\frac{\sigma}{\omega\varepsilon} \right) \tag{5-127}$$

因常数 k 为复数,令 $k = a + \mathrm{i}b$,则有:

$$k^2 = a^2 - b^2 + 2ab\mathrm{i} \tag{5-128}$$

将式(5-128) 代入式(5-127) 求解可得:

$$\begin{cases} a = \omega \sqrt{\varepsilon\mu} \sqrt{\frac{1}{2} \left(\sqrt{1 + \left(\frac{\sigma}{\omega\varepsilon} \right)^2} + 1 \right)} \\ b = \omega \sqrt{\varepsilon\mu} \sqrt{\frac{1}{2} \left(\sqrt{1 + \left(\frac{\sigma}{\omega\varepsilon} \right)^2} - 1 \right)} \end{cases} \tag{5-129}$$

此时,沿 z 轴正方向传播电磁波的电场强度解可写为:

$$E = E_0 \mathrm{e}^{-bz} \mathrm{e}^{-\mathrm{i}az} \tag{5-130}$$

式中,第一个指数表示电场强度的振幅随 z 增加按指数规律不断衰减,第二个指数表示相位变化。因此,a 称为相位常数;b 是表示介质吸收电磁波能量的物性参量,称为吸收系数。该式说明平面简谐电磁波在这种导电介质中传播时,能量将随 z 增加而逐渐被介质吸收。

因为电场强度为 $E = E_0 \mathrm{e}^{-\mathrm{i}kz} = E_0 \mathrm{e}^{-bz} \mathrm{e}^{-\mathrm{i}az}$,且 $k^2 = \omega^2 \mu\varepsilon \left(1 - \mathrm{i}\frac{\sigma}{\omega\varepsilon} \right)$,所以导电介质中磁场

强度为：

$$H = \frac{i}{\omega\mu} \frac{\partial E}{\partial z} = \frac{k}{\omega\mu} E_0 e^{-ikz} = \frac{1}{\omega\mu} \sqrt{\omega^2 \mu\varepsilon \left(1 - i\frac{\sigma}{\omega\varepsilon}\right)} E_0 e^{-bz} e^{-iaz} \tag{5-131}$$

可见，磁场的振幅也不断衰减，且磁场强度与电场强度的相位不同，如图 5-7 所示。

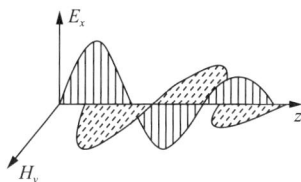

图 5-7　均匀导电介质中的平面波

5.7.2　均匀导电介质中平面波的性质

1）趋肤深度

平面电磁波在均匀导电介质中传播，电场和磁场振幅会不断衰减。场强振幅衰减到初始振幅 $\frac{1}{e}$ 的深度称为趋肤（集肤）深度，以 δ 表示，则由 $e^{-b\delta} = e^{-1}$ 可得：

$$\delta = \frac{1}{b} = \frac{1}{\omega\sqrt{\varepsilon\mu}\sqrt{\frac{1}{2}\left(\sqrt{1+\left(\frac{\sigma}{\omega\varepsilon}\right)^2}-1\right)}} \tag{5-132}$$

2）相速度和波长

平面波在无限均匀导电介质中的相速度为：

$$v = \frac{\omega}{a} = \frac{1}{\sqrt{\varepsilon\mu}} \frac{1}{\sqrt{\frac{1}{2}\left(\sqrt{1+\left(\frac{\sigma}{\omega\varepsilon}\right)^2}+1\right)}} \tag{5-133}$$

在理想介质中，电导率 $\sigma=0$，所以相速度 $v=1/\sqrt{\varepsilon\mu}$，这和前述的结果是完全符合的。

平面波在无限均匀导电介质中的波长为：

$$\lambda = \frac{v}{f} = \frac{\omega}{fa} = \frac{2\pi}{a} = \frac{2\pi}{\omega\sqrt{\varepsilon\mu}\sqrt{\frac{1}{2}\left(\sqrt{1+\left(\frac{\sigma}{\omega\varepsilon}\right)^2}+1\right)}} \tag{5-134}$$

由此可见，平面电磁波在导电介质中传播的相速度和波长都是由 a 来决定的。

3）横波性和相位

均匀导电介质中平面电磁波的场矢量 $\vec{E}$ 和 $\vec{H}$ 都垂直于波矢量 $\vec{k}$，亦即垂直于波的传播方向 $\vec{n}$，仍然具有横波性质。矢量 $\vec{E}$ 和 $\vec{H}$ 彼此垂直，并且 $\vec{k}$、$\vec{E}$ 和 $\vec{H}$ 之间相互正交，且遵循右手螺旋法则。

若把 $k = \omega\sqrt{\mu\varepsilon'}$ 代入式(5-126)，则有相似的关系式：

$$Z = \frac{E_x}{H_y} = \sqrt{\frac{\mu}{\varepsilon'}} \tag{5-135}$$

然而,由于 ε' 是复数,波阻抗 Z 也是一个复数,所以波在导电介质中传播时,场矢量 $\vec{E}$ 和 $\vec{H}$ 具有不同的相位,而且 $\vec{H}$ 落后于 $\vec{E}$ 一个相位角 φ,φ 的值决定于复介电常数 $\sqrt{\varepsilon'}$ 的幅角(图 5-7)。

5.7.3　导体和绝缘体

在趋肤深度公式(5-132)中,起重要作用的一项就是 $\frac{\sigma}{\omega\varepsilon}$,现在来研究这一项的物理意义,从而明确导电介质(导体)和电介质(绝缘体)之间的划分。

由麦克斯韦方程组第一方程可知:

$$\nabla \times \vec{H} = (\vec{j} + \mathrm{i}\omega\varepsilon \vec{E}) \tag{5-136}$$

式(5-136)括号内第一项表示传导电流密度 $\vec{j}$,即

$$\vec{j} = \sigma \vec{E} \tag{5-137}$$

第二项表示位移电流密度,即

$$\vec{j}_D = \frac{\partial \vec{D}}{\partial t} = \mathrm{i}\omega\varepsilon \vec{E} \tag{5-138}$$

因此,两项之比即为位移电流密度与传导电流密度之比,即

$$\frac{|\vec{j}|}{|\vec{j}_D|} = \frac{\sigma}{\omega\varepsilon} \tag{5-139}$$

若传导电流密度大于位移电流密度,则介质的导电性大于介电性;反之,若后者大于前者,则介质的介电性大于导电性。由此可见,$\frac{\sigma}{\omega\varepsilon} = 1$ 可以认为是电介质和导电介质之间的分界线。普通所谓良导体是指在全部无线电频率(射频)范围内 $\frac{\sigma}{\omega\varepsilon} \gg 1$,例如铜,即使在频率为 30 GHz 时,它的 $\frac{\sigma}{\omega\varepsilon}$ 仍有 3.5×10^7;所谓良好电介质是指 $\frac{\sigma}{\omega\varepsilon} \ll 1$,例如云母,在音频范围内的 $\frac{\sigma}{\omega\varepsilon}$ 约为 0.0002。

1)良导体中的传播

对于良导体(例如金属),由于电导率 σ 很大,在整个射频频谱中,$\frac{\sigma}{\omega\varepsilon} \gg 1$,这时传导电流起主导作用。由式(5-127)和式(5-129)可知:

$$k^2 = \omega^2 \mu\varepsilon \left(1 - \mathrm{i}\frac{\sigma}{\omega\varepsilon}\right) \approx -\mathrm{i}\sigma\omega\mu$$

$$a = \omega\sqrt{\varepsilon\mu}\sqrt{\frac{1}{2}\left(\sqrt{1 + \left(\frac{\sigma}{\omega\varepsilon}\right)^2} + 1\right)} \approx \sqrt{\frac{\sigma\omega\mu}{2}} = \sqrt{\pi\sigma f\mu} \tag{5-140}$$

$$b = \omega\sqrt{\varepsilon\mu}\sqrt{\frac{1}{2}\left(\sqrt{1 + \left(\frac{\sigma}{\omega\varepsilon}\right)^2} - 1\right)} \approx \sqrt{\frac{\sigma\omega\mu}{2}} = \sqrt{\pi\sigma f\mu}$$

相速度为：

$$v = \frac{\omega}{a} = \sqrt{\frac{2\omega}{\sigma\mu}} = \sqrt{\frac{2\rho\omega}{\mu}} \tag{5-141}$$

波长为：

$$\lambda = \frac{2\pi}{a} = \frac{2\pi}{\sqrt{\pi\sigma f\mu}} = 2\sqrt{\frac{\pi}{\sigma f\mu}} = 2\sqrt{\frac{\pi\rho}{f\mu}} \tag{5-142}$$

趋肤深度为：

$$\delta = \frac{1}{b} = \sqrt{\frac{2}{\sigma\omega\mu}} = \sqrt{\frac{1}{\sigma\pi f\mu}} = \sqrt{\frac{\rho}{\pi f\mu}} \tag{5-143}$$

因此趋肤深度与频率 f 及电导率 σ 成反比，与电阻率 ρ 成正比。

如果介质为非铁磁性介质，可取 $\mu = \mu_0 = 4\pi \times 10^{-7}$（H/m），代入上式可得：

$$\delta = 503.3\sqrt{\frac{\rho}{f}}$$

由表 5-1 可见，随着频率升高，趋肤深度急剧地减小。因此，具有一定厚度的金属板即可屏蔽高频时变电磁场。在电磁法勘探中，也很容易理解，想要探测到更深部的地质信息，需要使用更低的频率。

表 5-1　三种频率时铜的趋肤深度

f/MHz	0.05	1	3×10^4
δ/mm	29.8	0.066	0.000 38

此外，电磁波在良导体中传播的速度 v 和趋肤深度 δ 都与 $\sqrt{\sigma}$ 成反比，所以它们的值都很小。同时，吸收系数 b 则与 $\sqrt{\sigma}$ 成正比，因此其值很大，这一性质在勘探地球物理学中很有用处。因为当电磁波透过良导体时，能量的吸收要比围岩对电磁能量的吸收大得多。因此在该区域就会出现所谓的"阴影区"，即电磁波强度衰减区。这种现象类似于光线射到不透明物体时，其背后出现阴影一样。这就是电磁波透视法找矿的基础。

2）良好电介质中的传播

对于良好电介质，由于电导率 σ 很小，在射频范围内，$\frac{\sigma}{\omega\varepsilon} \ll 1$，这时位移电流起主导作用。考虑到泰勒级数展开 $\sqrt{1 + a^2} = 1 + \frac{1}{2}a^2 - \frac{1}{8}a^4 + \frac{1}{16}a^6 - \cdots$，当 $a \ll 1$，可以忽略高阶项，只保留低阶项进行近似计算，即 $\sqrt{1 + a^2} \approx 1 + \frac{1}{2}a^2$，可以得到：

$$k^2 = \omega^2\varepsilon\mu$$

$$a = \omega\sqrt{\varepsilon\mu}\sqrt{\frac{1}{2}\left(\sqrt{1 + \left(\frac{\sigma}{\omega\varepsilon}\right)^2} + 1\right)} \approx \omega\sqrt{\varepsilon\mu}\sqrt{\frac{1}{2}\left(1 + \frac{1}{2}\left(\frac{\sigma}{\omega\varepsilon}\right)^2 + 1\right)}$$

$$= \omega\sqrt{\varepsilon\mu}\sqrt{1 + \left(\frac{1}{2}\frac{\sigma}{\omega\varepsilon}\right)^2} \approx \omega\sqrt{\varepsilon\mu}\left[1 + \frac{1}{2}\left(\frac{1}{2}\frac{\sigma}{\omega\varepsilon}\right)^2\right] = \omega\sqrt{\varepsilon\mu}\left[1 + \frac{1}{8}\left(\frac{\sigma}{\omega\varepsilon}\right)^2\right]$$

$$b = \omega \sqrt{\varepsilon\mu} \sqrt{\frac{1}{2}\left(\sqrt{1+\left(\frac{\sigma}{\omega\varepsilon}\right)^2}-1\right)} \approx \omega\sqrt{\varepsilon\mu}\sqrt{\frac{1}{2}\left(1+\frac{1}{2}\left(\frac{\sigma}{\omega\varepsilon}\right)^2-1\right)} = \frac{\sigma}{2}\sqrt{\frac{\mu}{\varepsilon}} \tag{5-144}$$

相速度为：

$$v = \frac{\omega}{a} = \frac{1}{\sqrt{\varepsilon\mu}\left[1+\frac{1}{8}\left(\frac{\sigma}{\omega\varepsilon}\right)^2\right]} \approx \frac{1}{\sqrt{\varepsilon\mu}}\left[1-\frac{1}{8}\left(\frac{\sigma}{\omega\varepsilon}\right)^2\right] \tag{5-145}$$

由此可见，波在良好电介质中的传播的速度十分接近于理想介质（电导率 $\sigma = 0$）中的速度 $\frac{1}{\sqrt{\varepsilon\mu}}$。由于在实际介质中有少量的能量损失存在，所以波的传播速度略微降低。

波长 λ 为：

$$\lambda = \frac{2\pi}{a} = \frac{2\pi}{\omega\sqrt{\varepsilon\mu}\left[1+\frac{1}{8}\left(\frac{\sigma}{\omega\varepsilon}\right)^2\right]} \approx \frac{1}{f\sqrt{\varepsilon\mu}}\left[1-\frac{1}{8}\left(\frac{\sigma}{\omega\varepsilon}\right)^2\right] \tag{5-146}$$

趋肤深度为：

$$\delta = \frac{1}{b} = \frac{2}{\sigma}\sqrt{\frac{\varepsilon}{\mu}} = 2\rho\sqrt{\frac{\varepsilon}{\mu}} \tag{5-147}$$

由于 b 与电导率 σ 成正比，所以吸收系数较小，因而趋肤深度较大。

综上所述，将三种介质中平面电磁波传播的相速度、波长、趋肤深度的表达式整理见表 5-2。

表 5-2　三种介质中平面电磁波传播参数对比表

传播参数	理想介质 $(\sigma = 0)$	良导体介质 $\left(\frac{\sigma}{\omega\varepsilon} \gg 1\right)$	良好电介质 $\left(\frac{\sigma}{\omega\varepsilon} \ll 1\right)$
相速度	$\frac{1}{\sqrt{\varepsilon\mu}}$	$\sqrt{\frac{2\omega}{\sigma\mu}} = \sqrt{\frac{2\rho\omega}{\mu}}$	$\frac{1}{\sqrt{\varepsilon\mu}}\left[1-\frac{1}{8}\left(\frac{\sigma}{\omega\varepsilon}\right)^2\right]$
波　长	$\frac{1}{f\sqrt{\varepsilon\mu}}$	$2\sqrt{\frac{\pi}{\sigma f\mu}} = 2\sqrt{\frac{\pi\rho}{f\mu}}$	$\frac{1}{f\sqrt{\varepsilon\mu}}\left[1-\frac{1}{8}\left(\frac{\sigma}{\omega\varepsilon}\right)^2\right]$
趋肤深度	无衰减	$\sqrt{\frac{1}{\sigma\pi f\mu}} = \sqrt{\frac{\rho}{\pi f\mu}}$	$\frac{2}{\sigma}\sqrt{\frac{\varepsilon}{\mu}} = 2\rho\sqrt{\frac{\varepsilon}{\mu}}$

5.8　大地电磁场和大地电磁测深法

5.8.1　大地电磁场

大地电磁场是指地球天然电磁场中随时间变化的电场和磁场，其周期范围非常宽。它们主要由地球外部因素引起，即太阳不断发射的粒子流（太阳风）和电磁辐射在地球周围空间产生的电磁效应所形成。

大地电磁场的变化可分为两大类：平静变化和干扰变化。

（1）平静变化是连续出现的，具有确定的周期。平静变化包括多种周期：11 年周期，与太阳黑子活动的周期一致;年变化周期,与地球绕太阳公转的周期一致,并与季节变化相关,夏季场强幅度较大,冬季场强幅度较小;月变化周期,与月球绕地球运动的周期一致;日变化周期,与地球自转的周期一致。其中,日变化是最重要的。

（2）干扰变化是偶然发生的,包括:高频变化,周期为$10^{-4} \sim 1$ s;地电脉动,周期为 0.2 $\sim 10^3$ s;地电湾扰,无固定周期,持续时间通常为 1 ～ 3 h;干扰日变化,周期为 1 d;地电暴,持续时间通常为 1 ～ 3 d。此外,大地电磁场不仅幅度随时间变化,其方向也在不断改变。

天然大地电磁场的场源主要是由太阳微粒辐射(太阳风)引起的地球磁层和电离层的变化。例如,电磁暴、电磁日变、电磁脉动和雷电等现象都是大地电磁场的场源。这些场源主要分布在距离地面约 100 km 的高空。在地球表面的有限区域内,可以将大地电磁场近似为从高空垂直入射到地面的平面电磁波。

5.8.2　大地电磁测深法

大地电磁场可以近似视为从高空垂直入射的平面电磁波。这种平面电磁波在垂直穿透地层的过程中,会在地下电性分界面处发生反射、折射和绕射等现象。其传播深度主要取决于电磁场的频率,因此可以通过测量地球表面的电磁场变化来研究地下电性结构的特征。

大地电磁测深法是一种利用天然电磁场作为场源来研究地球内部电性结构的地球物理方法。基于不同频率的电磁波在地下介质中传播时具有不同趋肤深度的原理,通过在地表测量从高频到低频的地球电磁场响应,可以获得从浅层到深层的地下电性结构信息。

大地电磁场的频谱范围非常宽($10^{-3} \sim 10^2$ Hz)。地壳浅部物质的电阻率 ρ 一般为 1 ～ 1 000 $\Omega \cdot$ m,估算位移电流与传导电流的最大比值约为 5×10^{-3},因此大地可以视为良导体介质,位移电流对场分布的影响可以忽略。某一频率的电磁波在地下导电介质中传播的距离是有限的,因此某一频率的电磁波只能提供某一深度范围内的地质信息。这一深度可以用电磁波的趋肤深度来描述。在均匀良导体介质中,电磁波的穿透深度 δ 可以表示为:

$$\delta = \frac{1}{b} = \frac{1}{\sqrt{\pi \sigma f \mu}} = \sqrt{\frac{\rho}{\pi f \mu}} \tag{5-148}$$

上式说明,穿透深度与频率的平方根成反比,不同频率的电磁波穿透深度不同,高频电磁波只能反映浅层,低频电磁波才能反映深部,因此通过观测不同频率的电磁场就可以了解地下不同深度的地电信息,从而达到了解地质构造的目的(图 5-8)。

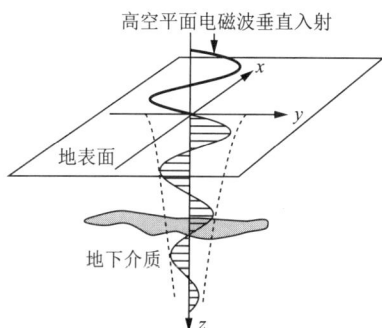

图 5-8　平面电磁波在地下介质中传播示意图　　图 5-9　大地电磁测深法观测布线示意图

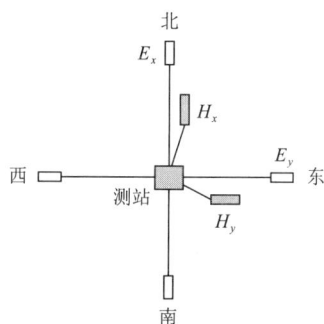

根据波阻抗的定义,在均匀导电介质中可知:

$$Z = \frac{E_x}{H_y} = \frac{\omega\mu}{k} = \frac{\omega\mu}{a+bi} = \frac{\omega\mu(a-bi)}{a^2+b^2} = \frac{\omega\mu a}{a^2+b^2} - \frac{\omega\mu b}{a^2+b^2}i \tag{5-149}$$

根据式(5-149)均匀导电介质中 $a = b = \sqrt{\dfrac{\omega\mu}{2\rho}}$,可得:

$$|Z| = \left|\frac{E_x}{H_y}\right| = \sqrt{\omega\mu\rho} \tag{5-150}$$

由此可得:

$$\rho = \frac{1}{\omega\mu}|Z|^2 = \frac{1}{\omega\mu}\left|\frac{E_x}{H_y}\right|^2 \tag{5-151}$$

上式表明,在均匀导电介质中,通过测量电磁场的波阻抗,可以计算介质的电阻率。

大地电磁测深法在野外施工采用张量观测方式,电极通常采用十字形布设。如图 5-9 所示,在同一测点上测定一对正交的电磁场分量 E_y,H_y(或 E_y,H_x),然后计算该点的波阻抗。在实际工作中,地下介质并不均匀,此时电阻率计算仍按均匀导电介质中的公式计算,得到的结果为视电阻率,其计算式为:

$$\rho_a = \frac{1}{\omega\mu}\left|\frac{E_x}{H_y}\right|^2 \tag{5-152}$$

式中,ρ_a 表示大地电磁测深法测得的视电阻率,单位为 $\Omega \cdot m$;$\dfrac{E_x}{H_y}$ 也可以为 $\dfrac{E_y}{H_x}$。只要测得地表上任意点某频率的电场和磁场的正交水平分量振幅,就能计算出该频率的视电阻率值。不同频率的视电阻率值反映了该地电断面的电性随深度的变化规律。在均匀导电介质中,ρ_a 为真电阻率;而在非均匀导电介质中,ρ_a 为视电阻率。视电阻率 ρ_a 是大地电磁测深研究的基本参数,它是地下电性不均匀体和地形起伏的综合反映,而且 ρ_a 与频率的关系类似于直流电测深法中视电阻率 ρ_s 与极距的关系。

图 5-10 给出了大地电磁测深视电阻率和相位曲线。从图中可以看到,大地电磁测深曲线主要反映了不同频率的电阻率变化情况。由于不同频率代表不同的深度,因此视电阻率随频率的变化体现了电性在垂向的变化规律。

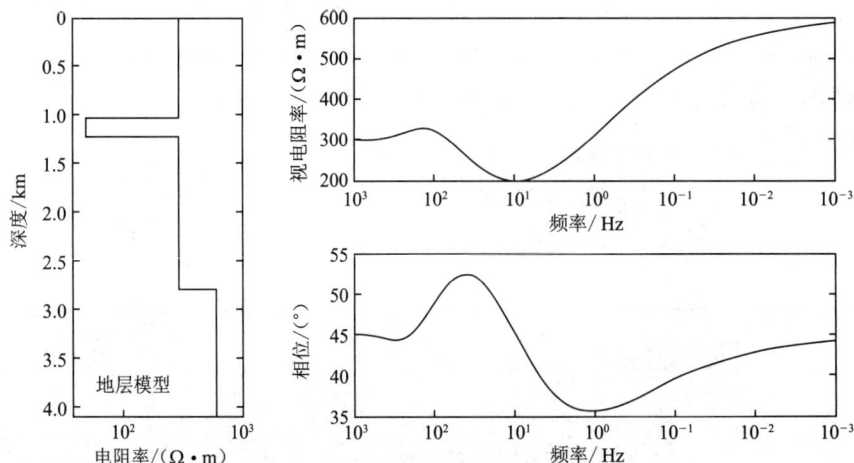

图 5-10　大地电磁测深视电阻率和相位曲线

5.9　本章小结

本章首先阐述了电磁感应定律和全电流安培环路定律的数学表达式及其物理意义,随后结合电场的高斯定理和磁场的高斯定理,给出了麦克斯韦方程组的积分形式和微分形式,并将边界条件推广到时变电磁场的情形。在此基础上,探讨了电磁场能量的表征方法,并推导了电磁波的波动方程。其次,研究了无限均匀理想介质中平面简谐电磁波的传播特点。在这种介质中,电磁波在传播过程中振幅保持不变,波前为平面,电场强度和磁场强度相互正交且相位相同。再次,研究了无限均匀导电介质中平面简谐电磁波的传播特点。在这种介质中,电磁波在传播过程中振幅沿传播方向衰减,波前仍为平面,电场强度和磁场强度相互正交,但相位不再相同。最后,基于平面电磁波理论的实际应用,介绍了大地电磁场的基本特点以及大地电磁测深法的基本原理。

习题五

1. 设有一个磁矩为 M 的磁铁,在距水平面上 O 点高度 h 处的地方以速度 v 向 O 点运动,试求通过水平面上一半径为 d、圆心在 O 点的圆内的磁通量及圆上的电场强度(图 5-11)。

2. (1) 设在均匀磁场 B 中,放一个金属圆盘,以角速度 ω 绕平行于 B 的中心轴旋转,试求圆盘中心至边缘的电动势,设圆盘的半径为 a。

(2) 如果磁场为时变磁场 $B = B_0 \cos \omega t$,并设法从圆盘中心和边缘引出两根导线,使在磁场中构成一个长方形回路(边长为 l 和 a),且垂直于磁场方向(图 5-12)。试求圆盘旋转时回路中的感应电动势。

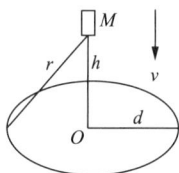

图 5-11　习题五第 1 题图示　　图 5-12　习题五第 2 题(2) 图示　　图 5-13　习题五第 3 题图示

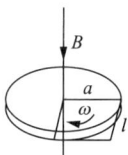

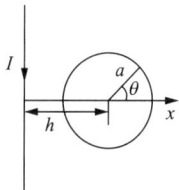

3. 设有一根无限长直导线,通有时变电流 $I = I_0 \cos \omega t$。又在导线平面内有一圆形导线,其半径为 a,电阻为 R,圆心至长导线之间的距离为 h(图 5-13)。试求导线中的感应电流 I'。

4. 在半径为 a 的圆盘形平板电容器上接一交变电源,使板上带有电荷 $q = q_0 \sin \omega t$。若不计边缘影响,试求电容器中,距圆盘中心轴的距离 r 处的磁场 B。

5. 设有一段柱状电流导线,其电阻为 R,电流强度为 I。试计算通过导线侧面的坡印亭矢量 $\vec{S}$,并证明 $\oint \vec{S} \cdot \vec{n} \mathrm{d}s = RI^2$。

6. 设地面的干燥浮土具有下列物性参数:$\mu = \mu_0$,$\varepsilon = 4\varepsilon_0$,$\sigma = 0.001(\Omega \cdot m)^{-1}$。设有一波长为 300 m(真空中的波长)的电磁波进入浮土中,试求:

(1) 波传播的速度 v;(2) 波长 λ;(3) 趋肤深度 δ;(4) 波衰减为 10^6 分之一的距离 z;

（5）磁场强度与电场强度之比及位相差。

7. 试求吸收系数 $b = \omega\sqrt{\varepsilon\mu}\sqrt{\dfrac{1}{2}\sqrt{1+\left(\dfrac{\sigma}{\omega\varepsilon}\right)^2}-1}$ 对 ω 的偏导数。并证明（设 $\alpha=\dfrac{\sigma}{\varepsilon}$）：

当 $\omega \rightarrow 0$ 时，$\dfrac{\partial b}{\partial \omega}=\dfrac{\sqrt{\varepsilon\mu}}{2\sqrt{2}}\left(\dfrac{\alpha}{\omega}\right)^{\frac{1}{2}} \rightarrow \infty$；当 $\omega \rightarrow \infty$ 时，$\dfrac{\partial b}{\partial \omega}=\dfrac{\sqrt{\varepsilon\mu}}{(2\sqrt{2})^2}\left(\dfrac{\alpha}{\omega}\right)^3 \rightarrow 0$。

附录一　　电磁学单位制

由于历史原因,电磁学中存在多种单位制。物理学中确定单位制的通常做法是:选定某几个物理量及其单位作为基本量和基本单位;其他物理量的量纲和单位则通过特定的物理公式以及选定其中的比例常数推导出来,这样得到的单位称为导出单位。例如,力学中的CGS单位制就是以长度、质量和时间作为基本量,其单位分别为厘米、克和秒,其他力学量的量纲和单位都由此导出。

单位制的选择完全基于使用的方便性。一般来说,选择较多的基本量,有助于区分不同物理量的量纲,但会导致物理公式变得复杂,并引入较多的物理常数;反之,如果选择较少的基本量,物理公式会相对简单,但具有相同量纲的物理量数量会增多。

电磁学中主要的单位制有:

(1) CGSE制,又称静电单位制。在此单位制中,基本量为长度、质量和时间。基本单位为厘米、克和秒。电荷的单位是通过库仑定律 $\vec{f} = K \dfrac{q_1 q_2}{r^3} \vec{r}$,并令 $K = 1$ 确定的。这样确定的电荷单位叫作电荷的 CGSE 制单位(又称静库仑)。基于库仑定律,可以分别确定其他电学量的 CGSE 制单位。可以看出,在 CGSE 制中,极化强度 P 和电位移 D 的量纲都与电场强度 E 的量纲相同,因此极化率 κ,介电常数 ε 都是无量纲的数。

在 CGSE 制中,磁学量的单位是利用它们同电学量相互联系的物理公式确定的。这些物理公式通常选择安培环路定理和法拉第电磁感应定律,这样确定的 B 和 H 具有不同的量纲,满足 $\vec{B} = \mu \vec{H}$。因此,在 CGSE 制中,磁导率 μ 是有量纲的。

(2) CGSM制,又称电磁单位制。它是通过安培定律来确定的。安培定律可表示为:

$$\mathrm{d}\vec{f}_{21} = K \frac{I_2 \vec{\mathrm{d}l_2} \times (I_1 \vec{\mathrm{d}l_1} \times \vec{r})}{r^3}$$

令 $K = 1$,可以确定出电流强度的 CGSM 制单位,并进一步导出其他电学量的 CGSM 制单位。在 CGSM 制中,B 和 H 的单位相同,但通常 B 单位称为高斯,H 的单位称为奥斯特。磁导率 μ 是无量纲的。然而,E 和 D 有不同的量纲,$\vec{D} = \varepsilon \vec{E}$,介电常数 ε 是有量纲的。

(3) 高斯单位制,又称混合单位制。在此单位制中,所有电学量都用 CGSE 制单位,而所有磁学量都用 CGSM 制单位。因此,在高斯单位制中,介电常数 ε 和磁导率 μ 都是无量纲的,而且其真空值 $\varepsilon = 1$,$\mu = 1$。在高斯单位制中,凡是同时含有电学量和磁学量的公式都会出现以常数 c 表示的系数因子。

(4) 国际单位制(SI)。在 SI 单位制中,电磁学部分的基本量为长度、质量、时间和电流,基本单位分别为米(m)、千克(kg)、秒(s)和安培(A)。由于已经事先确定了电流强度的单位——安培,其他电学单位都由此导出。

磁学单位是通过法拉第电磁感应定律确定的。当穿过一个电阻为1欧姆(Ω)的闭合导体回路中的磁通量从零增加至某一数值时,若回路中由于电磁感应而流过的电量恰为1库仑(C),则该磁通量数值称为1韦伯(Wb)。并有公式:

$$B = \Phi / S$$

规定磁感应强度的单位为韦伯／米^2,称为特斯拉,即1特斯拉=1韦伯／米^2。

在SI制中,力学和电学基本量的单位已经确定,所以在库仑定律中 $K = \dfrac{1}{4\pi\varepsilon_0}$,而在毕奥-萨伐尔定律中, $K = \dfrac{1}{4\pi}$。在SI制中,介电常数 ε 和磁导率 μ 都是有量纲的物理量,因此 D 与 E、B 与 H 具有不相同的量纲。

表1 国际单位制同高斯单位制中物理量的换算

物理量名称	国际单位制	高斯单位制
力 F	1牛(N)	10^5 达因(Dynes)
能量 E	1焦耳(J)	10^7 尔格(Erg)
电量 q	1库仑(C)	$c/10$ 静库仑
电流强度 I	1安培(A)	$c/10$ 静安培
电位 U	1伏特(V)	$10^8/c$ 静伏特
电场强度 E	1伏特/米(V/m)	$10^6/c$ 静伏特/厘米
电位移 D	1库仑/米^2(C/m^2)	$4\pi c/10^5$ CGSE
电阻 R	1欧姆(Ω)	$10^9/c^2$ 静电欧姆
电容 C	1法拉(F)	$c^2/10^9$ 静电法拉
磁感应通量 Φ	1韦伯(Wb)	10^8 麦克斯韦
磁感应强度 B	1特斯拉(T)	10^4 高斯(G)
磁场强度 H	1安培/米(A/m)	$4\pi\times10^3$ 奥斯特
电感 L	1亨利	10^9 CGSM
介电常数 ε	1法拉/米	纯数
磁导率 μ	1亨利/米	纯数

注:c 为光速。

附录二 矢量运算及常用的矢量公式

一、矢量运算

加法:$\vec{A} + \vec{B} = \vec{B} + \vec{A}$ 交换律

$\quad\quad (\vec{A} + \vec{B}) + \vec{C} = \vec{A} + (\vec{B} + \vec{C})$ 结合律

标量积:$\vec{A} \cdot \vec{B} = AB\cos\theta$

$\quad\quad \vec{A} \cdot \vec{B} = \vec{B} \cdot \vec{A}$ 交换律

$\quad\quad \vec{A} \cdot (\vec{B} + \vec{C}) = \vec{A} \cdot \vec{B} + \vec{A} \cdot \vec{C}$ 分配律

矢量积:$\vec{A} \times \vec{B} = AB\sin\theta \vec{e}_n = \begin{vmatrix} \vec{i} & \vec{j} & \vec{k} \\ A_x & A_y & A_z \\ B_x & B_y & B_z \end{vmatrix}$

$\quad\quad \vec{A} \times (\vec{B} + \vec{C}) = \vec{A} \times \vec{B} + \vec{A} \times \vec{C}$ 分配律

$\quad\quad \vec{A} \times \vec{B} = -\vec{B} \times \vec{A}$ 不满足交换律

混合积:$\vec{A} \cdot (\vec{B} \times \vec{C}) = \vec{B} \cdot (\vec{C} \times \vec{A}) = \vec{C} \cdot (\vec{A} \times \vec{B}) = \begin{vmatrix} A_x & A_y & A_z \\ B_x & B_y & B_z \\ C_x & C_y & C_z \end{vmatrix}$

双重矢积:$\vec{A} \times (\vec{B} \times \vec{C}) = \vec{B}(\vec{A} \cdot \vec{C}) - \vec{C}(\vec{A} \cdot \vec{B}) = (\vec{A} \cdot \vec{C})\vec{B} - (\vec{A} \cdot \vec{B})\vec{C}$

$\quad\quad\quad \vec{A} \times (\vec{B} \times \vec{C}) \neq (\vec{A} \times \vec{B}) \times \vec{C}$

二、梯度

$$\nabla U = \text{grad}U = \frac{\partial U}{\partial m}\vec{m}\text{(沿变化最大方向}\vec{m}\text{ 的导数)}$$

$$\nabla U = \text{grad}U = \frac{\partial U}{\partial x}\vec{i} + \frac{\partial U}{\partial y}\vec{j} + \frac{\partial U}{\partial z}\vec{k}$$

$$\text{grad}_l U = \frac{\partial U}{\partial l}\text{(沿任意方向}\vec{l}\text{ 的导数)}$$

$$\frac{\partial U}{\partial n} = \nabla U \cdot \vec{n}\text{(法向导数与梯度关系)}$$

若 Q 点(x_1,y_1,z_1) 和 P 点(x_2,y_2,z_2) 之间的线段向量$\vec{r}$,它的模就是 QP 间的距离,即为 $r=\overline{QP}=\sqrt{(x_2-x_1)^2+(y_2-y_1)^2+(z_2-z_1)^2}$,则:

$$\mathrm{grad}_P r=\frac{\vec{r}}{r}=-\mathrm{grad}_Q r$$

$$\mathrm{grad}_Q \frac{1}{r}=\frac{\vec{r}}{r^3}=-\mathrm{grad}_P \frac{1}{r}$$

$$\mathrm{grad}(\vec{a}\cdot\vec{r})=\vec{a}(\vec{a}=恒矢量)$$

三、散度

$$\nabla\cdot\vec{A}=\mathrm{div}\vec{A}=\lim_{\Delta v\to 0}\frac{\oint_S \vec{A}\cdot\vec{n}\mathrm{d}s}{\Delta v}(散度定义)$$

$$\nabla\cdot\vec{A}=\mathrm{div}\vec{A}=\frac{\partial A_x}{\partial x}+\frac{\partial A_y}{\partial y}+\frac{\partial A_z}{\partial z}$$

$$\mathrm{Div}\vec{A}=A_{2n}-A_{1n}(面散度)$$

四、旋度

$$\mathrm{rot}_n\vec{A}=\lim_{\Delta S\to 0}\frac{\oint_l \vec{A}\cdot\mathrm{d}\vec{l}}{\Delta S}(旋度定义)$$

$$\nabla\times\vec{A}=\mathrm{rot}\vec{A}=\begin{vmatrix} \vec{i} & \vec{j} & \vec{k} \\ \dfrac{\partial}{\partial x} & \dfrac{\partial}{\partial y} & \dfrac{\partial}{\partial z} \\ A_x & A_y & A_z \end{vmatrix}$$

$$\oint_S \mathrm{rot}\vec{A}\cdot\vec{n}\mathrm{d}s=0$$

$$\mathrm{Rot}\vec{A}=\vec{n}\times(\vec{A_2}-\vec{A_1})(面旋度)$$

五、复合函数的"三度"运算公式

$$\nabla f(u)=\frac{\mathrm{d}f}{\mathrm{d}u}\cdot\nabla u$$

$$\nabla\cdot\vec{A}(u)=\frac{\mathrm{d}\vec{A}}{\mathrm{d}u}\cdot\nabla u$$

$$\nabla\times\vec{A}(u)=\nabla u\times\frac{\mathrm{d}\vec{A}}{\mathrm{d}u}$$

六、积分变换公式

高斯公式：$\oint_S \vec{A} \cdot \vec{ds} = \int_V \mathbf{\nabla} \cdot \vec{A} \, dV$

斯托克斯公式：$\oint_L \vec{A} \cdot \vec{dl} = \int_S (\mathbf{\nabla} \times \vec{A}) \cdot \vec{dS}$

第一格林公式：$\int_V (u \, \mathbf{\nabla}^2 w + \mathbf{\nabla} w \cdot \mathbf{\nabla} u) \, dv = \oint_S u \, \dfrac{\partial w}{\partial n} \cdot ds$

第二格林公式：$\int_V (u \, \mathbf{\nabla}^2 w - w \, \mathbf{\nabla}^2 u) \, dv = \oint_S \left(u \, \dfrac{\partial w}{\partial n} - w \, \dfrac{\partial u}{\partial n} \right) \cdot ds$

七、∇算符常用公式

(1) $\mathbf{\nabla}(\varphi \psi) = (\mathbf{\nabla}\varphi)\psi + \varphi \, \mathbf{\nabla}\psi$

(2) $\mathbf{\nabla} \cdot (\varphi \vec{A}) = \mathbf{\nabla}\varphi \cdot \vec{A} + \varphi \, \mathbf{\nabla} \cdot \vec{A}$

(3) $\mathbf{\nabla} \times (\varphi \vec{A}) = \mathbf{\nabla}\varphi \times \vec{A} + \varphi \, \mathbf{\nabla} \times \vec{A}$

(4) $\mathbf{\nabla} \cdot (\vec{A} \times \vec{B}) = (\mathbf{\nabla} \times \vec{A}) \cdot \vec{B} - (\mathbf{\nabla} \times \vec{B}) \cdot \vec{A}$

(5) $\mathbf{\nabla} \cdot (\vec{A}\vec{B}) = (\mathbf{\nabla} \cdot \vec{A})\vec{B} - (\vec{A} \cdot \mathbf{\nabla})\vec{B}$

(6) $\mathbf{\nabla} \times (\vec{A} \times \vec{B}) = (\mathbf{\nabla} \cdot \vec{B})\vec{A} + (\vec{B} \cdot \mathbf{\nabla})\vec{A} - (\mathbf{\nabla} \cdot \vec{A})\vec{B} - (\vec{A} \cdot \mathbf{\nabla})\vec{B}$

(7) $\mathbf{\nabla}(\vec{A} \cdot \vec{B}) = \vec{A} \times (\mathbf{\nabla} \times \vec{B}) + (\vec{A} \cdot \mathbf{\nabla})\vec{B} + \vec{B} \times (\mathbf{\nabla} \times \vec{A}) + (\vec{B} \cdot \mathbf{\nabla})\vec{A}$

(8) $\vec{A} \times (\mathbf{\nabla} \times \vec{A}) = \dfrac{1}{2} \mathbf{\nabla} A^2 - (\vec{A} \cdot \mathbf{\nabla})\vec{A}$

(9) $\mathbf{\nabla} \times (\mathbf{\nabla} \times \vec{A}) = \mathbf{\nabla}(\mathbf{\nabla} \cdot \vec{A}) - \mathbf{\nabla}^2 \vec{A}$

(10) $\mathbf{\nabla} \times \mathbf{\nabla}\varphi = \vec{0}$, $\mathbf{\nabla} \cdot (\mathbf{\nabla} \times \vec{A}) = 0$

八、关于散度旋度的四个定理

(1) 标量场的梯度必为无旋场，即 $\mathbf{\nabla} \times \mathbf{\nabla}\varphi = \vec{0}$。

(2) 矢量场的旋度必为无散场，即 $\mathbf{\nabla} \cdot (\mathbf{\nabla} \times \vec{A}) = 0$。

(3) 无旋场必可以表示为某一标量场的梯度，即若 $\mathbf{\nabla} \times \vec{A} = \vec{0}$，则 $\vec{A} = \mathbf{\nabla}\varphi$，$\varphi$ 称为无旋场 $\vec{A}$ 的标势函数。

(4) 无源场必可表示为某个矢量场的旋度，即若 $\mathbf{\nabla} \cdot \vec{B} = 0$，则 $\vec{B} = \mathbf{\nabla} \times \vec{A}$，$\vec{A}$ 称为无源场 $\vec{B}$ 的矢量势函数。

九、亥姆霍兹定理

任意的矢量场（$\mathbf{\nabla} \times \vec{F} \neq \vec{0}$，$\mathbf{\nabla} \cdot \vec{F} \neq 0$）均可以分解为无旋场 $\vec{F}_1$ 和无源场 $\vec{F}_2$ 之和，即 $\vec{F} = \vec{F}_1 + \vec{F}_2$，$\mathbf{\nabla} \times \vec{F}_1 = \vec{0}$，$\mathbf{\nabla} \cdot \vec{F}_2 = 0$。$\vec{F}_1$ 又称为 $\vec{F}$ 的纵场部分，可引入标势 φ，$\vec{F}_1 = \pm \mathbf{\nabla}\varphi$。$\vec{F}_2$ 又称为 $\vec{F}$ 的横场部分，可引入矢势 $\vec{A}$，$\vec{F}_2 = \mathbf{\nabla} \times \vec{A}$。

十、矢量微分算子（哈密顿算子）∇

直角坐标 $\nabla = \vec{e}_x \dfrac{\partial}{\partial x} + \vec{e}_y \dfrac{\partial}{\partial y} + \vec{e}_z \dfrac{\partial}{\partial z}$

柱坐标 $\nabla = \vec{e}_r \dfrac{\partial}{\partial r} + \vec{e}_\theta \dfrac{\partial}{\partial \theta} + \vec{e}_z \dfrac{\partial}{\partial z}$

球坐标 $\nabla = \vec{e}_r \dfrac{\partial}{\partial r} + \vec{e}_\theta \dfrac{1}{r} \dfrac{\partial}{\partial \theta} + \vec{e}_\varphi \dfrac{1}{r\sin\theta} \dfrac{\partial}{\partial \varphi}$

十一、"三度"在三种坐标系中的表示形式

1）直角坐标系

$$
\begin{cases}
\nabla U = \dfrac{\partial U}{\partial x}\vec{i} + \dfrac{\partial U}{\partial y}\vec{j} + \dfrac{\partial U}{\partial z}\vec{k} \\[2mm]
\nabla \cdot \vec{A} = \dfrac{\partial A_x}{\partial x} + \dfrac{\partial A_y}{\partial y} + \dfrac{\partial A_z}{\partial z} \\[2mm]
\nabla \times \vec{A} = \begin{vmatrix} \vec{i} & \vec{j} & \vec{k} \\ \dfrac{\partial}{\partial x} & \dfrac{\partial}{\partial y} & \dfrac{\partial}{\partial z} \\ A_x & A_y & A_z \end{vmatrix} = \left(\dfrac{\partial A_z}{\partial y} - \dfrac{\partial A_y}{\partial z}\right)\vec{i} + \left(\dfrac{\partial A_x}{\partial z} - \dfrac{\partial A_z}{\partial x}\right)\vec{j} + \left(\dfrac{\partial A_y}{\partial x} - \dfrac{\partial A_x}{\partial y}\right)\vec{k} \\[2mm]
\nabla^2 U = \nabla \cdot \nabla U = \dfrac{\partial^2 U}{\partial x^2} + \dfrac{\partial^2 U}{\partial y^2} + \dfrac{\partial^2 U}{\partial z^2}
\end{cases}
$$

2）柱坐标系

$$
\begin{cases}
\nabla U = \dfrac{\partial U}{\partial r}\vec{e}_r + \dfrac{1}{r}\dfrac{\partial U}{\partial \theta}\vec{e}_\theta + \dfrac{\partial U}{\partial z}\vec{e}_z \\[2mm]
\nabla \cdot \vec{A} = \dfrac{1}{r}\dfrac{\partial}{\partial r}(rA_r) + \dfrac{1}{r}\dfrac{\partial A_\theta}{\partial \theta} + \dfrac{\partial A_z}{\partial z} \\[2mm]
\nabla \times \vec{A} = \dfrac{1}{r}\begin{vmatrix} \vec{e}_r & \vec{e}_\theta & \vec{e}_z \\ \dfrac{\partial}{\partial r} & \dfrac{\partial}{\partial \theta} & \dfrac{\partial}{\partial z} \\ A_r & rA_\theta & A_z \end{vmatrix} \\[2mm]
\nabla^2 U = \dfrac{1}{r}\dfrac{\partial}{\partial r}\left(r\dfrac{\partial U}{\partial r}\right) + \dfrac{1}{r^2}\dfrac{\partial^2 U}{\partial \theta^2} + \dfrac{\partial^2 U}{\partial z^2}
\end{cases}
$$

3）球坐标系

$$\begin{cases} \nabla U = \dfrac{\partial U}{\partial r}\vec{e}_r + \dfrac{1}{r}\dfrac{\partial U}{\partial \theta}\vec{e}_\theta + \dfrac{1}{r\sin\theta}\dfrac{\partial U}{\partial \varphi}\vec{e}_\varphi \\[3mm] \nabla\cdot\vec{A} = \dfrac{1}{r}\dfrac{\partial}{\partial r}(r^2 A_r) + \dfrac{1}{r\sin\theta}\dfrac{\partial}{\partial \theta}(\sin\theta A_\theta) + \dfrac{1}{r\sin\theta}\dfrac{\partial A_\varphi}{\partial \varphi} \\[3mm] \nabla\times\vec{A} = \dfrac{1}{r^2\sin\theta}\begin{vmatrix} \vec{e}_r & r\vec{e}_\theta & r\sin\theta\,\vec{e}_\varphi \\ \dfrac{\partial}{\partial r} & \dfrac{\partial}{\partial \theta} & \dfrac{\partial}{\partial \varphi} \\ A_r & rA_\theta & r\sin\theta A_\varphi \end{vmatrix} \\[3mm] \nabla^2 U = \dfrac{1}{r^2}\dfrac{\partial}{\partial r}\left(r^2\dfrac{\partial U}{\partial r}\right) + \dfrac{1}{r^2\sin\theta}\dfrac{\partial}{\partial \theta}\left(\sin\theta\dfrac{\partial U}{\partial \theta}\right) + \dfrac{1}{r^2\sin\theta}\dfrac{\partial^2 U}{\partial \varphi^2} \end{cases}$$

参考文献

[1] 薛琴访. 场论[M]. 北京:地质出版社,1978.

[2] 谢树艺. 矢量分析与场论[M]. 北京:高等教育出版社,1984.

[3] 顾功叙. 地球物理勘探基础[M]. 北京:地质出版社,1990.

[4] 傅良魁. 应用地球物理教程[M]. 北京:地质出版社,1991.

[5] 莫撼,邓居智. 场论[M]. 北京:中国原子能出版社,2006.

[6] 曾华霖. 重力场与重力勘探[M]. 北京:地质出版社,2005.

[7] 管志宁. 地磁场与磁力勘探[M]. 北京:地质出版社,2005.

[8] 李金铭. 地电场与电法勘探[M]. 北京:地质出版社,2005.

[9] 沈金松. 普通物探教程-重、磁、电勘探方法[M]. 北京:石油工业出版社,2014.

[10] 杨海,熊盛青,杨雪,等. 中国航磁异常特征与铁矿床空间分布关系[J].矿床地质,2022,41(5):893-916.